工程项目管理与成本核算系列丛书

建筑工程项目管理与成本核算

主 编 白会人

哈尔滨工业大学出版社

内 容 提 要

本书按照《建设工程项目管理规范》(GB/T 50326—2006)的要求,并结合最新的建筑工程标准规范编写,目的在于从实际出发,以项目的整个生命周期为主线,突出实际操作,注重标准化管理,并系统地阐述了工程项目会计核算实务与成本管理的方法。主要内容包括:概述、建设工程项目管理、固定资产管理、建设工程项目会计核算以及建设项目成本管理等。

本书主要作为工程管理、土木工程、工程造价管理等专业的教材,也可作为高职高专和职业培训教材或供相关专业人员学习参考。

图书在版编目(CIP)数据

建筑工程项目管理与成本核算/白会人主编. —哈尔滨:哈尔滨工业大学出版社,2015.1
ISBN 978 - 7 - 5603 - 5078 - 3

Ⅰ.①建… Ⅱ.①白… Ⅲ.①建筑工程-工程项目管理—高等学校—教材②建筑工程-成本计算-高等学校-教材 Ⅳ.①TU723.3 ②F407.967.2

中国版本图书馆 CIP 数据核字(2014)第 296509 号

策划编辑　郝庆多　段余男
责任编辑　王桂芝　段余男
封面设计　刘长友
出版发行　哈尔滨工业大学出版社
社　　址　哈尔滨市南岗区复华四道街 10 号　邮编 150006
传　　真　0451 - 86414749
网　　址　http://hitpress.hit.edu.cn
印　　刷　黑龙江省委党校印刷厂
开　　本　787mm×1092mm　1/16　印张 12.25　字数 330 千字
版　　次　2015 年 1 月第 1 版　2015 年 1 月第 1 次印刷
书　　号　ISBN 978 - 7 - 5603 - 5078 - 3
定　　价　27.00 元

(如因印装质量问题影响阅读,我社负责调换)

编　委　会

主　编　白会人

编　委　王淑艳　王克勤　李占杰　刘丽萍

　　　　张　颖　陈晓茉　修士会　柴新雷

　　　　高秀宏　裴向娟　夏　欣　张黎黎

　　　　白雅君

前　言

随着我国加入世贸组织,建筑行业逐步与国际接轨,工程项目管理理论和实践经验在我国得到进一步推广应用,尤其是国际金融组织贷款建设的项目,必须按照国际惯例实行项目管理。工程项目管理作为一种先进的管理模式和管理理念,已经受到人们的广泛重视,也促进了我国建筑业管理体制、投资体制等方面改革的进一步深化。而工程成本会计人员随着会计行业的不断改革,也面临着知识更新、人员更替、层次提高的问题。鉴于此,我们编写了《建筑工程项目管理与成本核算》一书。

考虑到工程项目管理国际化、信息化、专业化水平的不断提高,本书在编写过程中,尽量吸纳工程项目管理理论与实践的新经验和新成果,采用项目化,以实践为中心,以能力为本位。注重实用性、新颖性和可操作性,力求做到内容全面、科学规范、富有特色。

本书在编写过程中参考了有关文献和一些项目施工管理经验性文件,并且得到了许多专家和相关单位的关心与大力支持,在此表示衷心感谢。随着科技的发展,建筑技术也在不断进步,书中难免出现疏漏及不妥,恳请广大读者给予指正。

编　者

2014.08

目　录

目 录

1 概　　述

1.1　建设项目的建设程序

1. 建设项目的建设程序

建设项目的建设程序,是指在建设项目建设的全过程中各项工作所必须遵循的先后顺序。建设程序是指建设项目从设想、选择、评估、决策、设计、施工到竣工验收、投入生产的整个建设过程中,各项工作所必须遵循的先后次序的法则。按照建设项目发展的内在联系和发展过程,可将建设程序划分为若干个阶段,这些发展阶段具有严格的先后次序,不得任意颠倒、违反其发展规律。

在我国按照现行规定,建设项目从建设前期工作到建设、投产一般要经历以下几个阶段的工作程序:

①根据国民经济和社会发展的长远规划,结合行业和地区发展规划的要求,提出项目建议书。

②在勘察、试验、调查研究及详细技术经济论证的基础上编制可行性研究报告。

③根据项目的咨询评估情况,对建设项目进行决策。

④根据可行性研究报告编制设计文件。

⑤初步设计经批准后,做好施工前的各项准备工作。

⑥组织施工,并根据工程进度,做好生产准备。

⑦项目按批准的设计内容建成并经竣工验收合格后,正式投产,交付生产使用。

⑧生产运营一段时间后(一般为两年),进行项目后评价。

上述工作程序可由项目审批主管部门根据项目建设条件、投资规模的具体情况进行适当合并。

目前我国基本建设程序的内容和步骤主要有:前期工作阶段,主要包括项目建议书、可行性研究和设计工作;建设实施阶段,主要包括施工准备和建设实施;竣工验收阶段,主要包括竣工验收的范围依据、准备及程序和组织;后评价阶段。这几个大的阶段中每一阶段都包含着许多环节和内容。

(1)前期工作阶段。

①项目建议书。项目建议书是要求建设某一具体项目的建议文件,它是基本建设程序中最初阶段的工作,是投资决策前对拟建项目的轮廓设想。

a.项目建议书的作用。项目建议书的作用主要是为了推荐一个拟进行建设项目的初步说明,论述其建设的必要性、条件的可行性和获得的可能性,供基本建设管理部门选择并确定是否进行下一步工作。

项目建议书报经有审批权限的部门批准以后,可进行可行性研究工作,但由于项目建议书不是项目的最终决策,所以并不表明项目就非上不可。

b. 项目建议书的审批程序。项目建议书首先应由项目建设单位通过其主管部门上报行业归口主管部门和当地发展计划部门（其中工业技改项目应上报经贸部门），然后再由行业归口主管部门提出项目审查意见（主要从资金来源、建设布局、资源合理利用、经济合理性及技术可行性等几个方面进行初审），最后由发展计划部门参考行业归口主管部门的意见，并根据国家规定的分级审批权限负责审、报批。凡行业归口主管部门初审未通过的项目，发展计划部门不予审、报批。

②可行性研究。项目建议书一经批准，即可着手进行可行性研究。可行性研究是指在项目决策之前，通过对项目有关的工程、技术、经济等各方面条件和情况进行调查、研究、分析，对各种可能的建设方案和技术方案进行比较论证，并对项目建成后的经济效益进行预测和评价的一种科学分析方法。

a. 可行性研究的作用和目的。通过可行性研究，可以考查项目技术上的先进性和适用性、经济上的盈利性和合理性以及建设的可能性和可行性。可行性研究是项目前期工作的最重要内容，它从项目建设和生产经营的全过程来对项目的可行性进行考察分析，其目的是研究项目建设的必要性、建设的可能性和建设方法等问题，其结论为投资者的最终决策提供直接依据。因此，凡是大中型项目以及国家有要求的项目，都必须进行可行性研究，其他项目如有条件也应进行可行性研究。

b. 可行性研究报告的编制。可行性研究报告是确定建设项目、编制设计文件和项目最终决策的重要依据。要求其必须具有相当的深度和准确性。承担可行性研究工作的单位必须是经过资格审定的规划、设计和工程咨询单位，并且要有承担相应项目的资质。

c. 可行性研究报告的审批。可行性研究报告经评估后，按项目审批权限由各级审批部门进行审批。其中，大中型项目及限额以上项目的可行性研究报告要逐级报送国家发展和改革委员会审批，同时还要委托具有相应资质的工程咨询公司进行评估；小型项目及限额以下的项目，一般均由省级发展计划部门和行业归口管理部门审批。受省级发展计划部门、行业主管部门的授权或委托，地区发展计划部门可以对授权或委托权限以内的项目进行审批。可行性研究报告经批准即国家同意该项目进行建设后，一般先列入预备项目计划。列入预备项目计划并不等于列入年度计划，何时列入年度计划，要根据其前期工作进展情况、国家宏观经济政策和对财力、物力等因素进行综合平衡后再决定。

③设计工作。一般建设项目（包括工业、民用建筑、城市基础设施、水利工程和道路工程等）的设计过程划分为初步设计和施工图设计两个阶段。对于技术复杂且缺乏经验的项目，可根据不同行业的特点和需要，增加技术设计阶段。对于一些水利枢纽、农业综合开发、林区综合开发等项目，为了解决总体部署和开发问题，还需进行规划设计或编制总体规划，规划审批后才能编制具有符合规定深度要求的实施方案。

a. 初步设计（基础设计）。初步设计的内容根据项目的类型不同而有所差别，一般来说，它是项目的宏观设计，即项目的总体设计、布局设计，主要的工艺流程、设备的选型和安装设计，土建工程量及费用的估算等。初步设计文件作为下一阶段施工图设计的基础，应当满足编制施工招标文件、主要设备材料订货和编制施工图设计文件的需要。

根据审批权限，初步设计（包括项目概算）应先由发展计划部门委托投资项目评审中心组织专家审查通过后，按照项目的实际情况，再由发展计划部门或会同其他有关行业主管部门审批。

b.施工图设计(详细设计)。施工图设计主要是指根据批准的初步设计,绘制出正确、完整和尽可能详细的建筑、安装图纸。施工图设计完成后,必须经施工图设计审查单位审查并加盖审查专用章后方可使用。审查单位必须是取得审查资格,且具有审查权限的设计咨询单位。经审查的施工图设计还必须经有审批权限的部门进行审批。

(2)建设实施阶段。

①施工准备。

a.建设开工前的准备。内容主要有:征地、拆迁和场地平整;完成施工用水、电、路等工程;组织设备、材料订货;准备必要的施工图纸;组织招标投标(包括监理、施工、设备采购、设备安装等方面的招标投标)并择优选择施工单位,签订施工合同。

b.项目开工审批。建设单位在工程建设项目的可行性研究报告被批准,建设资金已经落实,各项准备工作就绪以后,应向当地建设行政主管部门或项目主管部门及其授权机构申请项目开工审批。

②建设实施。

a.项目开工建设时间。开工许可审批之后即进入项目建设施工阶段。按照统计部门的规定,开工之日是指建设项目设计文件中所规定的任何一项永久性工程(无论生产性或非生产性)第一次正式破土开槽开始施工的日期。公路、水库等需要进行大量土、石方工程的,以开始进行土方、石方工程的时间作为正式开工日期。

b.年度基本建设投资额。国家基本建设计划使用的投资额指标,是以货币形式表现的基本建设工作,是反映一定时期内基本建设规模的综合性指标。年度基本建设投资额是建设项目当年实际完成的工作量,包括使用当年资金完成的工作量和动用库存的材料、设备等内部资源完成的工作量;而财务拨款则是当年基本建设项目的实际货币支出。二者的不同之处在于,投资额是以构成工程实体为准,而财务拨款则是以资金拨付为准。

c.生产或使用准备。生产准备是生产性施工项目投产前所要进行的一项重要工作。它是基本建设程序中的重要环节,是衔接基本建设与生产之间的桥梁,是建设阶段转入生产经营的必要条件。使用准备是非生产性施工项目正式投入运营使用前所要进行的工作。

(3)竣工验收阶段。

①竣工验收的范围。根据国家规定,当所有建设项目按照上级批准的设计文件所规定的内容和施工图纸的要求全部建成,工业项目经负荷试运转和试生产考核能够生产合格产品,非工业项目符合设计要求,且能够正常使用时,都要及时组织验收。

②竣工验收的依据。按照国家现行规定,竣工验收是以经过上级审批机关批准的可行性研究报告、初步设计或扩大初步设计(技术设计)、施工图纸和说明、设备技术说明书、招标投标文件和工程承包合同、施工过程中的设计修改签证、现行的施工技术验收标准及规范以及主管部门有关审批、修改、调整文件等作为依据的。

③竣工验收的准备。主要进行以下三个方面的工作:

a.整理技术资料。各有关单位(包括设计、施工单位)应将技术资料进行系统整理,由建设单位分类立卷,交由生产单位或使用单位统一保管。技术资料的内容主要包括土建方面、安装方面、各种有关的文件、合同和试生产的情况报告等。

b.绘制竣工图纸。竣工图必须准确、完整,且符合归档要求。

c.编制竣工决算。建设单位必须及时清理所有财产、物资和未花完或应收回的资金,编制工程竣工决算,分析预(概)算的执行情况,考核投资效益,报规定的财政部门审查。

竣工验收必须提供的资料文件,一般非生产项目的验收要提供的文件资料包括:项目的审批文件、竣工验收申请报告、工程决算报告、工程质量检查报告、工程质量评估报告、工程质量监督报告、工程竣工财务决算批复、工程竣工审计报告以及其他需要提供的资料。

④竣工验收的程序和组织。按照国家现行规定,建设项目的验收根据项目的规模大小和复杂程度可分为初步验收和竣工验收两个阶段进行。规模较大、较复杂的建设项目应先进行初验,然后再进行全部建设项目的竣工验收。规模较小、较简单的项目,可以一次进行全部项目的竣工验收。

建设项目全部完成,经过各单项工程的验收,符合设计要求,并且具备竣工图表、竣工决算、工程总结等必要文件资料后,由项目主管部门或建设单位向负责验收的单位提出竣工验收申请报告。竣工验收的组织要视建设项目的重要性、规模大小和隶属关系而定,大中型项目及限额以上基本建设和技术改造项目,由国家发展和改革委员会或由国家发展和改革委员会委托项目主管部门、地方政府部门组织验收,小型项目及限额以下基本建设和技术改造项目则由项目主管部门和地方政府部门组织验收。竣工验收要根据工程的规模大小和复杂程度组成验收委员会或验收组,其职责是负责审查工程建设的各个环节,听取各有关单位的工作总结汇报,审阅工程档案并实地查验建筑工程和设备安装,并对工程设计、施工和设备质量等方面作出全面评价。不合格的工程不予验收;对遗留问题提出具体解决意见,限期落实完成。最后经验收委员会或验收组一致通过后,形成验收鉴定意见书,该意见书由验收会议的组织单位印发,并由各有关单位执行。

生产性项目的验收根据行业的不同其规定也不相同。工业、农业、林业、水利及其他特殊行业,要按照国家相关的法律、法规及规定执行。上述程序仅反映了项目建设共同的规律性程序,并不能反映出各行业的差异性。因此,在建设实践中,还要结合行业项目的特点和条件,有效地去贯彻执行基本建设程序。

(4)后评价阶段。

建设项目后评价是在工程项目竣工投产、生产运营一段时间以后,再对项目的立项决策、设计施工、竣工投产、生产运营等全过程进行系统评价的一种技术经济活动。开展建设项目后评价的目的是肯定成绩,总结经验,研究问题,吸取教训,提出建议,改进工作,不断提高项目决策水平和投资效果。

目前,我国开展的建设项目后评价一般均按项目单位的自我评价、项目所在行业的评价和各级发展计划部门(或主要投资方)的评价三个层次组织实施。

2.建设项目各建设阶段常规的参与单位

(1)前期程序比较复杂,牵扯的政府部门比较多,各个地区的做法也有一定的区别,因此应去当地便民服务中心或办证中心咨询,以便了解应该找的相关部门。

(2)建设阶段参与的单位主要包括:建设单位、招标代理单位、施工单位、监理单位、设计单位、质检部门、电力部门、电信部门、有线电视、煤气公司、自来水公司等。

(3)验收阶段参与的单位主要包括:建设单位、施工单位、监理单位、设计单位、质检部门、物管、消防、规划、人防、环保等部门,验收完毕后应到质检部门和档案馆备案。

(4)使用阶段参与的单位主要包括:物管公司、施工单位(保修)、监理公司(保修)等。

上述是一些常规的参与单位,实际上项目不同参与的单位也不相同,还是要以具体项目为准。

3. 建筑工程施工程序

施工程序是指项目承包人从承接工程业务到工程竣工验收一系列工作所必须遵循的先后顺序,它是建设项目建设程序中的一个阶段。建设工程施工程序可分为以下四个阶段:

(1)承接业务签订合同。

项目承包人承接业务的方式有三种:一是国家或上级主管部门直接下达;二是受项目发包人委托而承接;三是通过投标中标而承接。不论采用哪种方式承接业务,项目承包人均要检查项目的合法性。

承接施工任务后,项目发包人与项目承包人应根据《合同法》和《招标投标法》的有关规定及要求签订施工合同。施工合同应规定承包的内容、要求、工期、质量、造价及材料供应等,并要明确合同双方应承担的义务和责任以及应完成的施工准备工作,如土地征购、申请施工用地、施工许可证、拆除障碍物,接通场外水源、电源、道路等。施工合同经双方负责人签字后具有法律效力,必须由发包方和承包方共同履行。

(2)施工准备。

施工合同签订以后,项目承包人对工程性质、规模、特点及工期要求等应进行全面了解,并要进行场址勘察、技术经济和社会调查,收集有关资料,编制施工组织总设计。施工组织总设计经批准后,项目承包人应组织先遣人员进入施工现场,与项目发包人密切配合,共同做好开工前的各项准备工作,为顺利开工创造条件。根据施工组织总设计的规划,对于首批施工的各单位工程,应抓紧时间尽快落实各项施工准备工作。如图纸会审,编制单位工程施工组织设计,落实劳动力、材料、构件、施工机具及现场"三通一平"等。具备开工条件后,提出开工报告并经审查批准,即可正式开工。

(3)正式施工。

施工过程是施工程序中的主要阶段,应从整个施工现场的全局出发,按照施工组织设计,精心组织施工,加强各单位、各部门的配合与协作,协调解决各方面问题,以便能够顺利开展施工活动。

在施工过程中,应加强技术、材料、质量、安全、进度等各项管理工作,落实项目承包人项目经理负责制及经济责任制,全面进行各项经济核算与管理工作,严格执行各项技术、质量检验制度,抓紧工程收尾和竣工工作。

(4)进行工程验收、交付生产使用。

进行工程验收、交付生产使用是施工的最后一个环节。在交工验收之前,项目承包人内部应先进行预验收,检查各分项分部工程的施工质量,整理各项交工验收的技术经济资料。在此基础上,再由项目发包人组织竣工验收,并经相关部门验收合格后,到主管部门备案,办理验收签证书,即可交付使用。

1.2　建筑工程项目管理的类型

建设单位完成可行性研究、立项、设计任务和资金筹集以后,建筑工程项目即进入实施过程。由于在建筑工程项目的实施过程中,各阶段的任务和实施的主体不同,因此构成了建筑工程项目管理的几种不同类型。同时由于建筑工程项目承包合同的形式也不相同,建筑工项目管理大致可分为以下几种类型,如图 1.1 所示。

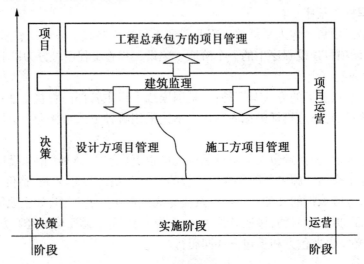

图 1.1　建筑工程项目的管理类型

1. 工程总承包方的项目管理

在设计施工连贯式总承包的情况下,业主在项目决策之后,要通过招标择优选定总承包单位来全面负责工程项目的实施过程,直至最终交付使用功能和质量标准符合合同文件规定的工程目的物。因此,总承包方的项目管理是贯穿于项目实施全过程的全面管理,它既包括了设计阶段也包括了施工安装阶段。其性质和目的是全面履行工程总承包合同,从而实现其企业承建工程的经营方针和目标,并取得以预期经营效益为动力而进行的工程项目自主管理。显然,它必须在合同条件的约束下,依靠自身的技术和管理优势或实力,通过优化设计及施工方案,在规定的时间内,按质按量地全面完成工程项目的承建工作。从交易的角度来看,项目业主是买方,总承包单位是卖方,因此二者的地位和利益追求并不相同。

2. 设计方项目管理

设计单位受业主委托承担工程项目的设计任务,以设计合同所界定的工作目标及其责任义务作为该项工程设计管理的对象、内容和条件,通常简称为设计项目管理。所谓设计项目管理,是指设计单位为履行工程设计合同和实现设计单位经营方针目标而进行的设计管理,虽然其地位、作用和利益追求与项目业主不同,但它也是建设工程设计阶段项目管理的重要方面。只有通过设计合同,依靠设计方的自主项目管理,才能够贯彻业主的建设意图和实施设计阶段的投资、质量和进度控制。

3. 施工方项目管理

施工单位通过工程施工投标取得工程施工承包合同,并以施工合同所界定的工程范围,组织项目管理,通常简称为施工项目管理。从完整的意义上来讲,这种施工项目应是指施工总承包的完整工程项目,包括其中的土建工程施工和建筑设备工程施工安装,最终成果能够形成独立使用功能的建筑产品。然而从工程项目系统分析的角度来看,分项工程、分部工程也是构成工程项目的子系统,按子系统定义项目,既有其特定的约束条件和目标要求,而且也是一次性的任务。因此,在工程项目按专业、部位分解发包的情况下,承包方仍可将承包合同所界定的局部施工任务作为项目管理的对象,这就是广义的施工企业的项目管理。

4. 业主方项目管理

业主方的工程项目管理是全过程的,包括项目实施阶段的各个环节,主要内容有:组织协调、合同管理、信息管理以及投资、质量、进度三大目标控制,一般将其通俗地概括为一协调二管理三控制或"三控二管一协调"。

由于工程项目的实施是一次性的任务,因此,业主方自行进行项目管理往往有很大的局限性,首先在技术和管理方面,缺乏配套的力量,即使配备了管理班子,没有连续的工程任务也是不经济的。在计划经济体制下,如果每个建设单位都建立一个筹建处或基建处来搞工程,便不符合市场经济条件下资源的优化配置和动态管理,而且也不利于建设经验的积累与应用。因此,在市场经济体制下,工程项目业主完全可以依靠发展的咨询服务业为其提供项目管理服务,这就是社会建设监理。监理单位接受工程业主的委托,提供全过程的监理服务。由于建设监理属于智力密集、高层次的咨询服务,所以它可以向前延伸到项目投资决策阶段(图1.1),包括立项和可行性研究等,这是建设监理与项目管理在时间范围、实施主体和所处地位及任务目标等方面的不同之处。

5. 供货方的项目管理

从建设项目管理的系统分析角度来看,建设物资供应工作也是工程项目实施的一个子系统,它具有明确的任务和目标、明确的制约条件以及项目实施子系统的内在联系。因此,制造厂和供应商同样可以将加工生产制造和供应合同所界定的任务作为项目来进行目标的管理和控制工作,以适应建设项目总目标控制的要求。

1.3　建筑工程项目管理的任务

建筑工程项目管理的任务可以概括为最优地实现项目的总目标,即有效地利用有限的资源,用最少的费用、最快的速度和优良的工程质量,建成建筑工程项目,使其实现预定的功能。

建筑工程项目管理的类型有多种,不同项目管理的具体任务也不相同。但其任务的主要范围却一样。在建筑工程项目建设全过程的各个阶段,一般要进行以下几个方面的工作:

1. 组织工作

组织工作包括建立管理组织机构,制定工作制度,明确各方面的关系,选择设计施工单位,组织图纸、材料和劳务供应等。

2. 合同工作

合同工作包括签订工程项目总承包合同、委托设计合同、施工总承包合同和专业分包合同,以及合同文件的准备,合同谈判、修改、签订和合同执行过程中的管理等工作。

3. 进度控制

进度控制包括设计、施工进度、材料设备供应以及满足各种需要的进度计划的编制和检查,施工方案的制定和实施,以及设计、施工、总分包各方面计划的协调,经常性地对计划进度与实际进度进行比较,并及时地调整计划等。

4. 质量控制

质量控制包括提出各项工作质量要求,对设计质量、施工质量、材料和设备的质量进行监督、验收的工作,以及处理质量问题等。

5. 费用控制及财务管理

费用控制及财务管理包括编制概算预算、费用计划、确定设计费和施工价款,对成本进行预测预控,进行成本核算,处理索赔事项和作出工程决算等。

1.4 建筑工程项目管理在世界和中国的发展历程

1. 工程项目管理的产生及在全世界的发展

工程项目管理的产生具备三个必要条件:项目管理作为一门科学,是从 20 世纪 60 年代以后在西方发展起来的。当时,大型建设项目、复杂的科研项目、军事项目和航天项目的出现,以及国际承包事业的大肆发展,使竞争非常激烈。这就对项目建设中的组织和管理提出了更高的要求,另外,一旦项目失败,任何一方均难以承担损失。于是项目管理学科便作为一种客观需要被提了出来。

第二次世界大战以后,科学管理方法的大量出现,逐步形成了管理科学体系,广泛地被应用到生产和管理实践当中,产生了巨大的效益。网络计划技术的应用和推广在工程项目管理中有着大量极为成功的应用范例,从而引起了全球的轰动。此外,还有信息论、系统论、控制论、计算机技术、运筹学等理论的运用。人们在项目管理中引进了成功的管理方法,并以此作为动力,使项目管理越来越具有科学性,最终作为一门学科迅速发展起来了。

2. 项目管理在中国的发展

中国最开始引进项目管理的工程是位于云南罗平县与贵州兴义县交界处的鲁布革水电站工程。该工程是世界银行贷款项目,要求必须采取招标方式组织建设。1982 年进行准备工作,1983 年 11 月当众开标,1984 年 4 月评标结束,结果为日本大成建设株式会社以其先进、合理的技术管理方案和 8463 万元的最低报价(比标底 14958 万元低 43%)中标。大成公司指派了 30 多名管理人员和技术人员组成"鲁布革工程事务所"作为管理层,我国的水电十四局为该工程提供服务。鲁布革水电站工程于 1984 年 7 月开始动工,1986 年 10 月完成了8.9 km 的引水隧洞工程的开挖,比计划工期提前了 5 个月,全部工程于 1988 年 7 月竣工。在 4 年多的时间里创造了著名的"鲁布革效应",国务院领导就此提出要总结学习推广鲁布革经验。至此,建筑工程项目管理在中国开始试点并深入推广和发展。鲁布革工程的项目管理经验主要有以下几点:

(1)最核心的是把竞争机制引入到工程建设领域中,实行铁面无私的招标投标。

(2)工程建设实行全过程总承包方式和项目管理。

(3)施工现场的管理机构和作业队伍精干灵活,战斗能力强。

(4)科学组织施工,讲求综合经济效益。

工程项目管理从 20 世纪 80 年代起在中国的成功应用,取得了举世瞩目的成就。至2006 年年底,全国公路总里程达到了 348 万 km,高速公路里程达 4.54 万 km,居世界第二位。铁路建设纵贯南北的京九铁路、南疆、南昆铁路、青藏铁路也依次投入使用。葛洲坝水电站、龙羊峡水电站、大亚湾核电站、秦山核电站、二滩水电站、黄河小浪底水利枢纽工程、扬子石化、上海金茂大厦等工程对我国的经济发展,以及人民生活水平的提高均起到了一定的作用。2008 年我国的人均住宅面积已达 28 m²,也是建筑业推行工程项目管理体制改革深化与发展的见证。随着举世瞩目的长江三峡、西电东送、西气东输、青藏铁路、南水北调等重大项目实施项目管理和相继竣工,可以看出,工程项目管理确实创造了一批技术先进、管理科学、已赶上世界先进水平的高、大、新工程项目,充分显示了建筑施工企业这20多年来通过工程项目管理改革所奠定的雄厚实力和取得的丰硕成果。总之,我国推行项目管理是在政府的领导和推动下,有法则、有制度、有规划、有步骤进行的,这与国外进行项目管理的自发性和民间性是有差别的,因此取得了巨大的成就。

3. 中国的建筑业与发达国家的建筑业之间还存在着一定的差距

2007年我国建筑业从业人数已达3650万人,占世界建筑业从业人数的25%,但是每年在国际市场工程总承包额中却仅占2.84%(每年国际市场工程营业额为1.43万亿美元)。例如将两个著名的建筑企业进行比较:美国最大的建筑公司贝克特尔建筑公司有员工1.6万人,年产值为120亿美元,而中国最大的建筑公司——中国建筑工程总公司有员工15万人,年产值为760亿人民币。

由此可见,在现在和未来全球化的市场竞争中,中国建筑业能否真正在国际工程项目管理上取得成功,并在国际建筑市场中占有一席之地,关键在于中国建筑业能否真正地实现产业国际化,能否尽快地培育发展出一批具有国际竞争实力的跨国工程总承包和项目管理公司,并在管理观念、管理体制、管理方法和管理人才上与国际接轨。

我国原建设部和人事部联合建立并推行了中华人民共和国一(二)级建造师执业资格考试和注册制度,以此在2008年后全部取代之前由政府建设行政主管部门实行的项目经理资质认证制度,这对加强中国项目管理人才与国际接轨将产生深远的影响和重要的推动作用。项目管理已成为21世纪的热门话题,以注册建造师身份作为项目经理将成为年轻人首选的黄金职业。

1.5　工程项目管理组织机构

工程项目管理是对建设项目的设计项目、施工项目和咨询项目等实施管理的总称,由于施工项目管理具有典型性和复杂性,所以下面将从建筑施工企业的角度来重点介绍施工项目管理组织机构的相关内容。

施工项目管理组织机构与企业管理组织机构之间是局部与整体的关系。设置组织机构的目的是为了能够进一步充分发挥项目管理功能,提高项目整体的管理效率,从而达到项目管理的最终目标。因此,企业在推行项目管理时,合理地设置项目管理组织机构是一个至关重要的问题。高效率的组织体系和组织机构的建立是施工项目管理成功的组织保证。

1. 施工项目管理组织机构的作用

(1)组织机构是施工项目管理的组织保证。

项目经理在启动项目实施之前,首先要进行组织准备,建立一个能够完成管理任务、项目经理指挥灵便、运转自如、效率很高的项目组织机构,即项目经理部,其目的是为了提供进行施工项目管理的组织保证。一个好的组织机构,能够有效地完成施工项目的管理目标,有效地应付环境的变化,有效地供给组织成员生理、心理和社会需要,形成组织力,使组织系统正常运转,并产生集体思想和集体意识,完成项目管理任务。

(2)形成一定的权力系统以便进行集中统一指挥。

组织机构的建立,首先是以法定的形式产生权力。权力是工作的需要,是管理地位形成的前提,是组织活动的反映。没有组织机构,就没有权力,也没有权力的运用。权力的大小取决于组织机构的内部是否团结一致,越团结,组织就越有权力、越有组织力,所以施工项目组织机构的建立要伴随着授权一同进行,以便权力的使用能够实现施工项目管理的目标。此外,还要合理分层,层次多,权力分散;层次少,权力集中。所以要在规章制度中将施工项目管理组织的权力阐述明白,且固定下来。

(3)形成责任制和信息沟通体系。

责任制是施工项目组织中的核心问题。没有责任就不能构成项目管理机构,也就不存在项目管理。一个项目组织能否有效地运转,主要取决于其是否具有健全的岗位责任制。施工项目组织的每个成员都应肩负一定的责任,责任是项目组织对每个成员规定的一部分管理活动和生产活动的具体内容。

信息沟通是组织力形成的重要因素。信息产生的根源在组织活动之中,下级(下层)以报告的形式或其他形式向上级(上层)领导传递信息;同级不同部门之间为了相互协作而横向传递信息。越是高层领导,越需要信息,就越要深入下层获得信息。这是因为领导离不开信息,有了充分的信息才能进行有效决策。

综上所述,可以看出组织机构的地位是非常重要的,它在项目管理中是一个焦点。如果一个项目经理建立了理想而有效的组织系统,那么他的项目管理就成功了一半。项目组织一直都是各国项目管理专家普遍重视的问题。据国际项目管理协会统计,各国项目管理专家的论文中,有1/3都是关于项目组织的。

2. 施工项目管理组织机构的形式

施工项目管理组织机构的形式是指在施工项目管理组织中处理管理层次、管理跨度、部门设置和上下级关系的组织结构的类型。施工项目组织的形式与企业的组织形式是密不可分的,加强施工项目管理就必须进行企业管理体制和内部配套改革。施工项目的组织形式有以下几种:

(1)工作队制式的施工项目管理组织。

工作队制式的施工项目管理组织是指主要由企业中有关部门抽出管理力量组成施工项目经理部的方式。

①特征。工作队制式的施工项目组织形式如图1.2所示,虚线内表示项目组织,其人员与原部门脱离。

a. 项目经理在企业内部招聘或抽调职能人员组成管理机构(工作队),该机构由项目经理指挥,独立性大。

b. 项目管理班子成员在工程建设期间与原所在部门脱离领导与被领导的关系。原单位负责人员负责业务指导及考察,但不能随意干预其工作或调回人员。

c. 项目管理组织与项目的寿命相同。项目结束后机构即撤销,所有人员仍回原所在部门和岗位。

②适用范围。工作队制式的施工项目管理组织是按照对象原则组织的项目管理机构,可独立地完成任务,相当于一个"实体"。企业职能部门处于服从地位,仅提供一些服务。这种项目组织类型适用于大型项目、工期要求紧迫的项目,以及要求多、工种多、部门密切配合的项目。因此,它要求项目经理具有较高的素质、较强的指挥能力,并且具有快速组织队伍及善于指挥来自各方人员的能力。

③优点。

a.项目经理从职能部门抽调或招聘的是一批专家,他们在项目管理中相互配合、协同工作,可以取长补短,有利于培养一专多能型人才并充分发挥其作用。

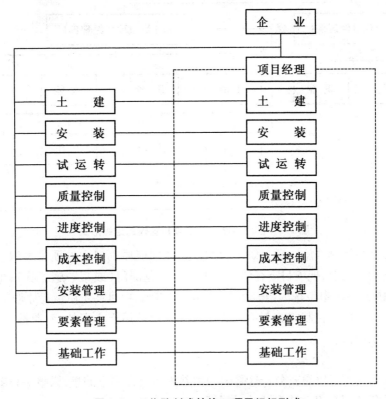

图 1.2　工作队制式的施工项目组织形式

b.各专业人才在现场集中办公,减少了等待时间,故办事效率高,解决问题快。

c.项目经理权力集中,运权的干扰少,故决策及时、指挥灵便。

d.由于减少了项目与职能部门的结合部,项目与企业的结合部关系弱化,所以易于协调关系,减少了行政干预,使项目经理易于开展工作。

e.不打乱企业的原建制,传统的直线职能制组织仍可保留。

④缺点。

a.各类人员来自不同的部门,具有不同的专业背景,相互之间不熟悉,难免配合不力。

b.各类人员在同一时期内所担负的管理工作任务可能会有很大的差别,因此很容易产生忙闲不均的现象,从而导致人员的浪费。特别是对稀缺专业人才,难以在企业内调剂使用。

c.职工长期离开原单位,离开了自己熟悉的环境和工作配合对象,容易影响其发挥积极性。而且由于环境的变化,还容易产生临时观点和不满情绪。

d.职能部门的优势无法发挥作用。由于同一部门人员分散,交流困难,也难以进行有效的培养、指导,从而削弱了职能部门的工作。当人才紧缺且同时又有多个项目需要按这一形式组织或对管理效率的要求很高时,不宜采用这种项目组织类型。

(2)部门控制式施工项目管理组织。

部门控制式施工项目管理的组织形式如图1.3所示。

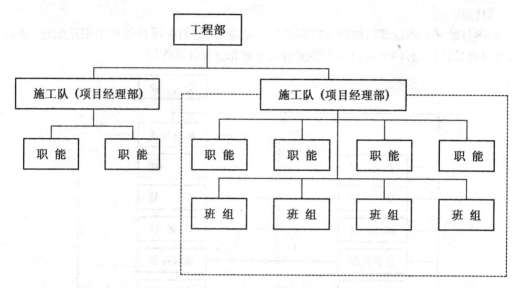

图 1.3　部门控制式施工项目管理的组织形式

①特征。部门控制式施工项目管理组织是按照职能原则建立的项目组织。它在不打乱企业现行建制的基础上,把项目委托给企业的某一专业部门(或某一施工队),由被委托的部门(施工队)领导,在本单位选人组合负责实施项目组织,项目终止后恢复原职。

②适用范围。部门控制式施工项目管理组织一般适用于小型的、专业性较强、不需涉及众多部门的施工项目。

③优点。

a. 人才作用发挥得较为充分。这是因为由熟人组合办熟悉的事,人事关系容易协调。

b. 从接受任务到组织运转启动的时间短。

c. 职责明确,职能专一,关系简单。

d. 项目经理不需经过专门训练便容易进入状态。

④缺点。

a. 不能够适应大型项目管理的需要,而真正需要进行施工项目管理的工程正是大型项目。

b. 不利于对计划体系下的组织体制(固定建制)进行调整。

c. 不利于精简机构。

(3)矩阵制式的施工项目管理组织。

矩阵制式的施工项目管理组织形式是指在企业承揽到综合性施工项目或大型专业化施工项目的情况下,由各种生产要素管理部门和专业职能部门抽出施工力量来组成项目经理部,同时把职能原则和对象原则有机地结合在一起,充分地发挥职能部门的纵向优势和项目管理组织的横向优势,多个项目组织的横向系统与职能部门的纵向系统就形成了矩阵结构。矩阵制式施工项目管理的组织形式如图 1.4 所示。

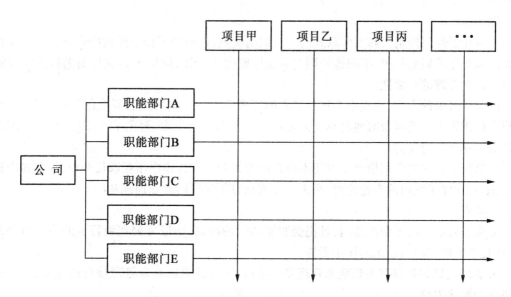

图 1.4 矩阵制式施工项目管理的组织形式

①特征。

a.项目组织机构与职能部门的结合部,其数量与职能部门相同。多个项目与职能部门的结合部呈矩阵状。

b.把职能原则和对象原则有机地结合在一起,既能发挥职能部门的纵向优势,又能发挥项目组织的横向优势。

c.专业职能部门是永久性的,而项目组织是临时性的。职能部门负责人的任务是对参与项目组织的人员进行组织调配、业务指导和管理考察。而项目经理则是把参与项目组织的职能人员在横向上有效地组织在一起,为实现项目目标协同工作。

d.矩阵中的每个成员或部门,都要接受原部门负责人和项目经理的双重领导,但部门的控制力要大于项目的控制力。部门负责人有权根据不同项目的需要和忙闲程度,在项目之间调配本部门人员。一个专业人员可能同时为几个项目服务,特殊人才可充分发挥作用,以免人才在一个项目中闲置而又在另一个项目中短缺,这样将会大大提高人才的利用率。

e.项目经理对"借"到本项目经理部来的成员,具有控制权和使用权。当感到人力不足或某些成员不得力时,项目经理还可向职能部门求援或要求调换,甚至可辞退回原部门。

f.项目经理部的工作由多个职能部门一同支持,项目经理没有人员包袱。但要求其在水平方向和垂直方向上具有良好的信息沟通及良好的协调配合能力,对整个企业组织和项目组织的管理水平和组织渠道的畅通提出了较高的要求。

②适用范围。

a.适用于同时承担多个需要进行项目管理工程的企业。在这种情况下,各项目对专业技术人才和管理人员都有需求,加在一起数量较大。采用矩阵制式的施工项目管理组织可以充分利用有限的人才来管理多个项目,尤其是利于发挥稀有人才的作用。

b.适用于大型、复杂的施工项目。大型、复杂的施工项目一般要求多部门、多技术、多工种配合实施,在不同阶段,对不同人员有着不同数量和搭配各异的需求。显然,部门控制式机构难以满足这种项目的要求;混合工作队式组织又因人员固定而难以调配。

③优点。

a.兼并了部门控制式和工作队式两种组织的优点,即解决了传统模式中企业组织与项目组织之间相互矛盾的状况,把职能原则与对象原则融为一体,取得了企业长期例行性管理和项目一次性管理的一致性。

b.能以最少的人力,实现多个项目管理的高效率。这是因为通过职能部门的协调,一些项目上的闲置人才便可及时地转移到需要这些人才的项目上去,避免了人才短缺,项目组织因此具有弹性和应变力。

c.有利于人才的全面培养。可使不同知识背景的人在合作中相互取长补短,在实践中拓宽知识面;发挥了纵向的专业优势,可为人才成长打下深厚的专业训练基础。

④缺点。

a.由于人员来自于职能部门,且仍受职能部门的控制,所以凝聚在项目上的力量将会减弱,往往会影响到项目组织的作用发挥。

b.管理人员如果身兼多职地来管理多个项目,便往往难以确定管理项目的优先顺序,有时难免会顾此失彼。

c.双重领导。项目组织中的成员既要接受项目经理的领导,又要接受企业中原职能部门的领导。此时,如果领导双方的意见和目标不一致,当事人则无所适从。要防止产生这一问题,就必须加强项目经理与部门负责人之间的沟通,此外还要具有严格的规章制度和详细的工作计划,使工作人员尽可能明确不同时间段的工作内容。

d.矩阵制组织对企业管理水平、项目管理水平、领导者的素质、组织机构的办事效率、信息沟通渠道的畅通,均有较高的要求,因此要精于组织、分层授权、疏通渠道、理顺关系。由于矩阵制式的组织具有复杂性且结合部较多,容易造成信息沟通量膨胀和沟通渠道复杂化,致使信息梗阻和失真。所以,要求协调组织内部的关系时必须采取强有力的组织措施和协调办法来排除难题。为此,层次、职责、权限要划分明确。有意见分歧难以统一时,企业领导要出面及时协调。

(4)事业部制式的施工项目管理组织。

事业部制式的施工项目管理组织形式如图1.5所示。

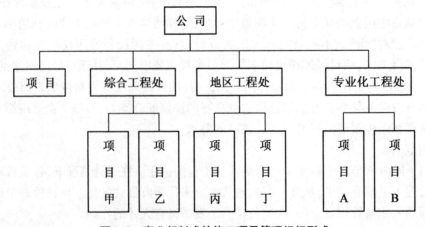

图1.5　事业部制式的施工项目管理组织形式

①特征。

a.企业成立事业部,事业部对于企业来说是职能部门,对企业外来说享有相对独立的经营权,可以是一个独立单位。事业部可按地区进行设置,也可按工程类型或经营内容来设置。事业部能够比较迅速地适应环境变化,提高企业的应变能力,调动部门的积极性。当企业向大型化、智能化发展并且实行作业层和经营管理层分离时,事业部制式是一种很受欢迎的选择,它不仅能加强经营战略管理,而且还可加强项目管理。

b. 在事业部(一般为其中的工程部或开发部,对于海外工程公司则是海外部)下设置项目经理部。项目经理由事业部选派,一般对事业部负责,有的也可直接对业主负责,这是根据其授权程度决定的。

②适用范围。事业部制式项目组织适用于大型经营性企业的工程承包,尤其适用于远离公司本部的工程承包。但需要注意,当一个地区只有一个项目,没有后续工程时,不宜设立地区事业部,也就是说它适用于在一个地区内有长期市场或一个企业有多种专业化施工力量时采用。在这种情况下,事业部与地区市场的寿命相同。地区没有项目时,该事业部应予以撤销。

③优点。事业部制式项目组织有利于延伸企业的经营职能,扩大企业的经营业务,便于开拓企业的业务领域。此外,还有利于迅速适应环境变化以加强项目管理。

④缺点。按事业部制建立的项目组织,企业对项目经理部的约束力将会减弱,协调指导的机会也会减少,因此有时会产生企业结构松散的问题,必须加强制度约束,加大企业的综合协调能力。

(5)施工项目管理组织形式的选择。

①大型综合性企业,人员素质好、管理基础强、业务综合性强,可以承担大型任务,宜采用混合工作队制式、矩阵制式、事业部制式的项目组织机构。

②小型的、简单的及承包内容专一的项目,应采用部门控制式的项目组织机构。

选择项目组织形式的参考因素见表1.1。

表1.1　选择项目组织形式的参考因素

项目组织形式	项目性质	施工企业类型	企业人员素质	企业管理水平
工作队制式	大型项目、复杂项目、工期紧的项目	大型综合建筑企业,有得力项目经理的企业	人员素质较强,专业人才多,职工的技术素质较高	管理水平较高,基础工作较强,管理经验丰富
部门控制式	小型项目、简单项目,只涉及个别少数部门的项目	小建筑企业,经营业务单一的企业,大中型基本保持直线职能制的企业	人员素质较差,力量较薄弱,人员构成单一	管理水平较低,基础工作较差,项目经理难配备
矩阵制式	多工种、多部门、多技术配合的项目,管理效率要求很高的项目	大型综合建筑企业,经营范围很宽,实力很强的建筑企业	文化素质、管理素质、技术素质很高,但人才紧缺,管理人才多,人员一专多能	管理水平很高,基础渠道畅通,信息沟通灵敏,管理经验丰富
事业部制式	大型项目,远离企业基地的项目	大型综合建筑企业,经营能力很强的企业,海外承包企业,跨地区承包企业	人员素质高,项目经理强,专业人才多	经营能力强,信息手段强,管理经验丰富,资金实力大

3. 施工项目管理组织机构的设置原则

（1）目的性原则。

施工项目组织机构设置的根本目的，是为了产生组织功能，实现施工项目管理的总目标。从这一根本目标出发，就会因目标设事、因事设机构、定编制，按编制设岗位、定人员，以职责定制度授权力。

（2）精干高效原则。

施工项目组织机构的人员设置，以能实现施工项目所要求的工作任务（事）为原则，尽量简化机构，做到精干高效。人员配置要严格控制二三线人员，力求一专多能、一人多职。同时还要增加项目管理班子人员的知识含量，将使用与学习锻炼结合在一起，以便提高人员素质。

（3）管理跨度和分层统一原则。

管理跨度又称管理幅度，是指一个主管人员直接管理的下属人员数量。跨度越大，管理人员的接触关系则越多，处理人与人之间关系的数量也将随之增大。故跨度太大时，领导者及下属常会出现应接不暇之感。所以组织机构设计时，必须使管理跨度适当。然而跨度大小又与分层多少有关，层次越多，跨度越小；层次越少，则跨度越大。这就要根据领导者的能力和施工项目的大小进行权衡。项目经理在组建组织机构时，必须认真设计切实可行的跨度和层次，画出机构系统图，以便讨论、修正，按设计组建。

（4）业务系统化管理原则。

由于施工项目是一个开放的系统，由众多子系统组成一个大系统，各子系统之间，子系统内部各单位工程之间，不同组织、工种及工序之间，存在着大量的结合部，这就要求项目组织也必须是一个完整的组织结构系统。恰当的分层和设置部门，能够在结合部上形成一个相互制约、相互联系的有机整体，避免产生职能分工、权限划分和信息沟通上的相互矛盾或重叠。要求在设计组织机构时以业务工作系统化原则为指导，周密考虑层间关系、分层与跨度关系、部门划分、授权范围、人员配备及信息沟通等；使组织机构本身成为一个严密的、封闭的组织系统，能够为完成项目管理总目标而实行合理分工及协作。

（5）弹性和流动性原则。

工程建设项目的单件性、阶段性、露天性和流动性是施工项目生产活动的主要特点，必然会带来生产对象数量、质量和地点的变化，还会带来资源配置品种和数量的变化。因此要求管理工作和组织机构随之进行调整，以使组织机构适应施工任务的变化。意思就是，要按照弹性和流动性的原则建立组织机构，不能一成不变。要准备调整人员及部门设置，以适应工程任务变动对管理机构流动性的要求。

（6）项目组织与企业组织一体化原则。

项目组织是企业组织的有机组成部分，企业是其母体，归根结底，项目组织是由企业组建的。从管理方面而言，企业是项目管理的外部环境，项目管理的人员全部来自于企业，项目管理组织解体后，其人员仍回到企业。即使进行组织机构调整，人员也是进出于企业人才市场的。施工项目的组织形式与企业的组织形式有关，不能离开企业的组织形式去谈论项目的组织形式。

1.6 工程项目的承包风险与管理

工程项目的立项、可行性研究及设计和计划等都是在正常的、理想的技术、管理和组织以及对将来情况(政治、经济、社会等各方面)预测的基础上进行的。在项目的实际运行过程中,所有的这些因素都可能会发生变化,而这些变化将可能使原定的目标受到干扰甚至不能实现,这些事先不能确定的内部和外部的干扰因素,称之为风险,风险也就是项目中的不可靠因素。任何工程项目都存在风险,风险会造成工程项目实施的失控,如工期延长、成本增加、计划修改等,这些情况都会使经济效益降低,甚至导致项目失败。正是由于风险会造成极大的伤害,在现代项目管理中,风险管理已成为不可或缺的重要环节。良好的风险管理能够获得巨大的经济效果,同时还有助于提高企业竞争能力、素质和管理水平。

近十几年来,人们在项目管理系统中提出了全面风险管理的概念。全面风险管理是指采用系统的、动态的方法进行风险控制,从而减少项目实行过程中的不确定性。它不仅使各层次的项目管理者建立了风险意识,重视风险问题,防患于未然,而且在各个阶段、各个方面还实施了有效的风险控制,形成一个前后连贯的管理过程。

全面风险管理的涵义有以下四个方面:一是项目全过程的风险管理,从项目的立项到项目的结束,都必须进行风险的研究与预测、过程控制以及风险评价,实行全过程的有效控制并积累经验和教训;二是对全部风险的管理;三是全方位的管理;四是全面的组织措施。

1. 工程项目风险因素的分析

全面风险管理强调的是风险的事先分析与评价,风险因素分析是指确定一个项目的风险范围,即有哪些风险存在,并将这些风险因素逐一列出以作为全面风险管理的对象。风险因素的罗列通常要从多角度、多方位进行,以便形成对项目系统的全方位透视。风险因素一般从以下三个方面进行分析:

(1)按项目系统要素进行分析。

主要有以下三个方面的系统要素风险:

①项目环境要素风险。最常见的有政治风险、法律风险、经济风险、自然条件风险、社会风险等。

②项目系统结构风险。如以项目单元作为分析对象,在实施及运行过程中可能遇到的技术问题,人工、材料、机械、费用消耗的增加等各种障碍和异常情况等。

③项目行为主体所产生的风险。如业主和投资者支付能力差,改变投资方向,违约不能完成合同责任等产生的风险;承包商(分包商、供应商)技术及管理能力不足,不能保证安全质量,无法按时交工等产生的风险;项目管理者(监理工程师)的能力、职业道德、公正性差等产生的风险。

④其他方面的风险。如外部主体(政府部门、相关单位)等产生的风险。

(2)按风险对目标的影响分析。

它是按照项目的目标系统结构进行分析,体现的是风险作用的结果,包括以下几个方面的风险:

①工期风险。如造成局部的(工程活动、分项工程)或整个工程的工期延长,不能及时投产等。

②费用风险。包括财务风险、报价风险、成本超支、投资追加、收入减少等。

③质量风险。包括材料、工艺、工程等不能通过验收,工程试生产不合格或经过评价工程质量达不到标准或要求等。

④生产能力风险。指项目建成后达不到设计生产能力。

⑤市场风险。指工程建成后产品不能达到预期的市场份额,销售不足,没有销路,没有竞争力。

⑥信誉风险。可能会造成对企业的形象、信誉的损害。

⑦人身伤亡以及工程或设备的损坏。

⑧法律责任风险。可能因此被起诉或承担相关法律或合同的责任。

（3）按管理的过程和要素分析。

它包括极其复杂的内容,但也往往是分析风险责任的主要依据,主要包括以下几方面:

①高层战略风险。如指导方针战略思想可能有错误而造成项目目标设计的错误等。

②环境调查和预测的风险。

③决策风险。如错误的选择,错误的投标决策、报价等。

④项目策划风险。

⑤技术设计风险。

⑥计划风险。如目标理解错误,方案错误等。

⑦实施控制中的风险。如合同、供应、新技术、新工艺、分包、工程管理失误等方面的风险。

⑧运营管理的风险。如准备不足、无法正常运营、销售不畅等的影响。

2. 风险的控制

（1）风险的分配。

项目风险是每时每刻都存在的,这些风险必须在项目参加者(包括投资者、业主、项目管理者、承包商、供应商等)之间进行合理的分配,只有每一个参加者都具有一定的风险责任,才能对项目管理和控制有积极性和创造性,只有合理的分配风险才能调动各方面的积极性,才能有项目的高效益。合理分配风险的原则主要有以下几点:

①从工程整体效益的角度出发,最大限度地发挥各方面的积极性。如果项目参与者都不承担任何风险,那么也就没有任何责任,当然也就没有控制的积极性,因此便不可能搞好工作。如果采用成本加酬金合同,承包商则没有任何风险责任,他会千方百计地提高成本以争取工程利润,最终将会损害工程的整体效益;如果承包商承担全部的风险也是不可行的,为了防备风险,承包商必然会提高要价,加大预算,而业主也因不承担风险将随便决策,盲目干预,最终同样会损害整体效益。因此只有使各方承担相应的风险责任,通过风险的分配以加强责任心和积极性,才能更好地达到计划与控制的目的。

②公平合理,责、权、利平衡。一是风险的责任和权力应是平衡的,既要有承担风险的责任,也要给承担者以控制和处理的权力,但如果已有某些权力,则同样也要承担相应的风险责任;二是风险与机会尽量对等,对于风险的承担者来说,应同时享受风险控制所获得的经济收益和机会收益,因为只有这样才能使参与者勇于去承担风险;三是承担的可能性和合理性,承担者应该拥有预测、计划、控制的条件和可能性,并且有迅速采取控制风险措施的时间、信息等条件,只有这样,参与者才能理性地承担风险。

③符合工程项目的惯例,符合通常的处理方法。如果采用国际惯例 FIDIC 合同条款,就要明确规定承包商与业主之间的风险分配,这样才比较公平合理。

（2）风险的对策。

任何项目都存在不同的风险,风险的承担者应对不同的风险有着相应的准备和对策,并且把它列入计划中的一部分,只有在项目的运营过程中,对产生的不同风险采取相应的风险对策,才能进行良好的风险控制,尽量减小风险可能造成的危害,以确保效益。通常的风险对策如下:

①权衡利弊后,回避风险大的项目,选择风险小或适中的项目。这样,在项目决策中就应提高警惕,对于那些可能明显导致亏损的项目应选择放弃,而对于某些风险超过自己承受能力,并且成功几率不大的项目也应尽量回避,这是相对保守的风险对策。

②采取先进的技术措施和完善的组织措施,以减小风险产生的可能性和可能产生的影响。如选择有弹性的、抗风险能力强的技术方案,进行预先的技术模拟试验,采取可靠的保护和安全措施等。为项目选派得力的技术和管理人员,采取有效的管理组织形式,并在实施的过程中实行严密的控制,加强计划工作,抓紧阶段控制和中间决策等。

③购买保险或要求对方担保,以转移风险。对于一些无法排除的风险,可通过购买保险的办法来解决;如果由于合作伙伴可能产生资信风险,则可要求对方出具担保,如银行出具的投标保函,合资项目政府出具的保证,履约的保函以及预付款保函等。

④提出合理的风险保证金,这是从财务的角度出发为风险所作的准备,在报价中增加一笔不可预见的风险费,用来抵消或减少风险发生时的损失。

⑤采取合作的方式共同承担风险。大部分项目均是由多个企业或部门共同合作的,这必然会产生风险分担,但这必须考虑寻找可靠的(抗风险能力强、信誉好)合作伙伴,以及合理明确的分配风险(按合同规定进行)。

⑥可采取其他的方式以降低风险。如采用多领域、多地域、多项目的投资来分散风险,这样可以扩大投资面积及经营范围,扩大资本效用,并且能与众多合作企业共同承担风险,进而达到降低总经营风险的目的。

（3）在工程实施中进行全面的风险控制。

工程实施中的风险控制贯穿于项目控制(进度、成本、质量、合同控制等)的全过程中,是项目控制中必不可少的重要环节,同时也影响着项目实施的最终结果。风险控制的方法主要如下:

①加强风险的预控和预警工作。在工程的实施过程中,要不断地收集和分析各种信息和动态,捕捉风险的前奏信号,以便能够更好地准备和采取有效的风险对策,用来抵御可能发生的风险。

②在风险发生时,应及时采取措施以控制风险的影响,这是降低损失、防范风险的有效办法。

③在风险状态下,依然必须保证工程的顺利实施,如迅速恢复生产,按照原计划保证完成预定的目标,防止工程中断和成本超支,只有这样才能有机会对已经发生和还可能发生的风险进行良好的控制,并争取获得风险的赔偿,如向保险单位、风险责任者提出索赔,以尽量减少风险的损失等。

1.7　工程成本会计

1. 理解工程成本会计职能

（1）认知建筑企业情况。

①认知建筑企业。建筑企业是指从事土木工程、建筑工程、线路管道设备安装工程、装修工程的新建、扩建、改建活动的企业，也可称为建筑业企业或施工企业。

建筑企业应按照其拥有的注册资本、净资产、专业技术人员、技术装备和已完成的建筑工程业绩等资质条件申请资质，经审查合格并且取得相应等级的资质证书后，方可在其资质等级许可的范围之内从事建筑活动。建筑企业的资质分为施工总承包、专业承包和劳务分包三种。

建筑施工企业是从事建筑安装工程施工生产的企业。它是自主经营、自负盈亏、独立核算、具有法人资格的经济实体。

建筑施工企业的生产经营具有生产流动性大、生产周期长、生产的单件性等特点。

②认知建筑企业岗位。根据企业具体的施工项目，施工企业岗位的名称并不相同，大致分为管理岗位和工人岗位等。

管理岗位包括董事长、董事、总经理、副总经理、办公室人员、项目经理、安全员、计划员、预算员、施工员、保管员、质检员、合同员、资料员等。

工人岗位包括特种作业人员（电工、架子工、起重工、驾驶员、气焊工等），特种设备（起重机械、司索、指挥、电气焊、压缩机、压力容器等）操作人员，建筑工人（木工、瓦工、力工等）。

（2）熟悉工程成本会计及其职能与任务。

①工程成本会计的概念。建筑企业会计是应用于建筑企业的一门行业会计。建筑企业会计是指以货币作为主要计量单位，核算和监督建筑企业经济活动的一种经济管理工作。会计分为企业会计和行政事业单位会计。不同的行业有不同的会计。建筑企业会计是一门行业会计，也是一种企业会计。成本会计是以成本、费用作为对象的一种专业会计。

建筑企业会计的对象是建筑企业的资金运动，一般要经历采购供应、施工生产和工程结算三个阶段。

工程成本会计是以货币作为主要计量单位，以凭证为依据，核算和监督建筑企业工程成本费用的一种经济管理工作。它是主要以施工过程中的成本、费用作为对象的一种专业会计。为了促使企业节约经营管理费用，增加企业盈利，会计中将管理费用、财务费用连同工程成本都列为了工程成本会计的内容。工程成本会计是工程成本、费用会计。

工程成本会计，狭义上是指施工成本核算，广义上是指工程成本管理或施工成本管理。工程成本会计学主要是研究建筑企业工程成本费用的计算、考核和分析的一门会计学科，它是成本会计学的组成部分。

②工程成本会计的职能。工程成本会计的主要职能如下：

a. 工程成本预测。成本预测是指在认真分析企业现有经济技术条件、市场情况及其发展趋势的基础上，根据成本信息和施工项目的具体情况，运用科学方法，对企业未来的成本水平及其变化趋势作出科学的推测和估计。

工程成本预测是施工项目成本决策和成本计划的依据。施工成本预测通常是指对施工项目计划工期内影响其成本变化的各个因素进行分析,然后预测这些因素对工程成本中有关项目(成本项目)的影响程度,从而预测出工程的单位成本或总成本。

b. 工程成本决策。工程成本决策是指根据成本预测及其他有关资料,制定出优化成本的各种备选方案,运用决策理论和方法,对各种备选方案进行比较分析,从中选出最佳方案。例如,施工产品零件、部件是企业自制合算还是外购合算;下属水泥制品厂产品是以半成品出售合算,还是继续加工以产成品出售合算,这些都需要进行成本决策。

c. 工程成本计划。工程成本计划是在成本预测和成本决策的基础上,为保证成本决策所确定的成本目标能够实现,具体规定在计划期内为完成工程任务应发生的施工耗费和各种工程成本水平,并提出为达到规定的成本水平所应采取的具体措施。它是该项目降低成本的指导文件,是设立目标成本的依据。因此可以说,成本计划是目标成本的一种形式。

d. 工程成本控制。工程成本控制是指在施工过程中,对影响施工项目成本的各种因素加强管理,并采用各种有效措施,将施工中实际产生的各种消耗和支出严格控制在成本计划范围之内,随时揭示并及时反馈,严格审查各项费用是否符合标准,计算实际成本与计划成本之间的差异并进行分析,消除施工中的损失及浪费现象,发现和总结先进经验。

施工企业通常以预先确定的成本标准(如材料消耗定额、工时消耗定额、材料计划单价)等作为各项费用的限额来控制企业施工生产经营过程中所发生的各种耗费。

e. 工程成本核算。工程成本核算是指运用各种专门的成本计算方法,按照一定对象和规定的成本项目及分配标准进行施工生产费用的归集和分配,计算出各工程的总成本和单位成本,并进行账务处理。

工程成本核算是对发生的施工费用和形成的工程成本所进行的会计处理工作,它是施工费用核算和工程成本计算的总称,其中重要的部分是工程成本计算。工程成本核算是工程成本会计工作的核心。工程成本的核算过程,不仅是对施工产品生产过程的各种劳动消耗进行如实反映的过程,同时也是对施工产品生产过程中各种费用的发生实施控制的过程。

工程成本核算的注意事项如下:

·必须明确工程成本核算只是一种手段,其目的是运用它所提供的一些数据来进行事中控制和事前预测。

·必须明确工程成本核算不光是财务部门、财务人员的事情,而且还是全部门、全员共同的事情。

·必须提高自身业务素质,工程成本核算人员不仅对成本很专业,而且还要掌握施工流程、工程预算等相关知识。

·必须提高工程成本核算人员的地位,参与成本决策,使企业的一切经济活动按照预定的轨道进行。

f. 工程成本分析。工程成本分析是在成本形成的过程中,对施工项目成本进行的对比评价和总结工作。它贯穿于施工成本管理的全过程,主要内容是利用施工项目的成本核算资料,与计划成本、预算成本以及类似施工项目的实际成本等进行比较,了解成本的变动情况,同时也要分析主要技术经济指标对成本所产生的影响,系统地研究成本变动的原因,检查成本计划的合理性,深入揭示成本变动的规律,以便有效地进行成本管理。

g. 工程成本考核。工程成本考核是指施工项目完成以后,对施工项目成本形成中的各责任者,按施工项目成本目标责任制的有关规定,将成本的实际指标与计划、定额、预算进行对比和考核,评定施工项目成本计划的完成情况和各责任者的业绩,并以此给予相应的奖励和处罚。

现代成本会计的七个主要职能包括成本预测、成本决策、成本计划、成本控制、成本核算、成本分析和成本考核。成本决策是成本会计的重要环节,在成本会计中居于中心地位。它与成本会计的其他职能之间存在着密切的联系,成本预测是成本决策的前提,成本决策是成本计划的依据,成本控制是实现成本决策既定目标的保证,成本核算是成本决策预期目标是否实现的最后检验,成本分析和成本考核是实现成本决策目标的有效手段。

③工程成本会计的任务。工程成本会计的主要任务有以下几点:

a.根据国家的政策、法规、制度和企业的消耗定额及工程成本计划,审核和控制企业各项工程施工费用的支出,促使企业节约工程施工费用,降低工程成本。

b.正确、及时地归集和分配工程施工过程中所发生的各项工程施工费用,按照规定的成本核算程序和方法计算工程的实际施工成本。

c.正确计算工程预算成本和实际成本,考核和分析成本消耗定额及成本计划的执行情况,为进行成本预测、修订消耗定额和编制新的成本计划提供数据。

d.通过工程成本核算,反映和监督企业工程施工过程中工程在产品的动态,保护工程在产品的安全和完整,并为资金占用管理提供资料。

e.正确编制工程竣工决算,及时对工程施工管理的经验和不足进行总结,改进经营管理工作,降低工程成本,从而提高经济效益。

2.熟悉工程成本核算程序

(1)理解施工费用、工程成本及其分类。

①工程成本的概念。费用是指企业在日常活动中所发生的,会导致所有者权益减少的,与向所有者分配利润无关的经济利益的总流出。产品成本是指企业在一定时期内为生产一定产品所支出的生产费用。

成本与费用之间的关系可理解为,费用是产品成本计算的基础,而产品成本则是对象化的费用。但费用涵盖的范围较广,着重于按会计期间归集。而产品成本仅包括为生产一定种类或数量的完工产品的费用,着重于按产品进行归集。产品成本是费用总额的一部分,不包括期间费用和期末未完工产品的费用等。

施工费用是指建筑企业在一定时期内从事建筑安装工程施工过程中所发生的各项耗费的货币表现形式。工程成本是指建筑企业为进行一定工程的施工所支出的施工费用。将施工生产费用按照一定的成本核算对象及其成本项目进行归集,即构成工程成本。施工费用是形成工程成本的基础。

②施工企业费用分类。为了正确计算工程成本,考核其升降原因,并且寻求一个能够降低成本、提高企业盈利能力的有效途径,首先应对施工费用进行合理的分类。具体的分类方法如下:

a.按经济内容,可划分为劳动对象方面的费用、劳动手段方面的费用、活劳动方面的费用。具体包括:

·材料费用。材料费用是指企业在施工过程中耗用的原材料、辅助材料、半成品、包装物、低值易耗品、修理用备件以及其他材料的费用。

·动力费用。动力费用是指企业在施工过程中耗用的各种电力、蒸汽等动力所支付的费用。

·燃料费用。燃料费用是指企业在施工过程中发生的各种燃料费用,包括固体燃料(如煤炭、木材)、液体燃料(如汽油、柴油)、气体燃料(如天然气、煤气、氢气、液化石油气)等费用。

·工资费用。工资费用包括企业在施工过程中发生的职工工资、工资性津贴、补贴、奖金及职工福利费等。

·折旧费与摊销费。折旧费与摊销费是指企业计提的固定资产折旧费和无形资产等的摊销费。

·利息费用。利息费用是指用借款利息支出减去利息收入后的金额。

·税费。是指计入成本费用的各种税费。

·其他费用。其他费用不属于上述各要素的费用支出。如差旅费、办公费、租赁费、保险费和诉讼费等。

在施工企业生产经营过程中发生的、按经济内容分类的费用,称为要素费用。这种分类方法能够反映出建筑企业在一定时期内资金耗费的构成和水平,不仅可以为编制材料采购资金计划和劳动工资计划提供资料,也可以为制定物资储备资金计划及计算企业净产值和增加值提供资料。成本按经济内容分类并不能说明其在施工过程中的用途,以及是否经济合理。

b. 按经济用途,可划分为以下几类:

·人工费。人工费是指建筑企业从事建筑安装工程施工的生产人员的工资、奖金、工资性质的津贴、劳动保护费和职工福利费等。

·材料费。材料费是指建筑企业在施工生产过程中耗用的构成工程实体或有助于形成工程实体的原材料、辅助材料、构配件、零件、半成品的成本,以及周转材料的摊销额和租赁费用等。

·机械使用费。机械使用费是指建筑企业在施工生产过程中使用自有机械的使用费和租用外单位机械的租赁费,以及施工机械的安装、拆卸和进出场费等。

·其他直接费。其他直接费是指建筑企业在施工生产过程中除了人工费、材料费和机械使用费三项直接费用以外的其他可以直接计入合同成本的费用,如施工现场材料的二次搬运费、生产工具和用具使用费等。

·间接费用。间接费用是指建筑企业下属的各施工单位为组织和管理生产活动所发生的费用。如生产管理人员的工资、办公费、差旅费等。

·期间费用。期间费用是指费用发生时直接计入当期损益的各项费用,具体包括管理费用、销售费用和财务费用。

人工费、材料费、机械使用费、其他直接费及间接费用是计入施工产品成本的费用,而期间费用则是计入当期损益的费用。这种分类方法,能够正确反映工程成本的构成,便于组织成本的考核和分析,有利于加强企业的成本管理。

c. 按成本与工程量的关系,可划分为变动费用和固定费用。这种分类方法对于组织成本控制,分析成本升降的原因,以及作出某些成本决策都是必不可少的。因为要降低成本中的变动成本,就必须从降低消耗着手;要降低固定成本则要从节约开支、减少耗费的绝对数着手。

例如,"材料费用"是一种要素费用,一个要素费用所对应的费用在分配后可按用途对应多个成本项目。如果耗用的材料为施工产品的组成部分,则此时"材料费用"应计入"工程施工——合同成本——直接材料费"成本项目;如果耗用的材料是用来修理施工管理部门设备用的,间接服务于施工产品,则这时的"材料费用"应计入"工程施工——间接费用"成本项目。

③工程成本分类。

a.按计入成本核算对象的方式,可划分为直接费用和间接费用。直接费用是指施工过程中耗费的构成工程实体或有助于工程实体形成的各项费用支出,是可以直接计入工程对象的费用,包括人工费、材料费、施工机械使用费和施工措施费等。间接费用是指为施工准备、组织和管理施工生产的全部费用的支出,是非直接用于也无法直接计入工程对象,但为进行工程施工所必须发生的费用,包括管理人员工资、办公费、差旅交通费等。凡是直接费用均应按照费用支出的原始凭证直接计入成本核算对象,间接费用则要选择合理的分配标准分配记入成本核算对象。

b.按成本形成的时间,可划分为会计期成本和工程期成本。按会计期计算成本,可以将实际成本与预算进行对比,有利于各个时期的成本分析和考核,能够及时总结工程施工和管理中的经验教训。按工程周期计算成本,有利于分析某一工程项目在施工全过程中的经验和教训,从而为进一步加强工程施工管理提供依据。

c.按管理要求,可划分为工程预算成本、工程计划成本和实际成本。工程预算成本是根据已完工程数量,按施工图预算所列出的单价和成本项目的核算内容进行分析、归类和计算的工程成本。它是控制成本支出,考核实际成本超节的依据。工程计划成本是以货币形式编制的施工项目在计划期内的工程成本。它是控制成本支出,考核目标成本超节的依据。实际成本是根据工程施工过程中实际发生的施工费用,按照成本核算对象和成本项目归集的工程成本。

(2)明确工程成本核算的要求。

为了正确核算工程成本,完成工程成本核算的任务,发挥工程成本核算的作用,工程成本核算应严格遵循以下要求:

①做好成本核算的各项基础工作。为保证成本核算资料的真实性、完整性、准确性和及时性,便于对成本实施进行有效控制,应建立健全各项原始记录,做好财产物资的计量、收发和盘点工作。具体包括材料物资的收发领退、劳动用工、工资发放、机器设备交付使用,以及水电等消耗的原始记录,并做好相应的管理工作。同时还要制定和修订材料、工时、费用的各项消耗定额。具体包括以下几个方面的基础工作:

a.建立健全各项原始记录。原始记录是成本控制和核算的依据,为保证成本核算的及时性与准确性,对涉及成本管理方面的原始记录要求有关人员应认真做好登记工作,并且做到凡是有经济活动的地方,均要有原始记录。具体包括材料物资的收发领退、劳动用工、工资发放、机器设备交付使用以及水电等消耗的原始记录。

b.确定各项消耗定额。定额是对工程施工过程中人力、物力、财力消耗所规定的数量标准。企业应根据自身水平制定合理的施工定额,做到消耗有定额,开支有标准,这对成本核算、成本控制和项目之间公平竞争将会起到重要的作用。进行定额管理是控制施工耗费、促进增产节约行之有效的制度。

c.健全物资管理工作制度。物资管理工作制度包括财产物资的计量、收发和盘点制度。

d. 建立健全内部结算制度。内部结算要以合理的内部价格为依据。企业内部价格是指企业各内部独立核算单位因相互提供材料物资、作业和劳务而办理转账结算的结算价格。

e. 建立健全企业内部成本管理责任制,包括发生成本费用的有关部门及人员的岗位责任制在内。

②正确划分各种费用支出的界限。为了正确计算工程成本,在进行工程成本核算时,施工企业应正确划清以下几个方面的界限:

a. 正确划分收益性支出与资本性支出的界限。

b. 正确划分成本费用、期间费用和营业外支出的界限。

c. 正确划分不同成本计算期的费用界限。

d. 正确划分不同工程之间的成本费用界限。

e. 正确划分完工工程和未完工工程的成本费用界限。

③选择适当的成本计算方法。为了便于分析和考核企业的经营成果,明确企业的经营责任,施工企业应根据生产特点和管理要求选择适当的成本计算方法。

施工产品成本的计算,关键在于选择适当的成本计算方法,确定成本计算方法时应考虑企业生产类型的特点和管理要求等方面的情况。在同一个企业里,可以采用一种或多种成本计算方法。成本计算方法一经选定,一般不得随意变更。

施工企业通常采用分批法计算施工产品成本。工程成本的计算期一般应与工程价款结算的时间相一致。采用按月结算工程价款办法的工程,企业一般按月计算已完工程成本;采用竣工后一次结算或分段结算工程价款办法的工程,企业一般应按合同确定的工程价款结算期计算已完工程成本。

(3)明确工程成本核算的对象、工作组织。

①工程成本核算的对象。工程成本核算的对象是施工费用的承担者,也就是指归集和分配施工耗费的具体对象。合理地确定成本计算对象,是组织工程成本核算的前提。

建造合同是建筑企业组织工程施工和管理的依据,故一般应以建造合同为工程成本计算对象。实际工作中由于建筑安装工程是按设计图纸在指定的地点建造的,而设计图纸一般又是按单位工程编制的,所以建筑安装工程一般按单项建造合同的单位工程为成本核算对象。

a. 以单项建造合同的单位工程为工程成本计算对象。一般情况下,建筑企业应以所签订的单项建造合同作为工程成本计算对象,分别计算和确认各单项合同的成本,这样利于分析工程预算和施工合同的完成情况,并为核算合同损益提供依据。

b. 以合同分立后的单项资产作为工程成本计算对象。如果一项建造合同包括了建造数项资产,那么在同时具备下列条件的情况下,应包括独立的单项合同处理:

·每项资产均有独立的建造计划,包括独立的施工图预算。

·建筑企业与业主就每项资产单独进行谈判,双方能够接受或拒绝与每项资产有关的合同条款。

·每项资产的收入与成本均可单独辨认,如每项资产均有单独的造价和预算成本。

·对该项建造合同进行分立,应将分立后的单项资产作为一个成本计算对象,单独核算其成本,有利于正确计算建造每项资产的损益。

c. 以合同合并后的一组合同作为工程成本计算对象。如果一组建造合同无论是对应单个业主还是对应几个业主,在同时具备下列条件的情况下,应合并为单项合同处理:

·该组合同按一揽子交易签订。

·该组合同密切相关,每项合同实际上已构成了一项综合利润率的组成部分。

·该组合同同时或依次履行。

在同一地点同时或依次施工时,建筑企业对施工队伍、工程计量、施工质量和进度实行统一的管理,并将符合合同合并条件的一组合同合并作为一个成本计算对象,这样有利于工程管理和简化核算。

工程成本核算对象一旦确定,建筑企业内部的各有关部门就必须共同遵守,所有原始记录和核算资料,均应按照统一确定的成本计算对象填写清楚,以确保工程成本的真实性和准确性。

②工程成本核算的工作组织。为保证工程成本核算的顺利进行,各企业应按照各自的规模,建立与其管理体制相适应的工程成本核算体系。由于施工对象具有流动性,故施工企业一般有两级核算和三级成本核算制度。

两级成本核算一般实行企业和施工队核算。各施工队核算工程的直接成本和间接成本,由企业汇总全部工程的成本和期间费用。

三级成本核算制一般实行公司、分公司和施工队核算。施工队是内部经济核算单位,它仅核算本施工队的直接成本,并将资料汇总到分公司;分公司是内部独立核算单位,其任务是全面核算它所负责工程的直接成本、间接成本和分公司发生的期间费用,并向公司上报资料;公司是独立核算单位,其任务是全面负责全公司的成本核算工作,审核、汇总所属分公司和单位的成本资料,核算公司本部发生的期间费用,并全面分析公司成本升降的原因和寻找降低成本的途径。

(4)熟悉工程成本核算的一般程序。

①根据生产特点和成本管理的要求,确定成本核算对象。

②确定成本项目。企业计算工程成本,一般应当设置人工费、材料费、机械使用费、其他直接费、间接费用等成本项目。前四项费用构成直接成本,第五项为间接成本,直接成本和间接成本一同构成工程施工成本。

【例1.1】 某建筑工程项目本月发生材料费200万元,人工费50万元,机械使用费30万元,其他直接费15万元,并负担间接费用20万元。要求计算本月工程成本。

【解】 该工程本月成本 = 材料费 + 人工费 + 机械使用费 + 其他直接费 + 间接费用 = 2 000 000 + 500 000 + 300 000 + 150 000 + 200 000 = 3 150 000(元)

③设置有关成本和费用明细账。如工程施工明细账、间接费用明细账、产成品、自制半成品明细账等。

a."工程施工——合同成本"、"工程施工——合同毛利"账户。本科目属于成本类账户,用于核算施工企业实际发生的工程施工合同成本和合同毛利。

合同成本,核算的是各项工程施工合同发生的实际成本,一般包括施工企业在施工过程中发生的人工费、材料费、机械使用费、其他直接费和间接费用等。前四项费用属于直接成本费,直接计入有关工程成本,而间接费用则可先在本科目(合同成本)下设置"间接费用"明细账户进行核算,月份终了,再按照一定分配标准分配计入有关工程成本。

合同毛利,核算的是各项工程施工合同确认的合同毛利。施工企业进行施工所发生的各项费用,应借记"工程施工——合同成本",贷记"原材料"、"应付职工薪酬"等。按规定确认合同收入、费用时,应借记"主营业务成本",贷记"主营业务收入",按其差额借记或贷记"工程施工——合同毛利"。

本账户期末余额借方,反映的是尚未完工工程施工合同成本和合同毛利。

b. "机械作业"账户。该账户核算的是施工企业及其内部独立核算的施工单位、机械站和运输队使用自有施工机械和运输设备进行机械作业(包括机械化施工和运输作业等)所发生的各项费用。实际发生的机械作业成本,应记入本科目借方;按受益对象分配机械作业成本时,应记入本账户贷方;期末本科目无余额。

c. "生产成本——辅助生产成本"账户。该科目核算的是施工单位的辅助生产部门为工程施工等提供材料和劳务时所发生的各项耗费。实际发生的各项辅助生产成本,应记入本账户借方;按受益对象分配辅助生产成本时,则应记入本账户贷方;期末本科目无余额。

d. "工程施工——间接费用"账户。该科目核算的是施工单位为组织和管理施工活动而发生的各项费用。实际发生的各项间接费用,应记入本账户借方;月末将间接费用分配记入各工程核算对象时,则应记入本科目贷方;期末本账户无余额。

④收集确定各工程的实物量,以及材料、工时、动力消耗等,并对所有已发生费用进行审核。

⑤归集所发生的全部费用,并按照确定的成本计算对象进行分配,按成本项目计算各工程的在建工程成本、完工工程总成本和单位成本。

⑥结转竣工工程成本。

【例1.2】 2013年12月,某建筑公司下属的建筑队施工甲工程,发生有关经济业务如下:

(1)本月各部门领用材料的实际成本如下:甲工程领用300 000元,工区管理领用20 000元。

(2)本月各部门分配工资费如下:甲工程发生600 000元,工区管理发生50 000元。

(3)以银行存款支付租入机械费50 000元。

(4)开出支票以5 000元支付办公用品购置费。

要求逐笔编制会计分录,并填列工程成本计算表,计算甲工程总成本。

【解】

(1)借:工程施工——合同成本——甲工程 300 000
　　　　　　　——间接费用 20 000
　　贷:原材料 320 000

(2)借:工程施工——合同成本——甲工程 600 000
　　　　　　　——间接费用 50 000
　　贷:应付职工薪酬——工资 650 000

(3)借:工程施工——合同成本——甲工程 50 000
　　贷:银行存款 50 000

(4)借:工程施工——间接费用 5 000
　　贷:银行存款 5 000

(5)结转发生的间接费用。

借:工程施工——合同成本——甲工程 75 000

　　　　贷：工程施工——间接费用　　　　　　　　　　　　　　75 000

（6）计算本月工程成本：甲工程发生的工程成本。

　　甲工程成本 = 材料费 320 000 + 人工费 600 000 + 机械使用费 50 000 + 间接费用 75 000

　　　　　　　= 直接费用 970 000 + 间接费用 75 000 = 1 045 000 元。

　　工程成本计算见表 1.2。

表 1.2　工程成本计算表

工程：甲工程　　　　　　　　　　　　2013 年 12 月　　　　　　　　　　　　单位：元

成本项目	材料费	人工费	机械使用费	其他直接费	间接费用	合计
发生工程成本	320 000	600 000	50 000		75 000	1 045 000
合计	320 000	600 000	50 000		75 000	1 045 000

2 建设工程项目管理

2.1 建筑工程招标与投标

2.1.1 建筑工程招标

工程项目招标是指招标人为了选择合适的承包人而设立的一种竞争机制,是对自愿参加某一特定工程项目的投标人进行审查、评比和选定的过程。

1. 工程项目招标的分类和方式

(1)工程项目招标的分类。

根据工程承包的不同范围,可将工程项目招标划分为以下几种类型:

①建设工程项目总承包招标。建设工程项目总承包招标又称为建设项目全过程招标,在国外称之为"交钥匙"承包方式。它是指从项目建议书开始,包括可行性研究报告、勘察设计、设备材料询价与采购、工程施工、生产准备、投料试车,直到竣工投产、交付使用等实行全面招标。工程总承包企业根据建设单位提出的工程使用要求,对项目建议书、可行性研究、勘察设计、设备询价与选购、材料订货、工程施工、职工培训、试生产、竣工投产等实行全面报价投标。

②建设工程勘察招标。建设工程勘察招标是指招标人就拟建工程的勘察任务发布通告,以法定方式吸引勘察单位参与竞争,经招标人审查获得投标资格的勘察单位按照招标文件的要求,在规定的时间内向招标人填报标书,招标人从中选择条件优越者来完成勘察任务。

③建设工程设计招标。建设工程设计招标是指招标人就拟建工程的设计任务发布通告,以法定方式吸引设计单位参与竞争,经招标人审查获得投标资格的设计单位按照招标文件的要求,在规定的时间内向招标人填报投标书,招标人从中选择条件优越的中标单位来完成工程设计任务。设计招标主要是指设计方案的招标,工业项目可进行可行性研究方案招标。

④建设工程施工招标。建设工程施工招标是指招标人就拟建的工程发布公告或者邀请,以法定方式吸引建筑施工企业参与竞争,招标人从中选择条件优越者来完成工程建设任务。

⑤建设工程监理招标。建设工程监理招标是指招标人为了完成委托监理任务,以法定方式吸引监理单位参与竞争,招标人从中选择条件优越者来完成工程监理任务。

⑥建设工程材料设备招标。建设工程材料设备招标是指招标人就拟购买的材料设备发布公告或者邀请,以法定方式吸引建设工程材料设备供应商参与竞争,招标人从中选择条件优越者来购买其材料设备。

(2)工程项目招标的方式。

根据我国《招标投标法》的规定,招标方式分为公开招标和邀请招标两大类。

①公开招标。公开招标又称无限竞争性招标,是指招标人以招标公告的方式邀请不特定的法人或者其他组织投标。凡具备相应资质条件的法人或组织,不受地域和行业的限制,均

可申请投标。发布招标公告是公开招标最显著的特征之一,也是公开招标的首要环节。招标公告在何种媒介上发布,直接决定了招标信息的传播范围,从而影响到招标的竞争程度和招标效果。公开招标的优点是能够在较广的范围内选择中标人,投标竞争激烈,业主有较大的选择余地,有利于降低工程造价,提高工程质量和缩短工期。其缺点是因申请投标人较多而招标时间长,招标工作量大,耗费的资源多,故此类招标方式主要适用于投资额度大,工艺、结构复杂的较大型工程建设项目。

②邀请招标。邀请招标又称有限竞争性招标或选择性招标,是招标人通过投标邀请书邀请特定的法人或者其他组织参与投标的一种招标方式。按照国内外的普遍做法,采用邀请招标方式的前提条件是必须对市场供给情况及供应商或承包商的情况有一定的了解,在此基础上,还要考虑招标项目的具体情况:一是招标项目的技术新而且复杂或专业性很强,只能从有限范围的供应商或承包商中进行选择;二是招标项目本身的价值低,招标人只能通过限制投标人数来达到节约和提高效率的目的。因此,在实际中有较大的适用性。邀请数量一般宜为五至七家,但最少不得少于三家。与公开招标方式不同,邀请招标允许招标人向有限数目的特定法人或其他组织发出投标邀请书,而不必发布招标公告。投标邀请书与招标公告相同,都是向作为供应商或承包商的法人或其他组织发出的关于招标事宜的初步基本文件。为提高效率和透明度,投标邀请书必须载明必要的招标信息,以使供应商或承包商能够确定所招标的条件是否能被他们所接受,并了解如何参与投标的程序。邀请招标的优点是组织工作比较容易,工作量也比较小,节约招标投标费用,提高效率;由于对投标人以往的业绩和履约能力比较了解,从而减小了合同履行过程中承包方违约的风险。其缺点是招标范围有限,竞争激烈程度较差,这样便有可能失去发现最适合承包人的机会。

【例2.1】 某大型工程由于技术难度较大,故对施工单位的施工设备和同类工程的施工经验要求较高,而且对工期的要求也较为紧迫,业主在对有关单位和在建工程进行了考察的基础上,邀请了三家国有一级企业参加投标,并预先与咨询单位和这三家施工单位共同研究确定了施工方案。试回答以下问题:

(1)《招标投标法》中规定的招标方式有几种,分别是哪几种?

(2)该工程采用邀请招标方式且仅邀请三家施工单位投标,是否违反有关规定,理由是什么?

【解】

(1)《招标投标法》中规定的招标方式有两种,即公开招标和邀请招标。

(2)该工程采用邀请招标方式且仅邀请三家施工单位投标并不违反有关规定。因为根据《招标投标法》的规定,对于技术复杂的工程,允许采用邀请招标方式,邀请参加投标的单位不得少于三家。

2. 工程项目施工招标程序

(1)建设工程项目施工招标条件。

建设工程项目的施工应按照建设管理程序进行。为了保证工程项目的建设符合国家或地方总体发展规划,以及能使招标后的工作顺利进行,不同标的招标均需满足相应的条件。

①建设单位招标应具备以下条件:

a. 招标单位是法人或依法成立的其他组织。

b. 有与招标工程相适应的经济、法律咨询和技术管理人员。

c.有组织编制招标文件的能力。

d.有审查投标单位资质的能力。

e.有组织开标、评标、定标的能力。

不具备上述 b.～e.项条件的,必须委托具有相应资质的咨询、招标代理等单位代理招标。上述条件中,a.、b.两条是对单位资格的规定,c、d、e 三条是对招标人能力的要求。

②建设项目招标应具备以下条件:

a.设计概算已经批准。

b.建设项目已经正式列入国家、部门或地方的年度固定资产投资计划。

c.建设用地的征用工作已经完成。

d.有能够满足施工需要的施工图纸及技术资料。

e.建设资金和主要建筑材料、设备的来源已经落实。

f.已经通过建设项目所在地规划部门批准,施工现场"三通一平"已经完成或一并列入施工招标范围。

上述规定的主要目的在于监督建设单位严格按照基本建设程序办事,防止发生"三边六无"工程现象,确保招标工作能够顺利进行。

(2)工程项目施工招标程序。

招标是招标人选择中标人并与其签订合同的过程,而投标则是投标人力争获得实施合同的竞争过程,招标人和投标人在进行招标投标活动时必须遵循招标投标法律法规的规定。按照招标人和投标人的参与程度,一般可将招标过程划分为三个阶段,即招标准备阶段、招标阶段和决标成交阶段。

①招标准备阶段。招标准备阶段是从办理招标申请开始到发出招标公告或招标邀请书为止的时间段。主要工作如下:

a.申请批准招标,组建招标机构。招标人自行办理招标事宜的,应按规定向建设行政主管部门办理申请招标手续。招标备案文件应说明以下内容:招标工作范围;招标方式;计划工期;对投标人的资质要求;招标项目的前期准备工作的完成情况;自行招标还是委托代理招标等,获得认可后才能开展招标工作。委托代理招标事宜的应签订委托代理合同。

b.确定招标方式。根据工程的实际情况,按照法律法规和规章确定是公开招标还是邀请招标。

c.编制招标有关文件。编制招标文件,将招标文件发售给合格的投标申请人,同时向建设行政主管部门备案。招标文件的内容通常分为投标须知、合同条件、技术规范、图纸和技术资料、工程量清单等几大部分。

②招标阶段。招标阶段是指从发布招标公告或招标邀请书之日起到投标截止之日的时间段。主要工作如下:

a.发布招标公告或投标邀请书。实行公开招标的,应在国家或地方指定的报刊、信息网或其他媒介,并同时在中国工程建设和建筑业信息网上发布招标公告;实行邀请招标的,应向三个以上符合资质条件的投标人发送投标邀请书。

b.资格预审。对投标单位进行资格预审,是为了了解投标单位的技术和财务实力及管理经验并作为决标的参考,使招标能够得到一个比较理想的结果,限制不符合要求条件的单位盲目参加投标。投标单位资格审查应由招标单位负责。在公开招标时,资格审查通常在发售招标文件之前进行,审查合格者才准许购买招标文件,因此也称为资格预审;在邀请招标的情况下,则在评标的同时进行资格审查。资格预审的内容主要包括:企业注册证明和资质证明;主要施工经历;技术力量简况;施工机械设备情况;在施工的承接项目;资金与财务状况等。采用资格预审的,应编制资格预审文件,并发放给参加投标的申请人。对申请资格预审的投标人送交填报的资格预审文件和资料进行评比分析,确定出合格的投标人的名单,并报招标管理机构核准。资格预审的优点是能够排除不合格的投标人,降低招标人的采购成本,并提高招标工作效率。资格预审的程序一般为资格预审通告、发出资格预审文件、对潜在投标人资格的审查和评定。

c. 发招标文件。发放招标文件,一般需要购买。

d. 组织投标人踏勘现场,并针对招标文件进行答疑。招标单位组织投标单位进行勘察现场的目的是为了了解工程场地和周围环境的情况,招标单位应尽可能多地向投标单位提供现场的信息资料并满足进行现场勘察的条件,为了便于解答投标单位提出的问题,勘察现场一般安排在投标预备会之前。投标单位的问题应在预备会之前以书面形式向招标单位提出。招标人对任何一家投标人所提问题的回答,必须采用书面形式发放给所有投标人,以保证招标的公开和公平,但不必说明问题的来源。回答函件是招标文件的组成部分,如果书面解答的问题与招标文件中的规定不一致,应以函件的解答为准。

e. 投标书的提交和接收。

③决标成交阶段。从开标日到签订合同这一期间称为决标成交阶段,它是对各投标书进行评审比较,最终确定中标人的过程。主要工作如下:

a. 开标。在投标截止的同一时间,按规定时间、地点,在投标单位法定代表人或授权代理人在场的情况下举行开标会议,按规定的议程进行开标。

b. 评标。经招标代理、建设单位上级主管部门协商,按照有关规定成立评标委员会,在招标管理机构的监督下,以评标原则和评标方法为依据,对投标单位的报价、工期、质量、主要材料用量、施工方案或施工组织设计、以往业绩、社会信誉、优惠条件等方面进行综合评价,公正合理地选择条件优越的中标单位。

c. 定标。招标人根据评标委员会的评标结果,对中标候选人进行公示,公示无误后即可发出中标通知书。中标的承包商应提交履约保函,进行合同谈判,准备合同文件,签订合同,通知未中标者,退回投标保函。

3. 工程项目招标文件的内容和格式

根据我国《建设工程施工招标文件范本》的有关规定,对于公开招标的招标文件,一般可分为四卷共十章,内容如下:

第一卷　投标人须知、合同条款及格式

第一章　投标人须知

第二章　合同通用条款

第三章　合同专用条款

第四章　合同附件格式

第二卷　技术标准和要求

第五章　技术标准和要求

第三卷　投标文件

第六章 投标书及投标书附录

第七章 工程量清单与报价单

第八章 辅助资料表

第九章 资格审查表(有资格预审的不再采用)

第四卷 图纸

第十章 图纸

对于邀请招标的招标文件,其内容除了上述公开招标文件的第九章资格审查表以外,其他均与公开招标文件完全相同。现将上述内容做如下说明:

(1)投标人须知。

投标人须知是招标文件中的一个重要组成部分,包括:总则、招标文件、投标报价说明、投标文件的编制、投标文件递交、开标、评标、定标、授予合同等内容。投标人在投标时必须仔细阅读和理解,并按须知中的要求进行投标。一般在投标人须知前还有一张"前附表",其参考格式和内容见表2.1。

表2.1 投标人须知前附表

条款号	条款名称	说明与要求
1	工程名称	
2	建设地点	
3	建设规模	
4	承包方式	
5	质量要求	
6	招标范围	
7	工期要求	年 月 日开工 年 月 日竣工 施工总工期: 日历天
8	资金来源	
9	投标人资质等级要求	
10	资格审查方式	
11	工程报价方式	
12	投标有效期	日历天(从投标截止之日算起)
13	投标保证金额	%或 元
14	投标预备会	地点: 时间:
15	投标文件份数	正本 份,副本 份
16	投标文件递交地点及投标截止日期	地点: 时间:
17	开标时间、地点	地点: 时间:
18	评标方法及标准	

①总则。在总则中要说明工程概况和资金的来源,资质与合格条件的要求及投标费用等问题。具体内容包括:项目概况;资金来源和落实情况;招标范围、计划工期和质量要求;投标

人资格要求;投标费用承担;保密、语言文字、计量单位的规定;踏勘现场;投标预备会;分包。

②招标文件。

a. 招标文件的组成。招标文件除了在投标文件须知中写明的招标文件的内容以外,还包括对招标文件的解释、修改和补充等内容。

b. 招标文件的解释。投标人在收到招标文件以后,对招标文件的任何部分如有任何疑问,均应按规定的地点和时间以书面形式提交给招标人。不论是招标人根据需要主动对招标文件进行必要的澄清,还是按照投标人的要求对招标文件做出澄清,招标人均应以书面形式予以答复,投标人则应按规定的时间地点前去领取答疑记录。答疑记录作为招标文件的组成部分,对投标人起到了约束的作用。

c. 招标文件的修改。招标文件的修改应以书面形式发放给所有投标人,招标文件的修改是招标文件的组成部分,并具有约束力,投标人应尽快以书面形式通知招标人确定已收到修改文件。招标文件、招标文件澄清(答疑)记录、招标文件修改补充通知内容均应以书面明确的内容为准。当招标文件、修改补充通知、澄清(答疑)记录内容相互矛盾时,应以最后发出的通知(或纪要)或修改文件为准。为了使投标人在编写投标文件时有足够的时间去研究招标文件的修改部分,招标人可酌情延长递交投标文件的截止日期,具体时间将在修改补充通知中明确。

③投标报价说明。

a. 投标报价。投标报价是招标文件所确定的招标范围内的全部工作内容的价格体现,它主要包括施工设备、劳务、管理、材料、安装、维护、利润、税金及政策性文件规定等各项应有费用。

b. 投标报价方式。投标报价的方式分为可变价格报价和固定价格报价两种。可变价格报价是指投标人的投标报价可根据合同实施期间的市场变化和政策性调整而变动。而固定价格报价则是指投标人应充分考虑施工期间各类建材的市场风险和政策性调整,并将风险系数计入总报价,今后不作调整。设计变更和招标人要求变动的内容除外。

④投标文件的编制。

a. 投标文件的组成。投标文件的内容应包括:投标承诺书;投标承诺书附录;在法人代表不到场的情况下所出具的法定代表人授权书;投标报价(包括报价汇总表);施工组织设计或施工方案(包括投标书、项目班子配备、技术措施费、工期、质量承诺和施工技术方案);其他资料等。投标人必须按投标文件规定的格式进行填写,不够用时,投标人可按同样格式自行编制和添补。

b. 投标有效期。投标有效期一般是指从投标截止日起至公布中标时止的一段时间。在原定投标有效期满之前,如因特殊情况,经招标管理机构同意后,招标单位可以向投标单位以书面形式提出延长投标有效期的要求,此时投标单位必须以书面的形式给予答复,对于不同意延长投标有效期的,招标单位不能因此没收其投标保证金。对于同意延长投标有效期的,不得要求在此期间修改其投标文件,而且应相应延长其投标保证金的有效期,对投标保证金的各种有关规定在延长期内同样有效。

c. 投标保证金。投标人应提供不少于投标人须知中规定数额的投标保证金,并在收到图纸时与图纸押金一同提交给招标人。未中标人的投标保证金应在退回图纸和有关资料时予以退回(无息)。中标人的投标保证金则应在与招标人正式签署合同后 5 日内予以退回(无息)。

d. 招标答疑会。招标人在发放招标文件以后,应按照投标人须知中所规定的日期组织召开招标答疑会,投标人派代表出席。其目的是为了澄清和解答投标人提出的问题。投标人将被邀请对工程施工现场和周围环境进行勘察,以获取投标人编制有关投标文件和签署合同时所需要的有关资料。投标人提出的与投标有关的任何问题应在招标答疑会召开前以书面形式送达招标人(或在招标答疑会上递交)。会议记录包括所有问题和答复,将在 3 日内提供给所有投标人,通过招标答疑会产生的对招标文件内容的修改,招标人将以补充通知的方式发出,并报市(区、县)招标办备案。

e. 投标文件的份数和签署。投标人按照规定,编制一份投标文件"正本"和前附表所要求份数的"副本",并明确标明"正本"和"副本"。投标文件正本与副本如有不一致的地方,则应以正本为准。投标文件正本和副本均应按规定格式书写或打印,由投标人加盖单位公章和单位法定代表人印鉴。

⑤投标文件的递交。

a. 投标文件的密封。投标人应将投标文件的正本和副本分别密封,在封面上写明投标人的名称和工程名称,投标文件封装后在密封处要加盖投标人公章和单位法定代表人的印鉴,投标人未按上述规定提交的投标文件将被拒收。

b. 投标截止期。投标人应在投标人须知中规定的时间之前将投标文件递交给招标人。招标人在接到投标文件时应登记签收。超过投标截止期送达的投标文件将被拒收,并原封退回给投标人。

c. 投标文件的修改与撤回。投标人递交投标文件以后,可在规定的投标截止期之前,以书面形式向招标人递交修改或撤回其投标文件的通知。在投标截止期以后,不得更改投标文件。投标人的修改或撤回通知,应按照规定的要求编制、密封、标志、盖章和递交。投标截止以后,投标人不得撤回投标文件,否则其投标保证金将被没收。

⑥开标。招标人将在前附表规定的时间和地点举行开标会议,参加开标的投标人代表应签名报到,以证明其出席了开标会议。

开标会议由招标人组织并主持,并由市(区、县)招标管理机构进行指导和监督。

投标人的法定代表人或委托代理人如未参加开标会议,则将视为自动弃权。投标文件有下列情况之一者将被视为无效:

a. 投标截止期以后送达的投标文件。

b. 未按规定密封、标志的投标文件。

c. 未按招标文件要求加盖投标人公章和法定代表人印鉴或委托代理人印鉴的投标文件。

唱标顺序按照各投标人送达文件时间的先后顺序进行,唱标时应对唱标内容做好记录,并请各投标人的法定代表人或委托代理人签字确认。

⑦评标。

a. 评标工作。评标工作应在招标管理机构的指导、监督下,由评标小组(委员会)组织进行。

b. 评标程序如下:

·对各投标文件及有关情况进行评议和比较。

·评审"经济标"部分。按照"经济标评标原则"对照标底价格由微机进行计分和评分。

·评审"技术标"部分。由评标小组(委员会)根据对各投标人"施工组织设计"的评审情况对照"施工组织设计"评分表的内容,对各投标人评出得分。

c.投标文件的澄清。为了有助于投标文件的审查、评价和比较,评标小组(委员会)可以要求投标单位澄清其投标文件。有关澄清的要求和答复,应以书面形式进行,但不允许更改投标报价或投标的其他实质性内容。

d.中标人的确定。中标人的确定方式有两种,可由招标人委托评标小组(委员会)从中标候选人中直接确定;也可先由评标小组(委员会)推荐1~3名中标候选人,再由招标人依次选定。

⑧授予合同。

a.确定了中标人以后,招标人应在规定的时间内将评标报告及评标的有关资料报送招标管理机构备案,并将评标结果及时通知给其他未中标人,未中标人则应在接到通知后7日内,按照要求退回招标文件、图纸和有关技术资料,招标人还应同时向未中标人退回投标保证金(无息),并付给规定内的补偿费,因违反规定而被没收的投标保证金将不予退回。

b.合同签订的程序如下:

·招标人与中标人在约定的时间和地点,根据《合同法》的规定,依据招标、投标文件及其附件双方签订施工合同。

·如中标人因故不能按招标条件签订合同时,应由招标人提出书面报告,并报市(区、县)招标办备案,招标人可在该工程投标人中按得分顺序另择中标人。

·《建设工程施工合同》签订以后,招标人应将其副本报送招标办备案。

(2)合同条款。

合同通用条款和合同专用条款是招标文件的重要组成部分,是招标人单方面提出的关于招标人、投标人、监理工程师等各方权利义务关系的设想和意愿,是对合同签订、履行过程中遇到的工程进度、质量、检验、支付、索赔、争议、仲裁等问题的示范性、定式性的阐释。

(3)合同格式。

合同格式一般包括合同协议书格式、银行履约保函格式、履约担保格式、预付款银行保函格式。在招标文件中应采用统一的格式,以便于投标和评标。

(4)技术标准和要求。

技术标准和要求主要用于说明工程现场的自然条件、施工条件及本工程施工技术要求和所采用的技术规范。

(5)投标书及投标书附录。

投标书是由投标单位授权代表所签署的一份投标文件,它是对业主和承包商双方均有约束力的合同的重要组成部分。除投标书外,投标文件还应包括投标书附录、投标保证书和投标单位的法人代表资格证书及授权委托书。投标书附录是对合同条款规定的重要要求的具体化,投标保证书可选择银行保函,担保公司、证券公司、保险公司提供的担保书,投标书及投标书附录的一般格式见表2.2、表2.3。

表2.2 投标书

致:(建设单位)

1.根据已收到贵方的招标编号为_____的_____工程的工程招标文件,遵照《中华人民共和国招标投标法》等有关规定,我单位考察现场和研究上述招标文件的投标须知、合同条款、技术规范、图纸和工程量清单及其他有关文件后,我方愿以人民币(大写)_____元(人民币:_____元)的投标报价,并按上述图纸、合同条款、技术规范和工程量清单的条件要求承包上述工程的施工、竣工并承担任何质量缺陷保修责任,并保证质量达到标准。

2.一旦我方中标,我方保证在合同协议书中规定的开工日期开始施工,并在合同协议书中规定的预计竣工日期完成和交付全部工程,即在_____年_____月_____日开工,在_____年_____月_____日竣工,共计_____日历天内完成并移交全部工程。

3.如果我方中标,我方将按照规定提交上述总价5%的银行保函或上述总价10%的具备独立法人资格的经济实体企业出具的履约担保书,作为履约保证金,共同的和分别的承担责任。

4.我方同意所递交的投标文件在"投标须知"规定的投标有效期内有效,在此期间内我方的投标有可能中标,我方将受此约束。如果在投标有效期内撤回其投标,其投标保证金将全部被没收。

5.除非另外达成协议并生效,贵方的中标通知书和本投标文件将成为约束我们双方的合同文件组成部分。

6.我方的金额为人民币(大写)_____元(人民币:_____元)的投标保证金与本投标函同时递交。

投标人:(盖章)
单位地址:
法定代表人或其委托代理人:(签字或盖章)
邮政编码:
电话:
传真:
开户银行名称:
开户银行账号:
开户银行地址:
开户银行电话:

日期: 年 月 日

表2.3 投标书附录

序号	项目内容	合同条款号	约定内容
1	履约保证金		
	银行保函金额	8.1	合同价格的 %(5%)
	履约担保书金额	8.1	合同价格的 %(10%)
2	发出通知的时间	10.1	签订合同协议书 天内
3	延长赔偿金金额	12.5	元/天
4	误期赔偿金限额	12.5	合同价格的 %
5	提前工期奖	13.1	元/天
6	工程质量达到优良标准补偿金	15.1	元
7	工程质量未达到要求优良标准时的赔偿金	15.2	元
8	预付款金额	20.1	合同价格的 %
9	保留金金额	22.2.5	每次付款额的 %(10%)

续表2.3

序号	项目内容	合同条款号	约定内容
10	竣工时间	27.5	天(日历天)
11	保修期	29.1	天(日历天)

投标单位:(盖章)

法定代表人:(签字、盖章)

日期:　　年　　月　　日

(6)工程量清单与报价表。

①工程量清单的概念。工程量清单是指建设工程的分部分项工程项目、措施项目、其他项目、规费项目和税金项目的名称及相应数量等的明细清单。其中,分部分项工程量清单是指按照招标要求和施工图纸设计要求,将拟建招标工程的全部项目和内容依据统一的工程量计算规则和子目分项要求,计算出分部分项工程的实物量,并列在清单上作为招标文件的组成部分,供投标单位逐项填写单价用于投标报价。

②工程量清单与报价表的作用。工程量清单与报价表是编制招标工程标底价、投标报价和工程结算时调整工程量的依据,同时工程量清单还便于工程进度款的支付。

③工程量清单与报价表的表现形式。工程量清单一般由总说明和清单表组成。工程总说明包括工程概况、编制依据、工程量清单在合同中的地位、计算原则、应摊入单价内的费用内容、清单中没有列入和漏报项目的处理原则以及使用工程量清单应注意的问题等。有时总说明也采用表格形式。工程量清单表随行业和地域的不同可能略有差别,一般包括报表汇总表、工程量清单报价表、设备清单及报价表、现场因素及施工技术措施和赶工措施费用报价表、材料清单及材料差价表等。

(7)辅助资料表。

辅助资料表的作用是使招标人能够进一步了解投标单位对工程施工人员、机械和各项工作的安排情况,便于评标时进行比较。其内容一般包括项目经理简历表、主要施工管理人员表、主要施工机械设备表、拟分包项目情况表、劳动力计划表和施工组织设计等。

(8)资格审查表。

对于未经过资格预审的,在招标文件中应编制资格审查表,以便进行资格后审。在评标之前,必须首先按资格审查表的要求进行资格审查,只有资格审查通过者,才有资格进入评标。资格审查表的内容主要包括投标单位企业概况、近三年所承建工程情况一览表、在建施工情况一览表、目前剩余劳动力和机械设备情况表、财务状况及其他资料等。

(9)图纸。

图纸是招标文件的重要组成部分,同时也是投标单位编制标书、完成施工组织设计、进行投标报价不可缺少的资料。图纸的内容主要包括建筑施工图、结构施工图以及水电暖、设备施工图等,水文地质、气象等资料也属于图纸的一部分,建设单位应对图纸的正确性负责,而施工单位据此做出的分析判断以及拟定的施工方案和施工方法,建设单位和监理单位的工程师则不负责任。

4. 工程项目招标文件的审查和发布

(1)资格预审通告。

对于有资格预审要求的公开招标应发布资格预审通告,与招标公告相同,资格预审通告也应在有关的报刊、杂志和信息网络公开发布。

（2）资格预审文件。

①资格预审须知。具体内容包括：

a.项目概况。

b.资金来源和落实情况。

c.招标范围、计划工期和质量要求。

d.申请人的资格要求,包括资质条件、财务要求、业绩要求、信誉要求、项目经理资格、其他要求等。

e.对联营体(联合体)资格预审的要求。联合体各方必须按照资格预审文件所提供的格式签订联合体协议书,明确联合体牵头人和各方的权利义务;由同一专业的单位组成的联合体,应按照资质等级较低的单位来确定资质等级;通过资格预审的联合体,其各方组成结构或职责以及财务能力、信誉情况等资格条件不得改变;联合体各方不得再以个人名义单独或加入其他联合体在同一标段中参加资格预审。

f.将资格预审文件按照规定的正本和副本份数及指定时间、地点送达招标单位。

g.招标单位将资格预审结果以书面形式通知给所有参加预审的施工单位,对资格预审合格的单位应以书面形式通知投标单位准备投标。

②资格预审表和资料。在资格预审文件中应规定统一的表格形式让参加资格预审的单位填报并提交有关资料。内容具体包括：

a.资格预审申请函。

b.法定代表人的身份证明或附有法定代表人身份证明的授权委托书。

c.联合体协议书。

d.申请人基本情况表。

e.近年财务状况表。

f.近年完成的类似项目情况表。

g.正在施工和新承接的项目情况表。

h.近年发生的诉讼及仲裁情况。

i.其他材料等。

（3）工程标底的缩制。

①工程标底价格的编制程序。招标文件中的商务条款一经确定,即可进入标底价格编制阶段。该阶段的编制程序如下：

a.确定标底价格的编制单位。标底价格由招标单位自行编制或委托经建设行政主管部门批准的且具有编制标底价格资格和能力的中介机构代理编制。

b.提供全套施工图纸及现场地质、水文、地上情况的有关资料;招标文件;领取标底价格计算书;报审的有关表格等。

c.参加交底会及现场勘查。标底价格编、审人员均应参加施工图交底、施工方案交底以及现场勘查、投标预备会,以便于标底价格的编、审工作。

d.标底价格的编制。标底价格的编制人员应严格按照国家的有关政策、规定,科学公正地编制标底价格。

②标底价格的编制原则。

a.根据国家公布的统一工程项目划分、统一计量单位、统一计算规则以及施工图纸、招标文件,并参照国家制订的基础定额和国家、行业、地方规定的技术标准规范,以及生产要素的市场价格确定工程量和编制标底价格。

b.标底价格的计价内容、计价依据应完全符合招标文件的规定。

c.标底价格作为招标单位的期望计划价,应力求与市场的实际变化相一致,要有利于竞争和保证工程质量。

d.标底价格应由成本、利润、税金等内容组成,一般应控制在批准的总概算(或修正概算)及投资包干的限额之内。

e.一个工程只能编制一个标底价格。

③标底价格的编制依据。包括:

a.招标文件的商务条款。

b.工程施工图纸、工程量计算规则。

c.施工现场地质、水文、地上情况的有关资料。

d.施工方案或施工组织设计。

e.现行工程预算定额、工期定额、工程项目计价类别及取费标准、国家或地方有关价可知调整文件规定。

f.招标时的建筑安装材料及设备的市场价格等。

④标底价格的计价方法。根据我国现行的工程造价计算方法,考虑到与国际惯例靠拢,工程标底价格的计算方法主要有以下两种:

a.工料单价法。用于计算直接工程费的工料单价,按照现行预算定额的工、料、机消耗标准及其市场价格来确定。措施费、间接费、利润、税金等应按照现行的计算方法计取,并列入其他相应标底价格计算表中。

b.综合单价法。工程量清单项目的综合单价综合了直接工程费、间接费、工程取费、利润、税金及风险等一切费用。

⑤标底价格的组成内容。包括:

a.标底价格的综合编制说明。

b.标底价格审定书、标底价格计算书、带有价格的工程量清单、现场因素、各种施工措施费的测算明细以及采用固定价格工程的风险系数测算明细等。

c.主要材料用量。

d.标底附件。如各项交底纪要,各种材料及设备的价格的来源,现场的地质、水文、地上情况的有关资料,编制标底价格所依据的施工方案或施工组织设计等。

【例2.2】 某学校综合楼工程全部由政府投资兴建,该项目为该市建设规划的重点项目之一,且已列入地方年度固定投资计划,概算已经主管部门批准,征地工作尚未完成,施工图及有关技术资料齐全。现决定对该项目进行施工招标,因估计除了本市施工企业参加投标以外,还可能有外省市的施工企业参加投标,所以招标人委托咨询单位编制了两个标底,准备各自用于对本市和外省市施工企业投标价的评定。投标人于2012年3月5日向具备承担项目能力的甲、乙、丙、丁、戊五家承包商发出招标邀请书,其中说明,3月10~11日9~16时在招标人总工程师办公室领取招标文件。

4月5日14时为投标截止时间,五家承包商均接受邀请,并领取了招标文件。3月18日招标单位对投标人就招标文件提出的所有问题作出了统一的书面说明,随后组织进行现场踏勘。

4月5日五家投标人均按规定的时间提交了投标文件,但承包商甲送标后发现报价估算存在严重的失误,所以在投标截止时间前10分钟递交了一份书面声明,撤回已提交的投标文件。开标时,由招标人委托的市公证处人员检查投标文件的密封情况,确认无误后,工作人员当场开封。因甲已撤回投标文件,故招标人宣布有乙、丙、丁、戊四家承包商投标,并宣读该四家承包商的投标报价、工期和其他内容。评标委员会由招标人直接确定,由7人组成。

经评标委员会按照招标文件标准全面评审后,综合得分从高到低是乙、丙、丁、戊,故评标委员会确认乙为中标人,由于乙为外地企业,招标人于4月8日将中标通知书寄出,承包商乙于4月12日收到中标通知书,最终双方于5月12日签订了合同。

针对上述资料,找出在该项目的招投标程序中有哪些方面不符合《招标投标法》的有关规定?

【解】

(1)征地工作尚未完成,不具备施工招标的必要条件。

(2)不应编制两个标底,一个工程只能编制一个标底。

(3)现场踏勘应安排在书面答复投标单位提问之前。

(4)招标人不应只宣布四家承包商参加投标,虽然甲已经撤回了投标文件,但应作为投标人宣读其名称。

(5)评标委员会的成员不应全部由招标人直接确定,一般招标项目应采取从专家库随机抽取的方式。

(6)订立书面合同时间过迟,招标人与中标人应当自中标通知书发出之日起30日内订立书面合同,而本案例为34日。

5.开标、评标、定标

(1)开标。

①开标应当在招标文件确定的提交投标文件截止时间的同一时间公开进行;开标地点应当为招标文件中预先确定的地点。

②开标由招标人主持,邀请所有投标人参加。

③由投标人或者其推选的代表检查投标文件的密封情况,也可以由招标人委托的公证机构检查并公证。

④经确认无误后,由工作人员当众拆封,宣读投标人名称、投标价格和投标文件的其他主要内容。

⑤招标人在招标文件要求提交投标文件的截止时间前收到的所有投标文件,开标时都应当当众予以拆封、宣读。

⑥开标过程应当记录,并存档备查。

开标会议的议程一般如下:

a.主持人宣布开标会议开始。

b.宣读招标单位法定代表人的资格证明及授权委托书。

c.介绍参加开标会议的单位及人员。

d.宣布公证人员及唱标、监标、记录等工作人员的名单。

e.请各投标单位代表确认其投标文件的密封完整性,并请监督人员当众宣读密封核查的结果。

f. 由工作人员当众拆封并宣读投标人名称、投标价格、投标保证金和投标文件的有关内容。

g. 设有标底的,在全部唱标完毕之后,当众宣读标底。

h. 做好开标记录,并签字确认,存档备查。

i. 宣读评标期间的注意事项。

j. 宣布开标会议结束,进入评标阶段。

(2)评标。

①评标委员会由招标人依法组建,负责评标活动,向招标人推荐中标候选人或根据招标人的授权直接确定中标人。

评标委员会由招标人或招标人委托的招标代理机构熟悉相关业务的代表,以及有关技术、经济等方面的专家组成,成员人数为5人以上的单数,其中技术、经济等方面的专家不得少于成员总数的2/3。评标委员会设有负责人的,负责人应由评标委员会成员推举产生或由招标人确定,评标委员会负责人与评标委员会的其他成员拥有同等的表决权。

评标委员会的专家成员应当从省级以上人民政府有关部门提供的专家名册或者招标代理机构专家库内的相关专家名单中确定。确定评标专家,可以采取随机抽取或者直接确定的方式。一般项目,可以采取随机抽取的方式;技术特别复杂、专业性要求特别高或者国家有特殊要求的招标项目采取随机抽取方式确定的专家难以胜任的,可以由招标人直接确定。

②评标一般采用合理低标价法和综合评估法。具体评标方法由招标单位决定,并在招标文件中载明。评标通常分为两个步骤进行,即对各投标书进行技术和商务两方面的审查。

a. 技术标评审。一般均采用量化的评审方法。如果技术标评审被判定为不合格的投标,则不能进行后续的投标文件评审。

b. 商务标评审。其目的是用来判断各投标人的投标报价是否合理以及是否低于其个别成本,低于个别成本的投标应作为无效投标文件处理。采用综合评估法的,还包括在评审基础上的量化评分工作。

评标委员会可要求投标单位对其投标文件中含义不清的内容作出必要的澄清或说明,但该澄清或说明不得更改投标文件的实质性内容。

③编写及提交评标报告。评标委员会成员共同整理好投标文件评审结果,并履行了签字确认手续以后递交给招标人,同时还应将一份副本递交给招标投标监管机构。评标报告的内容包括:

a. 招标情况和数据表。

b. 评标委员会成员名单。

c. 开标记录。

d. 符合要求的投标一览表。

e. 废标情况说明。

f. 评标标准、评标方法或评标因素一览表。

g. 经评审的价格或评分比较一览表。

(3)定标。

招标人应根据评标委员会提出的书面评标报告和推荐的中标候选人确定中标人,也可以授权评标委员会直接确定中标人。

中标人确定以后,招标人应向中标人发出中标通知书,同时将中标结果通知给未中标的投标人并退还其投标保证金或保函。中标通知书对招标人和中标人具有法律效力,招标人改变中标结果或中标人拒绝签订合同均要承担相应的法律责任。招标人改变中标结果或中标人放弃中标项目的,应依法承担法律责任。

中标通知书发出之日起 30 日内,双方应按照招标文件和投标文件订立书面合同,不得作实质性修改。招标文件要求中标人提交履约保证金的,中标人应当提交。招标人应当自确定中标人之日起 15 日内,向有关行政监督部门提交招标投标情况的书面报告。

2.1.2　建筑工程投标

1. 建筑工程投标程序

施工项目投标,是对施工项目招标的响应。投标人以订立合同为目的,向招标人作出含有实质性订约条件的意思表示。参加投标竞争,比的不光是报价高低、技术和质量、信誉和工期,而且还比管理水平。单一的招标人从众多的投标人之中择优选取中标人,充分地体现了招投标的竞争性。

建筑工程投标在法律上称为要约,要约是一种法律行为,必须依法进行。《招标投标法》是规范各类招投标行为的基本法则。对于招标投标活动更具有直接的指导、规范、甚至强化的作用,也只有依法进行的招标投标活动才能实现《招标投标法》所要达到的目的,即保护国家利益、社会公共利益和招标投标活动当事人的合法权益,提高经济效益,保证项目质量。

建筑工程投标的具体程序共分为以下八个步骤:

(1)申请投标和投递资格预审书。

企业获取招标信息以后,经过前期的投标决策,要向招标人提出投标申请并购买资格预审书。一般宜向招标人直接递交投标申请报告。

资格预审是取得投标资格的重要环节,对投标人进行资格审查,目的是为了在招标过程中剔除资格条件不适合承担招标工程的投标申请人。采用资格审查程序,能够缩小招标人评审和比较招标文件的数量,节约费用和时间,因此资格审查程序既是招标人的一项权利,也是大多数投标活动中经常采取的一道程序。这道程序对于保障招标人的利益,促进招投标活动的顺利进行,有着重大意义。

①资格预审中投标人应提交的材料如下:

a. 公司章程、公司在当地的营业执照。

b. 公司负责人的名单及任命书,主要管理人员及技术人员的名单,公司组织管理机构。

c. 近 5 年内完成的工程清单(要附有已完工业主签署的证明)。

d. 正在执行的合同清单。

e. 公司近期财务状况、资产现值、大型机械设备情况。

f. 银行对本公司的资金信用证明,简称资信证明,是财政部门或授权的银行用来证明企业资金数额的文件。

应当注意,业主一般比较看重近 5 年内完成的工程清单,以此了解投标人是否承担过类似工程的施工,还可能了解投标人在国外是否承担过类似工程。有类似工程施工经历的投标人,具有很大的竞争优势,一般可顺利通过资格预审。

②资格预审的方式。招标人一般可根据工程规模、结构复杂程度或技术难度等具体情况,对投标人采取资格预审和资格后审两种方式。

a.目前在招标过程中,招标人经常采用资格预审方式。通过资格预审,可以有效地控制招标过程中投标申请人的数量,确保工程招标人能够选择满意的投标申请人实施工程建设。招标人对隐瞒事实、弄虚作假、伪造相关资料的投标人应当拒绝其参加投标。

b.对于一些工期要求比较紧,工程技术、结构不复杂的项目,为争取早日开工,可不进行资格预审,而进行资格后审(如邀请招标时)。投标人在报送投标文件时,还应报送资格审查资料,评审机构在正式评标前先对投标人进行资格审定,淘汰不合格的投标人,拒绝评审其投标文件。

③资格审查的内容。招标单位的审查内容主要是审查投标人是否符合下列条件:

a.具有独立订立合同的能力。

b.具有圆满履行合同的能力,包括专业、技术资格的能力、资金、设备和其他物资设备情况,管理能力,经验信誉和与之相符的工作人员。

c.以往承担类似工程的业绩情况。

d.没有处于被责令停业及财物被接管、冻结、破产的状态。

e.在最近3年内没有与合同有关的犯罪或严重违约、违法行为。在不损害商业机密的前提下,投标申请人应向招标人提交能够证明上述有关资质和业绩的法定证明文件及其他材料。

(2)标书的购买和研究。

施工企业只有接到招标人发出的投标通知书或邀请书以后,才具有参加该项投标竞争的资格。按指定的日期和地点,凭资格预审合格通知书和有关证件去购买标书。

投标人购买标书以后(招标文件),即应立刻着手组织投标班子的全体成员,详细分析研究招标文件。分析研究包括以下两个阶段:

①再次决策是否参加投标。

a.首先要检查上述文件是否齐全,如发现问题,应立即向招标部门交涉补齐。

b.复印若干份,使项目成员人手一份,按个人的分工不同,进行不同的重点阅读,以达到正确理解,进而掌握招标文件的各项规定,以便考虑到各项报价的因素。

c.讨论招标文件中存在的问题,相互解答,解答不了的问题应采用如下方法进行处理:

·属于招标文件本身的问题,应向业主提出书面报告,请业主按照规定的程序给予解答澄清。

·与施工现场有关的疑问,可考察现场,如仍有疑问的,应向业主提出问题要求澄清。

·招标文件中是否存在未经上级批准的修改(对照范本)。

·属于投标人经验不足或承包业务不熟练而尚不能理解的,则切不可向业主单位质询,以免使对方产生不信任感。

d.进行投标机会可行性分析,主要包括技术可行和履约付款两部分内容。

·技术难度。进行投标项目技术可行性分析,当施工技术中的技术困难不小于15%时,具有较大的风险,可选择联合投标或放弃。由于存在经济风险和责任事故导致的刑事风险双重因素,故应谨慎决策。

·投标项目的资金来源与业主的付款能力分析。业主的资金来源可能包括拨款(政府拨款)、融资(国际金融机构融资和国内金融机构融资)、援助(援助资金)、发行债权(发行建设债券)、自由资金及自筹资金。

融资要看其配套资金是否到位;对于自有资金、自筹资金等,则应调查业主在银行的信誉程度,或要求业主提供银行对其的信誉评级证明。对于私营业主,承包人也可以反过来要求业主提交履约保证金或履约保函。通过对业主的资金来源和付款能力进行分析,判断该工程资金的保证能力。

②如何进行投标的准备工作。

a. 深入研究招标文件,弄清楚下述情况:

·承包人的责任和报价范围,以免遗漏。

·各项技术要求,以便制定经济、实用、又可能加速施工进度的施工方案。

·招标文件是否有特殊的材料设备,对尚未掌握价格的要及时"询价"。

·理出含糊不清的问题,向招标人不断提出问题,要求澄清。

b. 从影响投标报价和投标决策的角度来看,投标前对合同条款研究的重点大致包括以下内容:

·有关任务范围的条款。

·有关工程变更的条款。

·履约保证金制度,归还办法,有无动员预付款、材料预付款、保留金及其额度制度,以及缺陷责任期、基本完工、工程进度款、最终支付条款是否与范本一致。

·其他,如有关不可抗力、仲裁、合同有效期、合同终止、税收、保险条款等。

(3)参加现场踏勘和招标情况介绍会。

现场踏勘是招标人组织投标人对工程现场场地及周围环境等客观条件进行的现场勘察。投标人到现场调查,可进一步了解招标人的意图及现场周围的环境情况,以获取有用的信息,并据此作出是否投标的决定,或作出投标策略以及投标报价。招标人应主动向投标申请人介绍所有施工现场的有关情况。

投标人现场踏勘应收集的资料如下:

①现场的地质水文、气象条件。

②现场的交通运输、供电和供水情况。

③工程总体布置,主要包括交通道路、料场,施工生产和生活用房的场地选择,是否有现场的房屋可以利用。

④工程所需材料在当地的来源和储量。

⑤当地劳动力的来源及技术水平。

⑥当地施工机械修配能力、生产供应条件。

⑦周围环境对施工的限制情况,如周围建筑物是否需要维护,施工振动、噪声、爆破的限制等。

投标人在现场踏勘如有疑问,应在招标人答疑之前以书面形式向招标人提出,以便得到招标人的解答。对于投标人踏勘现场发现的问题,招标人可以书面形式进行答复,也可在投标预备会上进行解答。

招标人要召开标前会议(情况介绍会),进一步说明招标工程情况,或补充修正标书中的某些问题,同时解答投标人提出的问题。投标人必须参加上述招标会议,否则将被视为退出投标竞争而取消其投标资格。

答疑会结束之后,由招标人整理会议记录和解答问题(包括会上口头提出询问和解答),并以书面形式将所有的问题及解答问题的内容发放给所有获得招标文件的投标人。投标人将其作为编制投标文件的依据之一。

(4)编制投标文件。

在编制投标文件的过程中,投标人组织有关人员进行施工组织设计,拟定施工方案,确定轮廓进度,对施工成本作出估算,在工程成本估算的基础上,初步定出标价,最后填写投标文件。

投标文件的内容包括:投标函;施工组织设计及辅助资料表;投标报价;招标文件要求提供的其他材料。

投标文件编制的步骤应包括:进行市场、经济有关法规等的调查;复核或计算工程量;制定施工规划;计算工程成本;确定投标报价;编写投标书。

重点应强调以下五项内容:

①做好各项调查工作。首先成立专门的投标报价业务班子。实践证明,投标单位能够建立一个强有力的、内行的、有工作效率的投标班子,是保证投标获得成功的重要条件之一。这个班子中需要具有决策水平的管理人才、各类专业的工程师(由总工程师领导的技术班子)以及由总经济师率领的商务班子,同时还要进行这三类人才的搭配。

调查工作的主要内容如下:

a.收集招标项目的情况。

b.投标人对业主的调查和宣传。作为承包人,为了能使工程投标中标,必须时刻注意业主的每个有关的动态和变化,承包商的行动应处处满足业主的每个要求,即争取做到所提供的工程服务符合业主要求且质优价廉,才能争取中标。向业主宣传调查的目的,是为了得知业主的工程开发计划和要求,为本单位制定投标决策提供依据。

当然,在调查的同时,还应向业主宣传自己的实力,提供重信誉、守合同、质优高效的具体材料和业绩,以取得业主对本企业的良好印象。调查方式一般是访问业主单位,要求与之举行技术交流活动,先由自己介绍,然后再提出一些需要了解的问题,请业主回答。

②复核或计算工程量,编制施工规划。标书中一般都附有工程量清单。工程量清单是否符合实际情况,将会关系到投标的成败和能否获利,因此必须对工程量进行复核。

复核工程量必须深入理解图纸要求,改正错误,检查疏漏,必要时还要进行实地勘察,取得第一手资料,掌握与工程量有关的一切数据,进行如实核算,当发现标书的工程量清单与图纸有较大的差异时,应提请工程师或业主进行改正。

③编写投标文件。投标人投标必须是尊重性投标,即投标文件中的要约条件必须与招标文件中的要约条件相一致,也可称之为"镜子反射原理"。投标文件必须全面、充分地反映招标文件中关于法律、商务、技术的条件条款。总体上分为施工组织设计和辅助资料表两部分。

a.编写商务标书主要有以下几项任务:

·编制投标报价,这是投标工作的核心。报价是否准确将直接关系到投标工作的成败,这项工作一般由企业总经济师负责。

·研究合同条款,确定工程量清单。

·编写投标书、投标书附录,办理投标保函、法人授权书以及资格预审更新资料。

b. 编写技术标书主要有以下几项任务：

·编写投标单位的公司简介。

·准备并复制公司的法人地位文件,这些文件主要包括营业执照、资质等级证书、历次的奖励证书等。

·编写为本公司项目施工而设置的组织机构图。

·编写拟投入本合同中任职的关键人员简历表(如项目经理等)。

·编制拟投入本合同的主要施工机械设备。

·编写分包情况表。

·编写拟配备到本合同中的实验、测量、质量、检测用仪器仪表。

·编写施工组织设计、施工总平面图、施工进度计划、临时设施设置、临时用地计划。

·编写拟投入的劳动力和材料计划。

(5)投标。

全部投标文件编制完毕并经校核无误后,由负责人签署,按"投标须知"的规定,分装并密封之后,即成为标函(投递或邮寄的投标文件)。标函要在投标截止之前送到招标人指定的地点,并取得收据。标函一般派专人专送。

标函应一式三份,一份正本,两份副本,并以投标人名义签署加盖法人章和法定代表人章。如有填字或删改之处,则应由投标单位的主管负责人在此处签字盖章。投标文件发出以后,在投标截止之前可修改其中事项,但应以信函形式发给招标人。

(6)参加开标会。

投标人必须按照标书规定的时间和地点指派委托授权人和项目经理出席开标会议,否则即被认为退出投标竞争。

开标宣读标函之前,一般应请公证处人员复验其密封情况,在宣读标函的过程中,投标人应认真记录其他投标人的标函内容,尤其是报价,以便对本企业的报价、各竞争对手的报价及标底进行比较,进而判断中标的可能性,了解各对手的实力,为今后的竞争积累资料。

(7)谈判定标。

开标以后,投标人的活动往往十分活跃,他们会采用公开或秘密的手段,与业主或其代理人频繁接触,以求中标。而业主在开标后则往往要将各投标人的报价和其他条件进行比较,从中选出几家,针对价格和工程有关问题进行面对面的谈判,然后择优定标。这称为商务谈判或定标答辩会。但是也有业主把这种商务谈判分为定标前和定标后的后两个阶段进行。

定标前,业主与初选出的几家(一般前3标)投标人进行谈判,其内容一般包括两点:一是要投标人参加技术答辩;二是要求投标人在价格及其他一些问题上再作出一些让步。

技术答辩由招标委员会主持,目的是为了解投标人如果中标,将如何组织施工,如何保证工期和质量,如何计划使用劳动力、材料和机械,对难度较大的工程将采取什么样的技术措施,对可能发生的意外状况是否有所考虑。通常情况下,在投标人已经做出施工规划的基础上,是不难通过技术答辩的。

在这一时期,业主占有绝对主动的地位。业主常常会利用这一点,要求甚至强求投标人压低投标价,并就工程款中的现金付款比例、付款期限等方面作出让步。在这种情况下,投标人一点不让步几乎是不可能的。对于业主的要求,投标人不可断然拒绝,但也不能轻易承诺。而要据理力争,保护自己的权益,同时也根据竞争的情况和自己的报价情况,认真分析业主的要求,确定哪些可以让步,哪些不能让步。因此,在实际谈判中。为了使报价在关键时刻能够降下来,投标人在确定报价时应留有余地。显然,这个余地又不能留得太大。究竟留多大余地合适,没有具体答案,得靠投标人在实践中积累经验,根据不同项目而定。

(8)谈判签约。

确定中标人以后,业主应立即发出中标通知书,中标人一旦收到通知,即应在规定期限内与招标人进行谈判。谈判的目的是把前阶段双方达成的书面和口头协议,进一步完善和确定下来,以便最后签订合同协议书。

中标之后,中标人可利用其被动地位有所改善的条件,积极并有理有节地与业主进行谈判,尽量争取有利的合同条款。如认为某些条款不能被接受,则可退出谈判,因为此时合同尚未签订,还在合同法律约束之外。

当业主与中标人就合同的全部条款持相同意见以后,即可签订合同协议书。合同一旦签订,双方即建立了具有法律保护的合作关系,双方必须履约。我国招标投标条例规定,确定中标人后,双方必须在一个月内(30天)谈判签订承包合同。借故拒绝签订承包合同的中标单位,应按规定或投标保证金金额赔偿对方的经济损失。

投标单位在接到失标通知后,即结束了在该招标工程中与业主的招投标关系,并终止了招标文件的法律效力。

2. 报价的计算与确定

报价又称投标报价,是指承包商对其承包工程所开列的工程总造价的习惯称呼,是承包商在以投标方式承接工程项目时,按照招标文件的要求并以其中的图纸、工程量清单、技术规范、投标须知所规定的价格条件为基础,结合自己对该工程项目的调查,现场考察所获得的情况,再根据本企业的企业定额、费率、价格资料计算来确定该工程的全部费用。其计算方式与标底有相似之处。

影响报价的高低取决于四个因素,即工程量、工程定额、基础单价和各项费率的取用标准。

合理的报价是关系到施工承包企业成败的关键,任何一个企业的主要负责人都必须亲自过问招标工作。

(1)报价的计算依据。

①投标人经营管理方面的因素。

a. 积累企业的定额标准,这也是供投标时计算投标报价使用的内部资料,同时还要密切注意影响报价的市场信息。

b. 完善拟投标项目的施工组织设计,这将直接影响到施工成本的高低。管理技术要为保证质量、加快进度、降低成本而服务。

②招标项目的本身因素。招标项目的本身因素包括招标文件(工程范围和内容、技术质量和工期的要求等)、施工图纸和工程量清单以及施工现场条件。投标人需要认真、详细地研究招标文件,提出问题,请招标人予以澄清。

③客观环境因素。

a. 形成价格内容的因素,如现行的建筑工程预算定额、单位估价表及取费标准、人工工资额、材料单价、材差计算的有关规定、机械台时费等。

b. 决定竞争的市场价格水平。

　　投标报价的计算,更多的是根据投标人的实际水平计算出反映自己成本加合理利润的价格,反映的是自己的实力。但切不可忘记,投标时的竞争是不同投标人之间技术和管理水平的实力较量,要想使自己的投标具有竞争力,还必须了解当地的市场价格以及其他投标人的投标价格水平,只有自己的报价在市场上具有较强的竞争力,才能夺标。

　　上述三方面内容形成了一个报价的整体依据,报价工作就是对这些依据恰当地进行必要的整理,并提出一项有竞争力的报价,夺取中标的胜利。

　　(2)报价的原则。

　　在进行投标报价时,报价策略的决定可参考下列原则进行:

　　①根据招标文件所确定的计价方式来确定报价的内容以及各细目的计算深度。

　　②根据合同条件和技术规范对合同双方作出的经济责任划分来决定投标报价的费用内容。

　　③充分利用对项目的调查、考察所取得的成果和当地的行情资料。

　　④根据为本项目投标所编制的施工方案、施工进度计划和本单位的技术水平,决定作价的基本条件。

　　⑤投标报价的计算方法要简明适用,考虑的问题要有利于赢得中标。

　　(3)投标报价的工作程序。

　　投标环境调查、工程项目调查→制定投标策略→复核工程量清单→编制施工组织设计、施工进度→确定联营、分包询价,计算单价项目的直接费→确定分摊项目的费用,编制单价分析表→计算基础投标报价→盈亏分析,获胜概率分析→提出备选投标报价→确定最终投标报价。

　　(4)投标费用的组成。

　　①相关概念。根据工程量清单所列的全部以单价报价的细目来确定单价,是投标报价工作的基本内容。在进行报价计算之前,首先要划分报价细目和分摊细目。

　　a. 报价细目。报价细目是指列入到工程量清单之中的有细目名称的所有细目,如场地平整、土方石工程、混凝土工程等。报价细目的具体名称将随着招标工程和招标文件的不同而确定,因此其投标报价的计算也就各不相同。

　　b. 分摊费用细目(待摊费)。分摊费用细目是指不在工程量清单中出现名称,但又确实会构成投标报价的价格组成。施工中必然要发生的项目,是价格组成的隐含因素,需要在计算投标报价时分摊到所有或其他报价细目中去的费用,如投标费、代理费、税金、保函手续费、利润、缺陷责任的修复费用等。

　　c. 划分报价细目与分摊费用细目的标准。只要列入到工程量清单中,就属于报价细目,而对于分摊细目,则必须认真阅读招标文件的技术规范,在投标报价中使用不平衡报价技巧,其本质就是将分摊费用摊到那些细目更能够扩大利润的技巧。

　　分摊费用实际上包含了两部分内容:一是由于执行技术规范的要求,必然会隐含的工程费用,也就是说虽然设计未指明,但属于直接费的内容,如钢筋保护层垫块、铁马凳等;二是间接费,在间接费中有一部分是具有包干性质的或属于一次性开支的,今后合同执行中如果由于各种原因而引起合同单价调价时,这部分属于不可调价的,如投标费、保函手续费、代理人佣金、利润、上级企业管理费等,另一部分则属于可以参与随工程变更或物价因素引起的调价来调价的,如税金、测设费、办公费等。

②报价的基本组成。报价的费用一般由直接费、间接费、利润、税金、其他费用和不可预见费等组成,对计日工和指定分包的工程费则单独列项。

直接费是由人工费、材料费、设备费和机械台班费、执行技术规范的要求必然会隐含的工程费用所组成。例如,结构施工中的深基坑降水、边坡支护等各种措施费用要按照施工技术规范的要求来确定。

间接费可按各细目逐项计算,但对于一个多次投标有经验的投标人来说,可以确定一个比率,即确定间接费为直接费的百分之几,通常上级企业的管理费、利润、风险合计,一般国际工程按 7% ~10% 考虑,国内工程按 5% ~10% 考虑。

(5)报价的计算与确定。

报价的计算与确定是一项技术与经济相结合,并涉及设计、施工、材料、经营、管理等方面知识的综合性工作。

①计算标价要科学。要在彻底弄清招标文件全部含义的基础上,细致认真、科学严谨,不抱有侥幸心理,不搞层层加码。并应根据本公司的经验和习惯来确定各项单价和总额价的方法、程序,要在计算中明确确定工程量、基价、各项附加费用三大要素。具体做法如下:

a.编制投标文件时,无论时间多么紧迫,都必须要复核招标文件所给出的工程量。因为这是招标中决定成败与赢亏的关键,不管是总额价承包或是单价合同都会影响到工程造价。

b.按各项开支标准算出劳动工日的基价,按市场调查和询价结果,考虑运输、税收等,算出运抵现场的材料基价以及各项机具设备的基价。

c.准确计算各类附加费,如管理费、材料保管、资金周转的利息、佣金、代理人费用、合法利润和其他开支。

只有以上三大要素计算准确或确定合理,才能够保证在报价时做到既有竞争力,又不至于严重失误。

②合理选择利润率。报价的高低,是投标工作中的关键。高标价企业的利润率高,但中标率低;反之,则投标价低,中标率高。但过低的标价不仅会潜伏着亏本的危险,而且还面临着使招标单位将其定为严重不平衡报价的待遇,要求提高履约保证金比率,甚至遭到拒绝。要使报价达到"低而适当",可参考以下两种方法:

a.用统计的方法选择利润率。编制"本单位的投标获胜概率表",计算报价的预期贡献百分数的中标几率,求出几率最大的报价范围,其计算公式如下:

$$E(B) = (B - C) \times P(B) \tag{2.1}$$

式中　　C——成本取值 100%;

　　　　$E(B)$——报价的预期贡献率;

　　　　B——报价相当于成本的百分数;

　　　　$P(B)$——投标获胜概率。

$E(B)$ 名义上为报价的预期贡献率,但实际上却是利润率与投标概率的乘积。

表 2.1 是某次投标活动中编制的某投标单位的投标获胜概率表。

表2.1　某投标单位的投标获胜概率表

B	$P(B)$	$E(B)$	B	$P(B)$	$E(B)$
85	1	-15	110	0.6	6.0
90	1	-10	115	0.42	6.3
95	1	-5	120	0.24	4.8
100	0.88	0	130	0.01	0.3
105	0.78	3.9	135	0.00	0.0

b. 所定利润率及管理费要恰当。管理费率要适当从紧,并要据实测算得出,不能"死套定额",否则便会难以中标。在国际承包市场上,我国公司的管理水平、技术水平、对涉外事务的经验还有一些不足,利润率宜定在6%~8%,过高则难以中标。另外,我们在具体投标时,一般应选取获胜概率和预期贡献率均较高的报价作为其投标报价。

3. 投标报价策略

投标的目的不外乎是为了争取中标,而所谓的讲究投标技巧则是要提高自己投标的中标率,只有具有实力、经验、技术和信誉的竞争,才能够从真正意义上使投标价格具有竞争力,然而实力相当的公司,其投标的中标率却高、低不等,这里就存在一个技巧的问题。需要强调的是,投标策略和技巧应是来自于投标人自身的经验、教训的总结,要在长期投标实践中进行积累,世上没有万灵的通用技巧,这里所介绍的,仅能为开拓思路提供参考。

另外,技巧是在遵守法律、法规和投标规则的前提下进行的,在符合法律、法规和规则的大原则下采取的趋利避害措施,凡是违法违纪的一概不属于投标技巧。

投标技巧的研究,实际上只是在保证工程质量和工期的前提下,寻求一个好的报价。承包商为了中标并获得期望的效益,投标程序的全过程几乎都要研究投标报价策略和技巧问题。

(1)投标策略的分析。

投标策略是指承包商在投标竞争中的系统工作部署及其参与投标竞争的方式和手段,企业在参加工程投标之前,应根据招标工程的实际情况和企业自身的实力,组织有关投标人员进行投标策略分析,其中包括企业目前经营状况和自身实力分析、对手分析及机会利益分析等。

在招投标过程中,如何运用以长制短、以优制劣的策略和技巧,将会关系到能否中标和中标后的效益问题。一般投标策略主要包括以下几种:

①高价赢利策略。高价赢利策略是在报价过程中以较大利润为投标目标的策略。这种策略适用于下列情况:

a. 施工条件差的工程。

b. 专业要求高的技术密集型工程,而本公司在这方面又有专长,声望也较高。

c. 总价低的小型工程,以及自己不愿做、不方便投标的工程。

d. 特殊工程,如港口码头、地下开挖工程等。

e. 工期要求急的工程。

f. 投标对手少的工程。

h. 支付条件不理想的工程。

②低价薄利策略。低价薄利策略是在报价过程中以薄利投标的策略。这种策略适用于下列情况：

a. 施工条件好的工程，工作简单、工程量大且一般公司都可以承包的工程。

b. 本公司目前急于打入某一市场、某一地区，或在该地区面临工程结束，机械设备等无工地转移时。

c. 本公司在附近有工程，而本项目又可利用该工程的设备、劳务，或有条件在短期内突击完成的工程。

d. 投标对手多，竞争激烈的工程。

e. 非急需工程。

f. 支付条件好的工程。

③无利润算标的策略。无利润算标的策略是指缺乏竞争优势的承包商，在不得已的情况下，只能在算标中根本不去考虑利润而进行夺标。这种策略一般适用于下列情况：

a. 可能在得标后，会将大部分工程分包给索价较低的一些分包商。

b. 对于分期建设的项目，先以低价获得首期工程，而后赢得机会再创造第二期工程中的竞争优势，并在以后的实施中赚得利润。

c. 在很长的一段时期内，承包商没有在建的工程项目，如果再不得标，就难以维持生存。此种情况下，虽然本工程无利可图，但只要能有一定的管理费维持公司的日常运转，就可设法度过暂时的困难，以图日后东山再起。

（2）投标报价技巧的运用。

投标报价的方法一般依据投标策略来选择，一个成功的投标策略必须运用与之相适应的报价方法才能取得理想的效果。能否科学、合理地运用投标技巧，使其在投标报价工作中发挥应有的作用，将会关系到最终能否中标，是整个投标报价工作的关键。如果以投标程序中的开标为界，则可将投标的技巧研究划分为两个阶段，即开标前的技巧研究和开标后至签订合同时的技巧研究。

①开标前的投标技巧研究。

a. 不平衡报价法。不平衡报价法是指在总价基本确定的前提下，调整内部各个子项的报价，以达到既不影响总报价，又在中标后可以获得较好的经济效益，一般此法可适用于下列几种情况：

· 对于能早期结账收回工程款的项目（如土方、基础等），其单价可以报高价，以利于资金周转；对于后期项目（如装饰、电气设备安装等）的单价则可适当降低。

· 估计今后工程量可能增加的项目，其单价可以提高，而工程量可能减少的项目，其单价可以降低。

上述两种情况要统筹考虑。对工程量有错误的早期工程，如不可能完成工程量表中的数量，则不能盲目抬高单价，必须具体分析后再做决定。

· 图样内容不明确或有错误，估计修改后的工程量可能会增加的，其单价可提高，而工程内容不明确的，其单价则可降低。

· 没有工程量只填报单价的项目，其单价宜高。这样既不影响总的投标报价，又可多获利。

· 对于暂定项目，实施可能性大的可定高价，估计该工程不一定实施的可定低价。

·零用工(计日工)一般可比工程单价表中的工资单价略高。这是因为零用工不属于承包合同有效合同总价范围,发生时实报实销,也可多获利。

b. 多方案报价法。如果业主拟定的合同要求过于苛刻,为使业主修改合同要求,可提出两个报价方案,并阐明按原合同要求的规定,投标报价为某一数值;如果合同要求作某些修改,可以降低报价的一定百分比,以此来吸引对方。还有一种情况是自己的技术和装备满足不了原设计要求,但在修改设计以适应自己的施工能力的前提下仍有希望中标,于是可以报一个按原设计施工的投标报价(投高标);另外,还可以按修改设计施工的比原设计的报价低得多的投标报价,以诱导业主。

c. 突然袭击法。由于投标竞争激烈,为迷惑对方,故意泄露一些假情报,如不打算参加投标,或准备投高标,又或表示出无利可图不干等假象,而到投标截止前几小时却突然前往投标,并压低投标价,从而使对方因措手不及而败北。

d. 低投标价夺标法。低投标价夺标法是在非常情况下所采取的非常手段。例如,企业大量窝工,为了减少亏损或打入某一建筑市场,又或挤走竞争对手保住自己的地盘,于是制定了严重亏损标,力争夺标。但是如果企业无经济实力,或信誉不佳,此法也不一定会奏效。

e. 联合体法。联合体法是一种比较常用的方法,即两、三家公司的主营业务类似或相近,单独投标会因经验、业绩不足或工作负荷过大而造成高报价,失去竞争优势。如果以捆绑形式联合投标,就可做到优势互补、规避劣势、利益共享、风险共担,相对提高了竞争力和中标几率。这种方式目前多应用于国内的许多大型项目。

f. 预备标价法。建筑工程投标的全过程也是施工企业互相竞争的过程。竞争对手们总是随时随地的互相侦察对方的报价动态。而要做到报价绝对保密又很困难,于是就要求参加投标报价的人员能随机应变,当了解到第一报价对手不在时,可用预备的标价投标。

②开标后的投标技巧研究。投标人通过公开投标这一程序可以得知众多投标人的报价。但并不是低价就一定能中标,必须综合各方面的因素,经反复议审、议标谈判方能确定中标人。投标人通过议标谈判施展竞争手段,可将自己投标书中的不利因素改变成为有利因素,大大提高了获胜机会。

议标谈判,通常是找2~3家条件比较优越的进行谈判,可以分别通知进行议标谈判。有些议标谈判是可以改其报价的。

a. 降低投标报价。投标报价不是唯一因素,但却是中标的关键性因素。在议标中,投标人适时提出降价要求是议标的主要手段。首先应摸清投标人的意图,得到其降低标价的暗示后,再提出降价要求。其次降低标价要适当,不得损害投标人自己的利益。可从降低投标利润、降低经营管理费和设定降价系数三个方面入手。

b. 补充投标优惠条件。除了价格之外,在议标谈判中,还可考虑其他许多重要因素,如缩短工期、提高工程质量、降低支付条件要求、提出新技术和新设计方案,以及提供补充物资和设备等,以此优惠条件争取得到招标人的赞许,争取中标。

工程项目建设中的招投标是国内外通用的、科学合理的工程承发包方式。投标竞争是企业之间综合素质的竞争,其胜负不仅决定于投标者的技术、设备和资金等实力的大小,更决定于投标策略和投标方法的正确性、预见性,同时也十分讲究技巧,制定各投标人的投标报价策略时,要充分发挥个人所长,务求综合优势。另外还要多进行横向比较,积累各种价格资料并及时询价。只有在投标工作中认真总结这方面的经验和教训、深刻剖析、不断探索,才能在以后的投标中取得胜利。

　　根据近年来对工程所在地同类项目的价格比较,来判断自己的报价是否能为当地市场所接受。还要与竞争对手进行比较,研究要使自己的报价低于对手一个什么样的比例才能中标,这是建立在了解竞争对手在历史上中标报价的基础之上的。另外,承包商还应密切关注和研究招投标市场的变化和发展。随着工程量清单法招标的大力推行,在未来的招投标活动中,工程量清单将被广泛使用。基于这样的发展趋势,承包商应着重研究国内外通用的工程量计算规则并加强对市场的研究,以确定符合市场要求的、合理的分项单价和取费标准。并结合单价合同执行过程中,按照实际完成工程量结算的特点,采用适当的投标策略和投标技巧,从而提高企业的中标率,保证合理的高利润和在承包市场中的竞争地位。

2.1.3　建筑工程施工招投标管理

　　为了规范房屋建筑工程招标和投标活动,维护招标、投标当事人的合法权益,国家和建设部门分别在相关的法律法规中明确了建筑工程施工招投标的管理办法。

1. 分级、属地管理

　　施工招标投标活动及其当事人应当依法接受监督。建设行政主管部门依法对施工招标投标活动实施监督,查处施工招标投标活动中的违法行为。国务院建设行政主管部门负责全国工程施工招标投标活动的监督管理。县级以上地方人民政府建设行政主管部门负责本行政区域内工程施工招标投标活动的监督管理。具体的监督管理工作,可以委托工程招标投标监督管理机构负责实施。

2. 招标项目的范围及招投标行为规范

　　房屋建筑和市政基础设施工程的施工单项合同估算价在200万元人民币以上,或者项目总投资在3 000万元人民币以上的,必须进行招标。省、自治区、直辖市人民政府建设行政主管部门报经同级人民政府批准,可以根据实际情况,规定本地区必须进行工程施工招标的具体范围和规模标准,但不得缩小《房屋建筑和市政基础设施工程施工招标投标管理办法》确定的必须进行施工招标的范围。

　　任何单位和个人不得违反法律、行政法规规定,限制或者排斥本地区、本系统以外的法人或者其他组织参加投标,不得以任何方式非法干涉施工招标投标活动。

　　工程施工招标由招标人依法组织实施。招标人不得以不合理条件限制或者排斥潜在投标人,不得对潜在投标人实行歧视待遇,不得对潜在投标人提出与招标工程实际要求不符的过高的资质等级要求和其他要求。

　　投标人不得相互串通投标,不得排挤其他投标人的公平竞争,损害招标人或者其他投标人的合法权益。投标人不得与招标人串通投标,损害国家利益、社会公共利益或者他人的合法权益。禁止投标人以向招标人或者评标委员会成员行贿的手段谋取中标。投标人不得以低于其企业成本的报价竞标,不得以他人名义投标或者以其他方式弄虚作假,骗取中标。

3. 招标方式的规定

　　工程施工招标分为公开招标和邀请招标。依法必须进行施工招标的工程,全部使用国有资金投资或者国有资金投资占控股或者主导地位的工程,应当公开招标,但经国家计委或者省、自治区、直辖市人民政府依法批准可以进行邀请招标的重点建设项目除外;其他工程可以实行邀请招标。招标人采用邀请招标方式的,应当向3个以上符合资质条件的施工企业发出投标邀请书。

工程有下列情形之一的,经县级以上地方人民政府建设行政主管部门批准,可以不进行施工招标:

(1)停建或者缓建后恢复建设的单位工程,且承包人未发生变更的。

(2)施工企业自建自用的工程,且该施工企业资质等级符合工程要求的。

(3)在建工程追加的附属小型工程或者主体加层工程,且承包人未发生变更的。

(4)法律、法规、规章规定的其他情形。

全部使用国有资金投资或者国有资金投资占控股或者主导地位,依法必须进行施工招标的工程项目,应当进入有形建筑市场进行招标投标活动。

4. 招标人应该具备的条件

依法必须进行施工招标的工程,招标人自行办理施工招标事宜的,应当具有编制招标文件和组织评标的能力:

(1)有专门的施工招标组织机构。

(2)有与工程规模、复杂程度相适应并具有同类工程施工招标经验、熟悉有关工程施工招标法律法规的工程技术、概预算及工程管理的专业人员。

不具备上述条件的,招标人应当委托具有相应资格的工程招标代理机构代理施工招标。

5. 工程招标施工招标应具有的条件

(1)按照国家有关规定需要履行项目审批手续的,已经履行审批手续。

(2)工程资金或者资金来源已经落实。

(3)有满足施工招标需要的设计文件及其技术资料。

(4)法律、法规、规章规定的其他条件。

6. 新型的项目运作模式

(1)BOT 项目模式。

BOT(Build – Operate – Transfer)意为"建设 – 运营 – 转让",是指私营机构参与国家项目(一般是基础设施或公共工程项目的开发和运营),政府机构与私营公司之间形成一种"伙伴关系",以此在互惠互利、商业化、社会化的基础上分享项目计划和实施过程中的资源、风险和利益。

BOT 承包方式是指由一国政府或政府授权的政府机构授予外国私营公司或私营公司联合体在一定的期限内以自筹资金方式建造项目并自费经营和维护,向东道国出售项目产品或服务,收取付款和酬金,期满后再将项目全部无偿移交给东道国政府。

(2)PPP 项目模式。

PPP(Public – Private – Partnership)意为"公共私营合作制",是指政府与私人组织之间,为了合作建设城市基础设施项目,或是为了提供某种公共物品和服务,以特许权协议为基础,彼此之间形成一种"伙伴关系",并通过签署合同来明确双方的权利和义务,以确保合作的顺利完成,最终使合作各方达到比预期单独行动更为有利的结果。

新型的项目运作模式必将给招标人和投标人带来新的思路和方法。

2.2　建筑工程合同管理

2.2.1　建设工程合同的种类

1. 按承发包的范围和数量分类

按承发包的范围和数量,可将建设工程合同划分为建设工程总承包合同、建设工程承包合同、分包合同。其中,建设工程总承包合同是发包人将工程建设的全过程发包给一个承包人的合同;建设工程承包合同是发包人将建设工程的勘察、设计、施工等的每一项分别发包给一个承包人的合同;建设工程分包合同是经合同约定和发包人认可,从工程承包人的工程中承包部分工程而订立的合同。

2. 按完成承包的内容分类

按完成承包的内容,可将建设工程合同划分为建设工程勘察合同、建设工程设计合同和建设工程施工合同三种。

3. 按计价方式分类

业主与承包商所签订的合同,按支付方式不同,可划分为总价合同、单价合同和成本加酬金合同三种。建设工程勘察、设计合同和设备加工采购合同,一般为总价合同;而建设工程施工合同则根据招标准备情况和工程项目特点的不同,可选择其适用的一种合同。

(1)总价合同。

总价合同又分为固定总价合同、可调整总价合同和固定工程量总价合同三种。

①固定总价合同。合同双方以招标时的图纸和工程量等说明为依据,承包商按投标时业主接受的合同价格承包实施,并一笔包死。在合同履行的过程中,如果业主没有要求变更原定的承包内容,则在完满实施承包工作内容之后,不管承包商的实际成本是什么,均应按照合同价所获得的项目款来支付。采用这种合同形式,承包商要考虑承担合同履行过程中的主要风险,故投标报价通常较高。

固定总价合同一般适用于招标时设计深度已经达到施工图设计阶段,合同履行过程中不会出现较大设计变更的工程,也可用于工程规模较小,技术不太复杂的中小型工程或承包工作内容中较为简单的工程部位,以及合同工期较短,一般为 1 年期之内的承包合同等。

②可调整总价合同。可调整总价合同与固定总价合同大致相同,但合同期较长,一般为 1 年以上,此外在固定总价合同的基础之上,增加了合同履行过程中因市场价格浮动等因素对承包价格调整的条款。通常的调价方法有以下三种:

a. 文件证明法。文件证明法是指在合同履行期间,当合同内约定的某一级以上的有关主管部门或地方建设行政管理机构颁发价格调整文件时,应按文件规定执行。

b. 票据价格调整法。票据价格调整法是指在合同履行期间,承包商依据实际采购的票据和用工量,向业主实报实销与报价单中该项内容所报基价的差额。这种计价方式的合同,应在条款中明确约定允许调整价格的内容和基价,凡未包括在内的项目尽管也受到了物价浮动的影响但并不作调整,按双方应承担的风险来对待。

c. 公式调价法。常用的调价公式可以概括为以下形式:

$$C = C_0 \left(a_0 + a_1 M/M_0 + a_2 L/L_0 + \cdots + a_n T/T_0 - 1 \right) \tag{2.2}$$

式中　C——合同价格调整后应予增加或扣减的金额；

　　　C_0——阶段支付或一次结算时，承包商在该阶段按合同约定计算的应得款；

　　　M、L、T——分别代表合同内约定允许调整价格项目的价格指数（如分别表示材料费、人工费、运输费、燃料费等），分母带脚标"0"的项分别为签订合同时该项费用的基价；分子项为支付结算时的现行基价；

　　　a_0——非调价因子的加权系数，即合同价格内不受物价浮动影响或不允许调价部分在合同价格内所占的比例；

　　　a_1、a_2、$\cdots$、a_n——分别为各有关调价项的加权系数，一般通过对工程概算分解来确定，各项加权系数之和应等于1，即 $a_0 + a_1 + a_2 + \cdots + a_n = 1$。

③固定工程量总价合同。在工程量报价单内，业主按单位工程及分项工作的内容列出实施工程量，承包商分别填报各项内容的直接费单价，然后再汇总算出总价，并以此为依据签订合同。合同内原定工作内容全部完成以后，业主应按总价支付给承包商全部费用。如果中途发生设计变更或增加新的工作内容，则应用合同内已经确定的单价来计算新增工程量而对总价进行调整。

（2）单价合同。

单价合同是指承包商按工程量报价单内的分项工程内容填报单价，以实际完成的工程量乘以所报单价来计算结算款的合同。承包商所填报的单价应为计及各种摊销费用以后的综合单价，而并非直接费单价。合同履行过程中如无特殊情况，一般不得变更单价。单价合同的执行原则是：工程量清单中分项开列的工程量，在合同实施过程中允许有上下浮动的变化，但该项工作内容的单价不变，结算支付时应以实际完成的工程量为依据。因此，按投标书报价单中所预计的工程量乘以所报单价计算的合同价格，并不一定就是承包商完满实施合同中规定的任务后所获得的全部款项，可能比它多或少。

单价合同大多用于工期长、技术复杂、实施过程中发生各种不可预见因素较多的大型复杂工程的施工，以及业主为了缩短项目建设周期，初步设计完成以后就进行施工招标的工程。单价合同的工程量清单内所开列的工程量为估计工程量，而并非准确工程量。

常用的单价合同主要包括估计工程量单价合同、纯单价合同和单价与包干混合合同三种。

①估计工程量单价合同。承包商在投标时以工程量报价单中开列的工作内容和估计工程量填报相应的单价后，累计计算合同价，此时的单价应为计及各种摊销费用后的综合单价，即成品价，不再包括其他费用项目。合同履行过程中应以实际完成的工程量乘以单价作为支付和结算的依据，这种合同方式较为合理地分担了合同履行过程中的风险。按合同工期的长短，可将估计工程量单价合同划分为固定单价合同和可调单价合同两类，其调价方法与总价合同相同。

②纯单价合同。招标文件中仅给出了各项工程内工作项目一览表、工程范围和必要的说明，而并没有提供工程量。投标人只要报出各项目的单价即可，实施过程中按实际完成的工程量结算。由于同一工程在不同的施工部位和外部环境条件下，承包商实际成本的投入并不完全相同，所以仅以工作内容填报单价不太准确。而且对于间接费分摊在许多工种中的复杂情况，还有些不易计算工程量的项目内容，采用纯单价合同往往容易引起结算过程中的麻烦，甚者还会导致合同争议。

③单价与包干混合合同。这种合同是总价合同与单价合同的一种结合形式。对于内容简单、工程量准确的部分,可采用总价合同承包;对于技术复杂、工程量为估算值的部分,则可采用单价合同方式承包。但应注意,在合同内必须详细注明两种计价方式所限定的工作范围。

(3)成本加酬金合同。

成本加酬金合同,是将工程项目的实际投资划分为直接成本费和承包商完成工作后的应得酬金两部分。实施过程中发生的直接成本费应由业主实报实销,并且要另按合同约定的方式付给承包商相应的报酬。成本加酬金合同大多适用于边设计边施工的紧急工程或灾后修复工程,通常以议标方式与承包商签订合同。由于在签订合同时,业主还不能提供可供承包商准确报价的详细资料,因此合同内只能商定酬金的计算方法。按照酬金的计算方式,可将成本加酬金合同划分为成本加固定百分比酬金合同、成本加固定酬金合同、成本加浮动酬金合同及目标成本加奖罚合同四种类型。

①成本加固定百分比酬金合同。签订合同时双方约定,酬金按实际发生的直接成本费乘以某一具体百分比进行计算,该合同工程总造价的计算公式为:

$$总造价 = 实际发生的直接费(1 + 双方事先商定的酬金固定百分比) \qquad (2.3)$$

②成本加固定酬金合同。酬金在合同内约定为某一固定值,计算公式为:

$$总造价 = 实际发生的直接费 + 双方约定的酬金具体数额 \qquad (2.4)$$

③成本加浮动酬金合同。签订合同时,双方预先约定该工程的预期成本和固定酬金,以及实际发生的直接成本与预期成本比较后的奖罚计算办法,计算公式为:

$$总造价 = 签定合同时双方约定的预期成本 + 酬金奖罚部分 \qquad (2.5)$$

④目标成本加奖罚合同。在仅有粗略的初步设计或工程说明书就迫切需要开工的情况下,可以根据大致估算的工程量和适当的单价表编制粗略概算作为目标成本。随着设计的逐步深化,工程量和目标成本可以加以调整。签订合同时,以当时估算的目标成本作为依据,并以百分比形式约定基本酬金和奖罚酬金的计算方法。最后结算时,如果实际直接成本超过目标成本事先商定的界限(如5%),则在基本酬金内扣减超出部分并按约定的百分比计算承包商应负责任;反之,如有节约时(也应有一个幅度界限),则应增加酬金。

此外,还可另行约定工期奖罚的计算办法,这种合同有助于鼓励承包商节约成本和缩短工期,业主和承包商都不会承担太大风险。

不同计价方式合同类型的比较,参见表2.2。

表 2.2　不同计价方式合同类型的比较

合同类型	单价合同	单价合同	成本加酬金合同			
			百分比酬金	固定酬金	浮动酬金	目标成本加奖罚
应用范围	广泛	广泛	有局限性			酌情
业主投资控制	易	较易	最难	难	不易	有可能
承包商风险	风险大	风险小	基本无风险		风险不大	有风险

2.2.2　建设工程中的主要合同关系

建设工程项目是一个十分复杂的社会生产过程,它要分别经历可行性研究、勘察设计、工程施工和运行等阶段,有土建、水电、机械设备、通信等专业设计和施工活动,需要各种材料、设备、资金和劳动力的供应。由于现代的社会化大生产和专业化分工,一个稍大一点的工程其参加单位就有十几个、几十个,甚至是成百上千个,它们之间形成了各式各样的经济关系。由于工程中维系这种关系的纽带是合同,所以就产生了各式各样的合同。工程项目的建设过程实质上又是一系列经济合同的签订和履行过程。

在一个工程中,相关的合同可能仅有几份,也可能多达十几分、几十份,甚至是成百上千份,这样就形成了一个复杂的合同网络。在这个网络中,业主和工程承包商是两个最主要的节点。

1.业主的主要合同关系

业主作为工程或服务的买方,是工程的所有者,它可能是政府、企业、其他投资者,也可能是几个企业的组合、政府与企业的组合(例如,BOT 项目或 PPP 项目的业主)。它投资一个项目,通常委派一个代理人(或代表)以业主的身份进行工程的经营管理。

业主根据对工程的需求,确定工程项目的整体目标,这个目标是所有相关工程合同的核心。要想实现工程目标,业主就必须将建筑工程的勘察设计、各专业的工程施工、设备和材料的供应等工作委托出去,且必须与有关单位签订各种合同,这些合同主要包括:

(1)咨询(监理)合同。即业主与咨询(监理)公司签订的合同,咨询(监理)公司负责工程的可行性研究、设计监理、招标和施工阶段监理等某一项或几项工作。

(2)勘察设计合同。即业主与勘察设计单位签订的合同,勘察设计单位负责工程的地质勘察和技术设计工作,一般勘察和设计合同是单独签订的。

(3)供应合同。对于由业主负责提供的材料和设备,其必须与有关的材料和设备供应单位签订供应(采购)合同。

(4)工程施工合同。即业主与工程承包商签订的工程施工合同,由一个或几个承包商分别承包土建、机械安装、电器安装、装饰、通信等工程施工。

(5)贷款合同。即业主与金融机构签订的合同,后者向业主提供资金保证,根据资金来源的不同,可能有贷款合同、合资合同、BOT(或 PPP)合同等。

根据工程承包方式和范围的不同,业主可能订立几十份合同,例如将工程分专业、分阶段委托,将材料和设备供应分别委托,也可能将上述委托以各种形式合并。例如,把土建和安装委托给一个承包商,把整个设备委托给一个成套设备的供应企业。当然,业主也可以与一个承包商订立一个总承包合同,由该承包商负责整个工程的设计、供应、施工,甚至管理等工作。因此,一份合同的工程范围和内容会有很大的区别。

2.承包商的主要合同关系

承包商是工程施工的具体实施者,是工程承包合同的执行者。承包商通过投标接受业主的委托,签订工程总承包合同。承包商要完成承包合同的责任,包括由工程量表所确定的工程范围的施工、竣工和保修,为了完成这些工程而提供劳动力、施工设备、材料,有时也包括技术设计。任何承包商都不可能也不具备所有专业工程的施工能力、材料和设备的生产及供应能力,其同样须将许多专业工作委托出去。因此,承包商通常又有自己复杂的合同关系。

(1)分包合同。对于一些大型工程,承包商经常须与其他承包商合作才能完成总承包合同的责任。承包商把从业主那里承接过来的工程中的某些分项工程或工作分包给另外一个承包商来完成,则与他签订分包合同。

承包商在承包合同下可能会订立许多分包合同,而分包商则仅完成与总承包商签订合同的工程范围,与业主无合同关系。总包仍向业主承担全部工程责任,负责工程的管理和所属各分包商工作之间的协调,以及各分包商之间合同责任界面的划分,同时承担协调失误造成损失的责任,并向业主承担工程风险。

在投标书中,承包商必须附上拟定的分包商名单,供业主审查。如果在工程施工中重新委托分包商,则必须经过工程师的批准。

(2)供应合同。承包商为工程所进行的必要的材料和设备的采购,必须与供应商签订供应合同。

(3)运输合同。这是承包商为解决材料和设备的运输问题而与运输单位签订的供应合同。

(4)加工合同。即承包商将建筑构配件、特殊构件的加工任务委托给加工承揽单位而签订的合同。

(5)租赁合同。在建设工程中,承包商需要大量施工设备、运输设备及周转材料。但有些设备和周转材料在现场的使用率较低,或购置时需要大量的资金投入而自己尚且不具备这个经济实力时,可以采取租赁方式,与租赁单位签订租赁合同。

(6)劳务供应合同。建筑产品往往需要花费大量的人力、物力和财力,承包商不可能全部采用固定工来完成该项工程,为了满足任务的临时需要,往往要与劳务供应商签订劳务供应合同,由劳务供应商向工程提供劳务。

(7)保险合同。承包商按施工合同的要求对工程进行保险,与保险公司签订保险合同。

承包商的上述合同都与工程承包合同有关,都是为了完成承包合同责任而签订的。

此外,在许多大型工程中,尤其是在业主要求总包的工程中,承包商经常是几个企业的联营,即联营承包或联合承包(最常见的是设备供应商、土建承包商、安装承包商、勘察设计单位的联合投标),这些承包商之间还需要订立联营合同。

3. 建设工程合同体系

按照上述的分析和对项目任务的结构分解,即可得到不同层次、不同种类的合同,它们共同构成了合同体系,如图2.1所示。

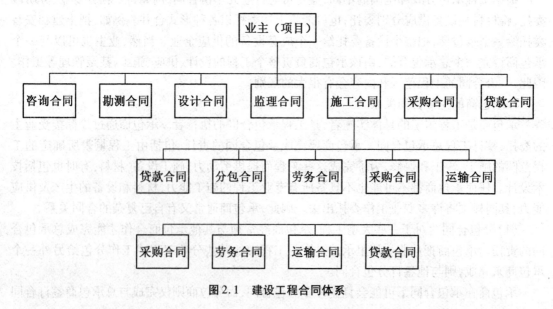

图2.1　建设工程合同体系

在该合同体系中,所有合同都是为了完成业主的工程项目目标,都必须围绕这个目标来签订和实施。由于这些合同之间存在着复杂的内部联系,便构成了该工程的合同网络。其中,建设工程施工合同是最具代表性、最普遍,也是最复杂的合同类型,它在建设工程项目的合同体系中处于主导地位,是整个建设工程项目合同管理的重点,无论是业主、监理工程师,还是承包商都将它作为合同管理的主要对象。

建设工程项目的合同体系在项目管理中也是一个非常重要的概念,它从一个重要的角度反映了项目的形象,对整个项目管理的运作有着很大的影响。它反映了项目任务的范围和划分方式,以及项目所采用的管理模式,例如监理制度、全包方式和平等承包方式等。并且在很大程度上决定了项目的组织形式,因为不同层次的合同往往决定了该合同的实施者在项目组织结构中的地位。

2.2.3　建设工程施工合同的签订、履行与终止

建设工程施工合同是工程建设单位(发包人)与施工企业(承包人)以完成建筑工程为目的,明确双方权利和义务关系而订立的文件,这就要求建设工程施工合同的建设方和施工方在合同中应对双方应承担的义务和享有的权利进行具体、详尽的约定,以便双方能够按照各自的义务履行合同,同时行使自己的权力。

1.施工合同的签订

《招标投标法》第四十六条规定:"招标人和中标人应当自中标通知书发出之日起 30 日内,按照招标文件和中标人的投标文件订立书面合同。招标人和中标人不得再行订立背离合同实质性内容的其他协议"。

(1)建设工程施工合同签订过程中的一般要求。

①双方地位平等,依法订立。施工合同的签订,应当遵守国家的法律、法规和国家计划,遵循平等互利、协商一致、等价有偿的原则。《合同法》第四条规定:"当事人依法享有自愿订立合同的权力,任何单位和个人不得非法干预";第五条规定:"当事人遵循公平原则确定各方的权利和义务"。在签订施工合同时,权利与义务应该对等,不允许一方附加任何不平等条款。因此,签订施工合同应当遵守平等原则,自由原则,公平原则,诚实信用原则,遵守法律、不得损害社会公共利益的原则。

②双方必须具备相应的资格条件和履行施工合同的能力。对合同范围内的工程实施建设时,发包方必须具备组织协调能力;承包方必须具备有关部门核定的资质等级并持有营业执照等证明文件。

③合同内容齐全、文字明确、逻辑性强。施工合同的内容要齐全,标的名称、数量、价格构成、质量标准、履约时限、付款方式、违约责任、工程价款调整方式、不可抗力的经济责任等均应详细、明确,尤其是工期、质量、造价是建设工程施工合同的最主要内容。签订合同时,必须注意逻辑性,各条款之间应融会贯通,前后互相解释、先后有序,不得前后矛盾、相互抵触,否则不利于合同的履行。同时,文字含义也应准确。对于合同各项条款的规定,在文字表达上应严密、准确,严禁使用模棱两可、含糊其辞的词语,必须非常具体肯定,表达清楚。

④使用统一文本,履行签字盖章手续。建设工程施工合同应采用书面形式,并参照标准合同文本签订,双方签字盖章后生效。施工合同条款的规范化,避免了缺款少项和当事人意思表示不准确,并防止出现显失公平和违法条款。

（2）签订建设工程施工合同应具备的条件。依照《建设工程施工合同管理办法》的规定，签订建设工程施工合同应具备以下条件：

①初步设计已经批准。

②工程项目已经列入年度建设计划。

③有能够满足施工需要的设计文件和有关技术资料。

④建设资金和主要建筑材料设备来源已经落实。

⑤招标投标工程，中标通知书已经下达。

（3）建设工程施工合同的主要内容。由于建设工程项目规模和特点的差异，不同项目的合同内容可能会有较大的差别，以下主要分析建设工程总承包合同的主要内容：

①词语含义及合同文件。总承包合同的双方当事人应对合同中常用的或容易引起歧义的词语进行解释，并赋予它们明确的含义；对合同文件的组成、顺序、合同使用的标准等，也应作出明确的规定。

②总承包的内容。总承包合同双方当事人应对总承包的内容作出明确规定，一般包括从工程立项到交付使用的工程建设全过程，具体应包括勘察设计、设备采购、施工管理、试车考核（或交付使用）等内容。具体的承包内容应由当事人约定，如约定设计——施工的总承包、投资——设计——施工的总承包等。

③双方当事人的权利义务。发包人一般应承担的义务包括：按照约定向承包人支付工程款；向承包人提供现场；协助承包人申请有关许可证、执照和批准；如果发包人单方要求终止合同后，未经承包人同意，在一定时期内不得重新开始实施该项工程。承包人一般应承担的义务包括：完成满足发包人要求的工程以及相关的工作；提供履约保证；负责工程的协调和恰当实施；按照发包人的要求终止合同。

④合同履行期限。合同应明确规定交工的时间，同时也应对各阶段的工作期限作出明确规定。

⑤合同价款。应对合同价款的计算方式、结算方式，以及价款的支付期限等作出规定。

⑥工程质量与验收。合同应明确规定工程质量的要求，工程质量的验收方法、验收时间及确认方式。工程质量检验的重点应是竣工验收，通过竣工验收，发包人可接收工程。

⑦合同的变更。

⑧风险、责任和保险。

⑨工程保修。合同应按照国家的规定写明保修项目、内容、范围、期限及保修金额和支付办法。

⑩对设计、分包人的规定。承包人进行并负责工程的设计，设计应由合格的设计人员进行；应编制足够详细的施工文件，编制和提交竣工图、操作和维修手册；应对所有分包方遵守合同的全部规定负责，任何分包方代理人或雇员的行为或违约，完全视为承包人自己的行为或违约，并负全部责任。

⑪索赔和争议的处理。合同应明确索赔的程序和争议的处理方式。对争议的处理，一般应以仲裁作为解决的最终方式。

⑫违约责任。合同应明确双方的违约责任，包括发包人不按时支付合同价款的责任、超越合同规定干预承包人工作的责任等；也包括承包人不能按照合同约定的期限和质量完成工作的责任等。

2.建设工程施工合同的履行

工程施工的过程即为施工合同的实施过程,要使合同顺利实施,合同双方必须共同完成各自的合同责任。

(1)发包人的施工合同履行。发包人和监理工程师在合同履行中应严格按照施工合同的规定,履行各方应尽的义务。施工合同中规定的应由发包人承担的义务包括:

①发包人的协助义务。发包人应按照合同的约定提供相关材料、设备、场地、资金和资料等。如果发包人违反协助义务,则应承担以下责任:顺延工程日期的责任;赔偿停工、窝工等损失;因发包人的原因而导致工程停建、缓建的,发包人有义务采取措施来弥补或减少损失,防止损失扩大。

②对工程的验收义务。建设工程完工以后,发包人应及时对工程进行验收,发包人验收应以施工图纸及说明书、国家颁发的施工验收规范和建设工程质量检验标准作为依据。建设工程必须经过验收后由发包人正式接受该项工程后方可投入使用。

③支付价款并接受建设工程的义务。发包人在对建设工程验收合格以后,应按合同的约定,扣除一定的保证金,然后将剩余工程的价款按约定方式支付给承包人。

(2)承包人的施工合同履行。合同签订以后,承包人首先要拟定项目管理小组,合同管理人员在施工合同履行过程中的主要工作如下:

①建立合同实施的保证体系,保证合同实施过程中的日常事务性工作能够有秩序地进行。

②监督承包人的工程小组和分包商按合同实施,并做好各分包合同的协调和管理工作。

③对合同实施情况进行跟踪,收集合同实施的信息,收集各种工程资料,并作出相应的信息处理。对合同实施情况与合同分析资料进行分析,找出其中的偏差,并及时向项目经理通报合同实施情况及问题,提出合同实施方面的意见和建议。

④进行合同变更管理,包括参与变更谈判,对合同变更进行事务性的处理,落实变更措施,修改与变更有关的资料,检查变更措施的落实情况。

⑤日常的索赔管理。

3.施工合同的终止

建设工程施工合同的终止是指合同效力归于消灭,合同中的权利义务对承、发包双方当事人不再具有法律拘束力。合同终止以后,权利义务的主体不复存在。

建设工程施工合同终止以后,有些内容具有独立性,并不因合同的终止而失去效力。如合同终止的,不影响合同中独立存在的有关解决争议方法的条款的效力。

由于在合同履行中,承、发包双方在工作合作中不协调、不配合甚至产生矛盾激化,致使合同履行不能继续下去,或因发包人严重违约,承包人行使合同解除权,或因承包人严重违约,发包人行使合同解除权等,都会产生合同的解除。

承包人具有下列情形之一,发包人有权解除建设工程施工合同:

(1)明确表示或以行为表明不履行合同主要义务的。

(2)在合同约定的期限内没有完工,且在发包人催告的合理期限内仍未完工的。

(3)已经完成的建设工程质量不合格,并拒绝修复的。

(4)将承包的建设工程非法转包、违法分包的。

2.2.4 建设工程索赔

1. 建筑工程施工索赔

索赔是指在合同实施的过程中,合同一方因对方不履行或未能正确履行合同所规定的义务或未能保证承诺的合同条件实现而遭受损失后,向对方提出的补偿要求。索赔是相互的、双向的,既可以承包人向发包人索赔,也可以发包人向承包人索赔(这里的索赔一般是指承包人向发包人的索赔,而发包人向承包人的索赔则称为反索赔。)

在工程实践中,发包人不让索赔、承包人不敢索赔和不懂索赔、监理工程师不会处理索赔的现象普遍存在。面对这种情况,在建筑市场上应大力提倡承、发包双方对施工索赔的认识,加强对索赔理论和方法的研究,认真对待和搞好施工索赔,这对于国家和企业利益都具有十分重要的现实意义。

(1)索赔的基本特点。

①索赔作为一种合同赋予双方的具有法律意义的权利主张,其主体是双向的。

②索赔必须以法律或合同为依据。

③索赔必须建立在损害后果已客观存在的基础上,不论是经济损失还是权利损害,对没有损失的事实提出索赔是不可能的。

④索赔应采取明示的方式,即索赔应有书面文件,索赔的内容和要求应明确而肯定。

⑤索赔是一种未经对方的单方行为。

(2)索赔的作用。

①保证合同的实施。对违约者起到了一个警戒作用,并尽力避免违约事件的发生。

②落实和调整双方经济责任关系。

③维护合同当事人的合法权益。

④促使工程造价更加合理。将一些不可预见的费用改为按实际发生损失支付,这样有助于降低工程造价。

(3)施工索赔的类型。

①按索赔当事人,可划分为:承包人与发包人之间的索赔;承包人与分包人之间的索赔;承包人与供货人之间的索赔;承包人与保险人之间的索赔。

②按索赔事件的影响,可划分为:

a. 工期拖延索赔。是指由于发包人未能按照合同规定提供施工条件,如未能及时交付设计图、技术资料、场地、道路等;或由于非承包人原因,发包人指令停止工程实施;或由于其他不可抗力因素作用等原因,造成工程中断或工程进度放慢,施工工期拖延,承包人对此提出索赔等。

b. 不可预见的外部障碍或条件索赔。是指在施工期间,承包人在现场遇到一个对于有经验的承包人来说,通常不能预见的外界障碍或条件,如地质与发包人提供的资料不同,出现未预见到的岩石、淤泥或地下水等。

c. 工程变更索赔。是指由于发包人或工程师指令修改设计,增加或减少工程量,增加或删除部分工程,修改实施计划,变更施工次序,造成工期延长,费用损失,承包人对此而提出的索赔。

d. 工程终止索赔。是指由于某种原因,如不可抗力因素的影响、发包人违约,使工程被迫在竣工前停止实施,并不再继续进行,并使承包人蒙受经济损失,因此而提出的索赔。

③按索赔要求(目的),可划分为:

a.工期索赔。即要求发包人延长工期,推迟竣工日期。

b.费用索赔。即要求发包人补偿费用损失,调整合同价格。

④按索赔依据,可划分为:

a.合同内索赔。这是最常见的索赔,是指索赔以合同条文为依据,发生了合同规定给承包人以补偿的干扰事件,承包人根据合同规定,提出索赔要求。

b.合同外索赔。是指工程过程中发生的干扰事件的性质已超过合同范围,在合同中找不出具体的依据,一般必须根据适用于合同关系的法律来解决索赔问题。

c.道义索赔。是指由于承包人的失误(如报价失误,环境调查失误等),或发生承包人应负责任的风险而造成承包人的重大损失,进而提出恳请发包人给予救助。如果发包人支付这种道义救助,就能获得承包人更为理想的合作,最终发包人未有损失。

⑤按索赔的处理方式,可划分为:

a.单项索赔。这是针对某一干扰事件提出的。索赔的处理应在合同实施过程中,干扰事件发生时或发生后立即进行。它由合同管理人员处理,并在合同规定的索赔有效期内向发包人提出索赔意向书和索赔报告。

b.总索赔。又称为一揽子索赔或综合索赔。这是在国际工程中经常采用的索赔处理和解决办法。一般在工程竣工之前,承包人将工程过程中未能解决的单项索赔集中起来,提出一份总索赔报告,合同双方在工程交付前或交付后进行最终谈判,以一揽子的方案解决索赔问题。

2.施工索赔的原因

(1)索赔的原因。

索赔属于合同履行过程中的正常风险管理,索赔的原因主要有以下几点:

①业主负责起草合同,招标文件的编制过程中承包人没有发言权等,将会导致合同文件的不完善,甚至会产生错误或矛盾。

②在工程承包市场长期处于买方市场的情形下,由于投标竞争的需要,所以"靠低价夺标,靠索赔赢利"已是司空见惯的事。

③发包人一方的问题,如发包人违约,工程师指示不当和工作不力,其他承包人和指定分包人的干扰,以及应由发包人负责的工作所产生的问题。

④不可预见事件的影响。主要有不利的自然环境和外界障碍以及法规、政策的变化。

(2)索赔成立的条件。

承包商索赔要求的成立必须同时具备以下四个条件:

①与合同相比较,事件已经造成了实际的额外费用增加或工期损失。

②造成的费用增加或工期损失不是由于承包商自身的原因所造成的。

③这种经济损失或权利损害也不是由承包商应承担的风险所造成的。

④承包商在规定的期限内提交了书面的索赔意向通知和索赔报告。

(3)施工项目索赔应具备的理由。

①发包人因违反合同而对承包人造成的时间、费用损失。

②因工程变更(含设计变更、发包人提出的变更、监理工程师提出的工程变更,以及承包

人提出并经监理工程师批准的变更)而造成的时间、费用损失。

③由于监理工程师对合同文件的解释产生歧义,技术资料不确切,或由于不可抗力导致的施工条件的改变,造成了时间费用的增加。

④发包人提出提前完成项目或缩短工期而造成承包人的费用增加。

⑤发包人延误支付期限造成承包人的损失。

⑥合同规定以外的项目进行检验且检验合格或由于非承包人原因导致的项目缺陷的修复所发生的损失或费用。

⑦由于非承包人原因而导致工程暂时停工。

⑧物价上涨,法规变化及其他。

(4)常见的施工索赔。

①因合同文件引起的索赔。包括:文件组成问题;文件有效性,如图纸变更带来的重大后果;图纸及工程量表中的错误。

②有关工程施工的索赔。包括:地质条件变化;工程质量要求变更;工程中的人为障碍;额外的试验和检查费;变更命令有效期;指定分包商违约或延误;增减工程量;其他有关施工的索赔。

③关于价款方面的索赔。包括:关于价格调整;关于货币贬值和严重经济失调;拖延支付工程款。

④关于工期的索赔。包括:关于延展工期;关于延误产生损失;赶工费用。

⑤特殊风险和不可抗力灾害的索赔。包括:特殊风险;不可抗力灾害。

⑥工程暂停、终止合同的索赔。包括:关于暂停;关于中止合同。

⑦财务费用补偿的索赔。财务费用的损失要求补偿,是指由于各种原因而使承包人财务开支增大所导致的贷款利息等财务费用。

(5)建筑工程索赔的依据。

①合同条件。合同条件是索赔最主要的依据,包括:本合同协议书;中标通知书;投标书及其附件;本合同专用条款;本合同通用条款;标准、规范及有关技术文件;图纸;工程量清单;工程报价单或预算书;合同履行中,发包人、承包人有关工程的洽商、变更等书面协议或文件视为本合同的组成部分。

②订立合同所依据的法律、法规。

a.适用法律和法规。包括:中华人民共和国《合同法》、《建筑法》、《招标投标法》。

b.适用标准、规范。包括:《建筑工程施工合同示范文本》。

③相关证据。

a.证据是指能够证明案件事实的一切材料。

b.可以作为证据使用的材料包括:书证;物证;证人证言;视听材料;被告人供述和有关当事人陈述;鉴定结论;勘验、检验笔录。

c.在工程索赔中的证据包括:招标文件、合同文本及附件、其他各种签约,发包人认可的工程实施计划,各种工程图纸、技术规范;来往信函;各种会议纪要;施工现场的工程文件;工程照片;气候报告;各种检查验收报告和各种技术鉴定报告;工地的交接记录;建筑材料和设备的采购、订货、运输、进场、使用方面的记录、凭证和报表等;市场行情资料;各种会计核算资料;国家法律、法规和政策文件。

3. 建筑施工索赔的处理

（1）索赔程序。

合同实施阶段中的每一个施工索赔事项，均应依照国际工程施工索赔的惯例和工程项目合同条件的具体规定进行。具体的索赔程序如图 2.2 所示。

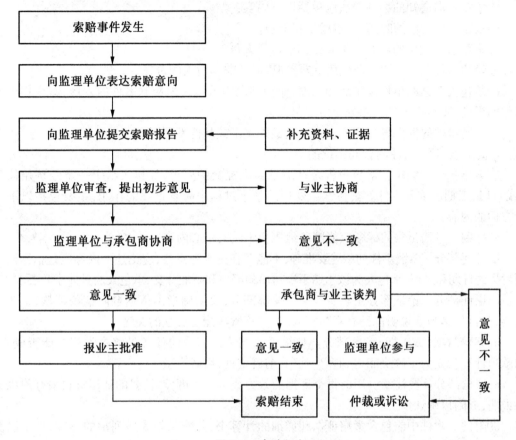

图 2.2 索赔程序

承包人应按下列程序以书面形式向发包人索赔：

①提出索赔要求。当出现索赔事件时，承包人以书面的索赔通知书形式，在索赔事件发生后的 28 天内，向工程师正式提出索赔意向通知。

②报送索赔资料。在索赔通知书发出后的 28 天内，向工程师提出延长工期和（或）补偿经济损失的索赔报告及有关资料。

③工程师答复。工程师在收到承包商送交的索赔报告的有关资料后，于 28 天内给予答复，或要求承包商进一步补充索赔理由和证据。

④工程师逾期答复后果。工程师在收到承包人送交的索赔报告的有关资料后，28 天内未予答复或未对承包人作进一步要求的，则视为该项索赔已经认可。

⑤持续索赔。当索赔事件持续进行时，承包人应阶段性向工程师发出索赔意向，在索赔事件终了后的 28 天内，向工程师送交有关的索赔资料和最终的索赔报告，工程师应在 28 天内给予答复或要求承包人进一步补充索赔理由和证据。逾期未答复的，则视为该项索赔成立。

⑥仲裁和诉讼。如承包人或发包人不能接受工程师对索赔的答复,即进入仲裁或诉讼程序。

（2）索赔文件的编制方法。

索赔文件由索赔意向通知、索赔报告及附件组成。

①索赔意向通知的编制方法应包括以下内容：

a.索赔事件发生的时间、地点或工程部位。

b.索赔事件发生的双方当事人或其他有关人员。

c.索赔事件发生的原因及性质,应特别说明并非承包人的责任。

d.承包人对索赔事件发生后的态度,应特别说明承包人为控制事件的发展,减少损失所采取的行动,否则损失扩大部分应由承包人自负。

e.写明事件的发生将会使承包人产生额外支出或其他不利影响。

f.提出索赔意向,注明合同条款的依据。

②索赔报告的编制。索赔报告是针对承包人提交的要求,发包人给予一定经济赔偿和（或）延长工期的重要文件。其在索赔处理的整个过程中起着重要的作用,主要包括以下几个方面的内容：

a.标题。索赔报告的标题应能准确地概括索赔的中心内容。

b.总述部分。索赔事件的叙述要准确,不能存在主观随意性,应论述的内容应包括索赔事项发生的日期和过程,承包人为该索赔事项付出的努力和附加开支,承包人的具体索赔要求。

c.论证部分。论证部分是索赔报告的关键部分,要明确指出依据合同某条某款、某会议纪要,其目的是为了说明自己有索赔权,该部分是索赔能否成立的关键。

d.索赔款项（或工期）计算部分。如果说合同论证部分的任务是解决索赔权能否成立,则款项计算就是为了解决能得到多少款项,前者定性,后者定量。

e.证据部分。要注意引用的每个证据的效力或可信程度,对重要的证据资料最好附以文字说明,或附以确认件。

③附件。附件中应包含索赔证据和详细的计算书,其作用是为所列举的事实、理由以及所要求的补偿提供证明材料。

（3）施工索赔的证据。

①收集索赔证据的重要性。索赔证据是关系到索赔成败的重要文件之一。工程实践中,有时虽然承包人能够及时抓住施工合同履行中的索赔机会,但如果拿不出证据或证据不充分,其索赔要求则往往难以成功,或被大打折扣。如果承包人拿出的索赔证据漏洞百出,前后自相矛盾,经不起对方的推敲和质疑,不仅不能促进索赔的成功,反而会被对方作为反索赔的证据,使自己在索赔问题上处于极为不利的地位。因此,收集有效的索赔证据是管理好索赔的重要内容。

②索赔证据的有效性。

a.真实性。索赔证据必须是施工过程中产生的真实资料。

b.全面性。索赔证据的全面性是指所提供的证据能够说明索赔事件的全部内容。索赔证据中不能仅包含了发生原因的证据,而没有持续影响的证据,或证据零乱无序,含糊不清。

c.法律效力。各种索赔证据应为书面文件,要有双方代表签字,所提供的证据必须符合国家法律的规定。

（4）工程师对索赔报告的审查。

①审查的目的。工程师对索赔报告的审查目的是：对承包商的索赔要求，通过核对事实，分清责任后将其正当的利益予以批准补偿，将其不合理的索赔或索赔中不合理的部分予以否定或纠正。

②审查的内容。包括：

a. 对索赔事件真实性的审查。

b. 对索赔事件责任分担的审查。

c. 对索赔报告合同依据的审查。

d. 对索赔费用的审查。

e. 对要求工期延长的审查。

③索赔审查的注意事项。索赔审查时应注意：客观公正性；深入实际，调查研究；着眼于大局，本着有利于双方合作及工程进展的原则，主动与承包商联系进行协商解决。

a. 工程师对索赔报告审查的步骤。首先，重点审查承包商的索赔要求是否有理有据，即承包商的索赔要求是否有合同依据，所受损失是否确属不应由承包商负责的原因所造成的，提供的证据是否足以证明索赔要求的成立，是否需要提交其他补充材料。其次，以公正、科学的态度，审查并核算承包商的索赔值计算，分清责任，提出承包商索赔值计算中的不合理部分，确定索赔金额和工期延长的天数。

b. 索赔的处理。在经过认真分析研究，并与承包人、业主广泛讨论后，工程师应向业主和承包人提出自己的《索赔处理决定》。工程师在《索赔处理决定》中应简明地叙述索赔事件、理由和建议给予补偿的金额及（或）延长的工期。

工程师还需提出《索赔评价报告》，作为《索赔处理决定》的附件。该评价报告根据工程师所掌握的实际情况来叙述索赔事实的依据、合同及法律依据，论述承包人索赔的合理方面，详细计算应给予的补偿。《索赔评价报告》是工程师站在公正的立场上独立编制的。

通常，工程师的处理决定不是终局性的，对业主和承包人都不具有强制性的约束力。在收到工程师的索赔处理决定后，无论是业主或承包人，如果认为工程师的处理决定不公平，都可以在合同规定的时间内，提示工程师重新考虑，并且工程师不得拒绝。一般对于工程师的处理决定，业主不满意的情况很少，而承包人不满意的情况则较多。承包人如果持有异议，则应提供进一步的证明材料，向工程师进一步说明为什么其决定是不合理的。有时甚至需要重新提交索赔申请报告，对原报告作出一些修正、补充或进一步让步。如果工程师仍坚持原来的决定，或承包人对工程师新作出的决定仍不满意，则可按合同中的仲裁条款提交仲裁机构仲裁。

（5）业主审查索赔处理。

当工程师的索赔额超过其权限范围时，必须报请业主批准。

业主应先根据事件发生的原因、责任范围、合同条款来审核承包商的索赔申请和工程师的处理报告，然后再依据工程建设的目的、投资控制、竣工投产期的要求，以及针对承包人在施工中的缺陷或违反合同规定等的有关情况，决定是否批准工程师的处理意见。

索赔报告经业主批准以后，工程师即可签发有关证书。

（6）承包人是否接受最终索赔处理。

如果承包人接受最终的索赔处理决定，则索赔事件的处理即告结束；若不同意，就会导致合同争议。需要强调的是，合同各方应争取以友好协商的方式来解决索赔问题，不要轻易提交仲裁。因为对工程争议所进行的仲裁往往是非常复杂的,要花费大量的人力、物力、财力和时间,会给工程建设带来不利,有时甚至是严重的影响。

(7)施工索赔的解决。

①双方无分歧解决。

②双方友好协商解决。

③通过调解解决。

④通过仲裁或诉讼解决。

【例 2.3】　2012 年某市政工程发包人与承包人签订了施工合同。施工合同专用条款规定:钢材、木材、水泥由发包人供货到现场仓库,其他材料则由承包商自行采购。

因发包人提供的材料未能及时到达施工现场,使该项作业从 6 月 8 日至 6 月 23 日停工(该项作业的总时差为零)。

6 月 12 日至 6 月 14 日因停电、停水使工程停工(该项作业的总时差为 5 天)。

6 月 21 日至 6 月 24 日因机械发生故障使某段工程延迟开工(该项作业的总时差为 4 天)。

为此,承包人于 6 月 28 日向工程师提交了一份索赔意向书,并于 7 月 7 日送交了一份工期、费用索赔计算书和索赔依据的详细材料。

经过双方协商,一致同意:窝工机械设备费索赔按台班单价的 65% 计;考虑对窝工人工应合理安排工人从事其他作业后的降效损失,窝工人工费索赔按每工日 20 元计;保函费的计算方式按照有关规定计算;管理费、利润损失不予补偿。

根据上述资料,试计算该工程项目的工期索赔和费用索赔。

【解】

(1)工期索赔。

①6 月 8 日至 6 月 23 日由于发包人原因造成的材料供应不及时延误工时,且该项作业位于关键路线上,应予工期补偿 16 天。

②6 月 12 日至 6 月 14 日由于该项停工虽然并非承包人所造成,但该项作业不在关键路线上,且未超过工作总时差,故不能得到工期索赔。

③6 月 21 日至 6 月 24 日迟延开工,是由承包人自身原因而造成的,所以不予工期补偿。

综合上述分析,本工程能得到的工期补偿为:$16 + 0 + 0 = 16$(天)。

(2)费用索赔。

①窝工机械费:

塔吊 1 台:$16 \times 234 \times 65\% = 2\,433.6$(元)(按惯例闲置机械只应计取折旧费,该设备台班单价为 234 元)。

混凝土搅拌机 1 台:$16 \times 55 \times 65\% = 572$(元)(按惯例闲置机械只应计取折旧费,该设备台班单价为 55 元)。

砂浆搅拌机 1 台:$3 \times 24 \times 65\% = 46.8$(元)(因停电闲置可按折旧计取,该设备台班单价为 24 元)。

小计:$2\,433.6 + 572 + 46.8 = 3\,052.4$(元)。

②窝工人工费:

第一项事件窝工:$35 \times 20 \times 16 = 11\,200$(元)(本工序的日派工人数为 35 人,虽然由发包人原因造成,但窝工工人已做其他工作,所以只补偿工效差)。

第二项事件窝工:$30 \times 20 \times 3 = 1\ 800$(元)(该工序的日派工人数为 30 人,由于发包人原因造成,只考虑降效费用)。

第三项事件不能得到赔偿。

小计:$11\ 200 + 1\ 800 = 13\ 000$(元)。

③保函费补偿:

$19\ 000\ 000 \times 10\% \times 0.6\% \div 365 \times 16 = 499.73$(元)(该工程项目的投资总额为 1 900 万元,保险费率为 10%,手续费率为 0.6%)。

经济补偿合计:$3\ 052.4 + 13\ 000 + 499.73 = 16\ 552.13$(元)。

4. 承包人的索赔

(1)充分认识施工索赔的重要意义。

①施工索赔又称合同索赔,是施工合同管理的重要环节。施工合同是索赔的依据,整个施工索赔处理的过程是履行合同的过程。日常单项索赔的管理可由合同管理人员来完成,而对于重大的综合索赔,则要依据合同管理人员从日常积累的工程文件中提供证据,供合同管理方面的专家进行分析。因此索赔的前提是加强合同管理,及时提出是否索赔的意向。

②施工索赔是计划管理的动力。索赔必须分析在施工过程中,实际实施的计划与原计划的偏离程度。在此先来分析一下工期索赔,这种索赔主要是通过可索赔事件后项目的实际进度与原计划的关键线路分析对比找出差距后才能成功。

再来分析费用索赔,如果发生某一可索赔事件,则应分析实际成本因这一索赔事件的发生与原定计划成本相比发生了多少费用的增加。可以看出,施工索赔与计划管理之间的关系,索赔是计划管理的动力,如果离开了计划管理,索赔就成了空话。

③施工索赔是挽回成本损失的重要手段。承包人在投标报价中最重要的工作是计算工程成本,以招标文件规定的工程量和责任、给定的投标条件以及项目的自然经济环境为依据,作出成本估算。在具体的合同履行中,上述这些条件必然会发生一些变化,而变化了的条件又会引起施工成本的增减,因此双方就需要重新确定工程成本,只有通过施工索赔这种合法的手段才能做到。

需要强调的是,施工索赔是以赔偿实际损失为原则的,而不是漫天要价。这就要求有可靠的工程成本计算依据。因此承包人必须建立完整的成本核算体系,及时准确地提供整个工程以及分项工程的成本核算资料,只有这样索赔计算才能有可靠的依据。由此可以得出一个结论,承包人的施工索赔是利用经济杠杆进行施工项目管理的有效手段,施工索赔管理水平的高低,将成为反映其施工项目管理水平高低的重要标志。

(2)努力创造索赔处理的最佳条件。

索赔处理的最佳条件,总体来说是让业主满意,具体则是承包人已完工程和工作令业主满意,承包人提出索赔要求的时机和条件成熟,较顺利地获得发包人的认可。

当在索赔事件的解决过程中造成承包人和发包人双方或一方不满时,不是因为当事人的主观意愿,而是缺乏索赔解决的最佳条件。

承包人要努力创造索赔处理的最佳条件,就必须认真实施施工合同,同时还要考虑双方利益,因此可将创造索赔处理最佳条件的途径归纳为以下两点:

①认真实施合同,履行合同职责。

②遵守诚信原则,考虑双方利益。

（3）着眼于重大索赔，着眼于实际损失。

着眼于重大索赔，主要是指集中精力抓住索赔事件中对工程影响程度大，索赔额高的事件提出索赔，而相对于重大索赔的小额索赔则可采用灵活的方式处理，有时也可将小额索赔作为谈判中让步的余地。这种让步会使业主在处理重大索赔上较为开通，从而使重大索赔获得成功。

着眼于实际损失，就是指计算时实事求是，不宜弄虚作假。高估冒算者自以为聪明，其实业主也会及时发现，结果会对承包人产生不诚实的印象，从而给以后的索赔工作投下阴影。

（4）注意索赔证据资料的收集。

各种索赔证据资料在进行收集时应注意符合以下原则性要求：

①要建立一个专人管理、责任分工的组织体系。

②建立健全文档资料的管理制度。

③对重大事件的相关资料应有针对性的收集。

（5）施工索赔常见的技巧和策略。

①充分做好各项准备，索赔要做到有理、有力、有节。具体工作如下：

a.组织强有力的索赔班子，并保持相对稳定性。

b.制定切实可行的索赔方案。

c.收集整理索赔证据，要求证据充分、真实、有说服力，及时积累证据很重要。

d.编制索赔报告。

②有的放矢，选准索赔对象。即是指索赔目标必须是合理要求，不能胡乱编造，否则不但不能完成索赔任务，还会给业主创造反索赔证据的机会。

③正确确定索赔数额。只有比较正确地确定了索赔的数额，才能够加大索赔成功的系数。

④重视索赔时效。只有在索赔有效期内才能行使索赔权。注意事项如下：

a.应严守双方约定的或法定的索赔期限。

b.注意以司法方式索赔的诉讼时效。

c.必要时还应提出保留索赔权。

5. 发包人的索赔

（1）发包人的索赔内容及方式。

①发包人向承包人索赔的主要内容包括工程进度索赔和工程质量索赔。

②发包人的索赔方式是指发包人以书面形式通知承包人并从应付给承包人的工程款额中扣除相应数额的款项。当承包人在工程进度和工程质量等方面严重违约，并给发包人造成严重损失时，发包人甚至可以留置承包人在施工现场中的材料和施工设备。

（2）发包人索赔的特点。

①索赔发生的频率较低。只要承包人在施工技术和管理方面不出现大的失误，发包人向承包人提出的索赔一般不易发生。

②在索赔处理中发包人处于主动地位。

③发包人向承包人索赔的目的是按时获得满意的工程，同时防止和减少经济损失的发生。

这里应注意的是，索赔的目的并不是为了索赔费用，这种索赔与承包人的索赔都是为了自身的经济利益不同。

（3）发包人索赔的处理方法和处理事项。

由于发包人索赔的目的是为了按时获得满意的工程，而不是为了索赔费用，所以发包人在索赔处理时应根据不同的客观情况采取不同的处理方法。这些方法主要有以下几种：

①以管为主，管帮结合。发包人应充分利用工程师，以外部强制管理来促进承包人的内部进度管理和质量管理。又从维护合同关系出发，帮助承包人采取措施，克服施工中的困难。并且在技术管理方面给予指导和帮助，通过以管为主，管帮结合的手段来达到索赔的目的。

②坚持扣款，留置材料设备。

③在进行索赔处理时，发包人应注意不滥用扣款或留置权。在经双方协商仍不能解决问题的情况下，应书面通知承包人，给其最后一次纠正的机会，只有在承包人确实严重违约时，才可以使用扣款或留置权。

6. 反索赔

（1）建筑工程反索赔的概念。

反索赔是相对于索赔而言的，是对提出索赔的一方的反驳。发包人可以针对承包人的索赔进行反索赔。当然，承包人也可以针对发包人的索赔进行反索赔。反索赔一般主要指发包人向承包人的索赔。

反索赔的目的是防止和减少经济损失的发生，因此必然会涉及防止对方提出索赔和反击对方的索赔两方面的内容。要防止对方提出索赔，就必须按照施工合同的规定办事，防止已方违约。而要反击对方的索赔，最重要的就是反击对方的索赔报告，找出理由和证据，证明对方的索赔报告不符合事实或合同规定，索赔值的计算不确定，推卸或减轻已方的赔偿责任，必须明确责任在谁，明确实际用工和测算。

（2）反索赔的作用。

①成功的反索赔能够减少和防止经济损失。

②成功的反索赔能够阻止对方提出索赔。

③成功的反索赔必然能够促进有效的索赔。

④成功的反索赔能够增长管理人员的士气，促进工作的展开。

（3）反索赔的实施。

实施反索赔，最理想的结果应该是对方企图索赔却找不到索赔的理由和根据，而已方提出索赔时，对方却无法推卸自己的责任，找不出反驳的理由。

反索赔工作是一个系统工程，从签订施工合同开始，并贯穿于合同履行的全过程。

①为防止对方索赔，先签订对已方有利的施工合同。如利用制约对方的条款来缓解对方对已方的制约，使已方在签订施工合同阶段就处于不被对方制约的有利地位。

②认真履行施工合同，防止已方违约。不使已方产生违约行为，使对方找不到索赔的理由和根据。

③发现已方违约，应及时补救。发现已方违约后，应及时采取补救措施；如果已方违约，则应及时收集有关资料，分析合同责任，测算出给对方造成的损失数额，做到心中有数，以应对对方可能提出的索赔要求。

④双方都有违约行为时，首先向对方提出索赔。从总体上来讲，反索赔是防守性的，但也是一种积极意识，有时则表现为以攻为守，争取索赔中的有利地位。其策略有以下几点：

a. 尽早提出索赔，防止超过索赔有效期。也可体现出已方高水平的管理和迅速的反应能力,使对方有一种紧迫感和迟钝感,在心理上处于劣势。

b.对方接到索赔后,必然要花费经历和时间进行研究,以寻求反驳的理由,这时对方就进入了己方的思路考虑问题,陷入被动状态。

c.为最终索赔的解决留有余地,双方均需做出让步,这对首先提出索赔的一方往往有利。

⑤反驳对方的索赔要求。为了避免和减少损失,必须反击对方的索赔请求。对于承包商来说,这个索赔可能来自于业主及总(分)包商或供应商。最常见的反击对方的索赔要求措施有:

a.用我方的索赔对抗(平衡)对方的索赔要求,最终使双方都作出让步或不支付。

b.反驳对方的索赔报告,找出理由和证据,证明对方的索赔报告不符合合同规定、没有根据、计算不准确以及不符合事实的情况,以推卸甚至减轻自己的赔偿责任,使自己不受或少受损失。

(4)反驳对方的索赔报告。

必须对对方的索赔报告进行反驳,不能直接全盘认可。

①对索赔理由的分析。找到对自己有利的合同条款,从而推卸己方责任。

②索赔事件的真实性分析。实事求是地认真分析对方索赔报告中证据资料的真实性,从而找出能够反驳对方的事实根据。

③索赔事件的责任分析。要分清楚合同双方在索赔事件中应承担的责任。

④索赔值计算的分析。重点在于分析索赔费用原始数据的来源是否正确,以及索赔费用的计算是否符合当地有关工程概预算文件的规定,索赔费用的计算过程是否正确。

(5)反索赔报告及其内容。

反索赔报告是指施工合同的一方对另一方索赔要求的反驳文件,其内容包括:

①概括阐述对对方索赔报告的评价。

②对对方索赔报告中问题和索赔事件进行合同总体评价。

③反驳对方的索赔要求。

④发现有索赔机会时,提出新的索赔。

⑤结论。

⑥附各种证据资料。

7.承包商防止和减少索赔的措施

(1)做好招标投标工作。

总承包商有时身兼承包商和业主的双重角色,招标投标工作是工程项目按照计划完成的重要环节。对于招标方来说,通过公平、公正的招标,可以选择管理水平高、技术力量强的施工队伍,从而保证项目能够按照规定的工期、质量和投资额顺利完成。否则,将会造成工期延长、质量无保证、投资增加,从而影响项目按时完成,甚至会造成巨大的经济损失。对于投标方来说,通过公平、公正的投标,可以显示出自己在管理、技术、施工能力等方面的优势,从而保证自己能够中标,并且达到自己应该得到的利润水平。此外,还要做好施工索赔的事前控制,将索赔降为零或减至最少,首先要做好招标投标工作,签订好工程施工合同。切不可随意报价,或者为了中标,故意压低标价,企图在中标后靠索赔弥补或赢利。

(2)建好工程项目。

一方面应加强施工质量管理,严格按照合同文件中规定的设计、施工技术标准和规范进行施工,并注意按施工图施工,对材料及各种工艺严格把关,推行全面质量管理,消除工程质量的隐患;另一方面应加强施工进度计划与控制,这就要求承包商做好施工组织与管理,从各个方面保证按施工进度计划执行,防止因承包商自身管理不善而造成工程进度延期。对由于业主或其他客观原因引起的工程进度延期,应及时做好工期索赔工作,以获得合理的工程延期。

(3)成功的成本控制。

有效的成本控制不仅能够提高工程的经济效益,而且还能为索赔工作打下基础。在施工过程中,成本控制主要包括定期进行成本核算及成本分析、严格控制工程开支、及时发现成本控制过程中存在的问题以及随时找到成本超支的原因。当发现某一项工程费用超出预算时,应立即查明原因,并采取有效的措施。对于计划外的成本开支应提出索赔。

(4)有效的合同管理。

工程实践经验表明,对合同管理的水平越高,索赔和反索赔的水平就越高,索赔和反索赔的成功率也就越大。施工中有效的合同管理工作是保证工程项目按照合同文件中的规定完成的重要保证。其主要内容是实现工程上的"三大控制",即施工进度控制、工程成本控制以及施工质量控制;进行合同分析、合同纠纷处理,以及工程款申报等工作,从而实现承包商的目标。合同管理应由专门的部门负责进行。在项目部中设置合同管理部门,其组织结构一般宜采用垂直式与矩阵式相结合的方式。采用这种方式的原因是:一方面垂直式可保证项目经理的直接监管,对于合同中的重大问题能够及时由项目经理进行把关;另一方面矩阵式又可加强与其他部门的横向联系,这将有利于综合各部门的力量来一同处理索赔问题。同时,合同管理部门应经常与业主、监理工程师及分包商进行联系和沟通,以便于能够及时总结和调整合同管理工作;另外,在资金计划、合同价款等的制定方面,应得到总经济师的指导和协助,以确保具有一定的合理性和可行性。

(5)良好的员工素质及强烈的索赔意识。

索赔和反索赔工作是一门跨学科且涉及广泛的专业知识,如工程技术的专业知识、工程成本知识、合同知识、法律法规知识和合同谈判技巧等。索赔和反索赔工作具有艰巨性和复杂性,要求从事索赔和反索赔工作的人员具备以下特点和素质:

①具有索赔和反索赔的意识观念。包括:合同意识、风险意识、成本及时间观念。

②具有综合的索赔和反索赔知识。包括:工程技术的专业知识、工程成本知识、合同知识、法律法规知识、合同谈判技巧。

③具有良好的公关技巧和沟通能力。

2.3 建设工程质量管理

2.3.1 影响建筑工程质量因素的控制

工程项目建设过程,就是工程项目质量的形成过程,质量蕴藏于工程产品的形成之中。因此,分析影响工程项目质量的因素,采取有效措施控制质量影响因素,是工程项目施工过程中的一项重要工作。

1. 工程项目建设阶段对质量形成的影响

工程建设项目的实施需要依次经过由建设程序所规定的各个不同阶段；工程建设的不同阶段，对工程建设项目质量的形成所起到的作用也各不相同。对此可分述如下：

（1）项目可行性研究阶段对工程建设项目质量的影响。

项目可行性研究是运用工程经济学原理，在对项目投资有关技术、经济、社会、环境等各方面条件进行调查研究的基础上，对各种可能的拟建投资方案及其建成投产后的经济效益、社会效益和环境效益进行技术分析论证。并以此来确定项目建设的可行性，且提出最佳投资建设方案作为决策、设计依据的一系列工作过程。项目可行性研究阶段的质量管理工作，是确定项目的质量要求，因此这一阶段必然会对项目的决策和设计质量产生直接影响，它是影响工程建设项目质量的首要环节。

（2）项目决策阶段对工程质量的影响。

项目决策阶段质量管理工作的要求是确定工程建设项目应当达到的质量目标及水平。工程建设项目在建设时通常要求从总体上同时控制工程投资、质量和进度。但鉴于上述三项目标互为制约的关系，要做到投资、质量、进度三者的协调统一，达到业主最为满意的质量水平，必须在项目可行性研究的基础上通过科学决策，来确定工程建设项目所应达到的质量目标及水平。

没有经过资源论证、市场需求预测就进行盲目建设、重复建设，建成后不能投入生产和使用，所形成的合格而无用途的产品，从根本上是对社会资源的极大浪费，不具备质量适用性的特征。同样，盲目追求高标准且缺乏质量经济性考虑的决策，也必然会对工程质量的形成产生不利影响。因此决策阶段所提出的建设实施方案是对项目目标及其水平的决定，项目在投资、进度目标约束下，预定质量标准的确定，它是影响工程建设项目质量的关键阶段。

（3）设计阶段对工程建设项目质量的影响。

工程建设项目设计阶段质量管理工作的要求是根据决策阶段已经确定的质量目标和水平，通过工程设计使之进一步具体化。总体规划关系到土地的合理使用、功能组织和平面布局、竖向设计、总体运输以及交通组织的合理性，工程设计具体确定了建筑产品或工程目的物的质量标准值，直接将建设意图变为工程蓝图，并把适用、美观、经济融为一体，为建设施工提供标准和依据。建筑构造与结构的合理性、可靠性，以及可施工性都将直接影响到工程质量。

设计方案在技术上是否可行、经济上是否合理、设备是否完善配套、结构使用是否安全可靠，都将决定项目建成之后的实际使用状况，因此设计阶段必然会影响到项目建成后的使用价值和功能的正常发挥，它是影响工程建设项目质量的决定性环节。

（4）施工阶段对工程建设项目质量的影响。

工程建设项目的施工阶段，是根据设计文件和图纸要求通过施工活动而形成工程实体的连续过程。因此施工阶段的质量管理工作，其要求是保证形成工程合同与设计方案要求的工程实体质量，这一阶段将直接影响到工程建设项目的最终质量，它是影响工程建设项目质量的关键环节。

（5）竣工验收阶段对工程建设项目质量的影响。

工程建设项目的竣工验收阶段，其质量管理工作的要求是通过质量检查评定、试车运转等环节来考核工程质量的实际水平是否与设计阶段确定的质量目标水平相一致，这一阶段是工程建设项目自建设过程向生产使用过程发生转移的必要环节，它体现了工程质量水平的最终结果。因此工程竣工验收阶段将会影响工程能否最终形成生产能力，它是影响工程建设项目质量的最后一个重要环节。

2.建筑工程质量形成的影响因素

影响施工工程项目的因素主要包括五大方面,即建筑工程的4M1E。主要指人(Man)、材料(Material)、机械(Machine)、方法(Method)和环境(Environment)。在施工过程中,事前严格控制这五个方面的因素,是施工管理中的核心工作,是保证施工项目质量的关键。

(1)人的质量意识和质量能力对工程质量的影响。

人是质量活动的主体,对于建设工程项目而言,主要是泛指与工程有关的单位、组织和个人,包括:

①建设单位、勘察设计单位、施工承包单位、监理及咨询服务单位。

②政府主管及工程质量监督检测单位。

③策划者、设计者、作业者和管理者等。

建筑业实行企业经营资质管理、市场准入制度、职业资格注册制度、持证上岗制度以及质量责任制度等,规定应按照资质等级承包工程任务,不得越级、跨靠、转包,严禁无证设计、无证施工。

人的工作质量是工程项目质量的一个重要组成部分,只有提高了工作质量,才能保证工程质量,而工作质量的高低,又取决于与工程建设有关的所有部门和人员。因此,每个工作岗位及每个人的工作都直接或间接地影响着工程项目的质量。提高工作质量的关键在于控制人的素质,人的素质主要包括思想觉悟、技术水平、文化修养、心理行为、质量意识和身体条件等。

(2)建筑材料、构配件及相关工程用品的质量因素。

材料是指在工程项目建设中所使用的原材料、半成品、成品、构配件和生产用的机电设备等,它们是建筑生产的劳动对象。建筑质量的水平在很大程度上取决于材料工业的发展,原材料和建筑装饰材料及其制品的开发,导致人们对建筑消费需求日新月异的变化,因此正确合理地选择材料,控制材料构配件及工程用品的质量规格、性能、特性是否符合设计规定标准,将会直接关系到工程项目的质量形成。

材料质量是形成工程实体质量的基础,如果使用的材料质量不合格,那么工程质量也必然不会符合标准要求。加强材料的质量控制,是保证和提高工程质量的重要保障,是控制工程质量影响因素的有效措施。

(3)机械对工程质量的影响。

机械一般包括工程施工机械设备和检测施工质量所采用的仪器设备。施工机械是实现工业化、加快施工进度的重要物质条件,是现代机械化施工中必不可少的设施,它将直接影响到工程质量。因此,在施工机械设备选型及性能参数确定时,均应考虑到它对保证工程质量的影响,尤其要考虑到它在经济上的合理性、技术上的先进性和使用操作及维护上的方便性。

质量检验所采用的仪器设备,是评价和鉴定工程质量的物质基础,它对工程质量评定的准确性和真实性以及对确保工程质量都有着重要的作用。

(4)方法对工程质量的影响。

方法(或工艺)是指对施工方案、施工工艺、施工组织设计,以及施工技术措施等的综合。施工方案的合理性、施工工艺的先进性、施工设计的科学性,以及技术措施的适用性,对工程质量均有着重要的影响。

施工方案包括两方面的内容,即工程技术方案和施工组织方案。前者是指施工的技术、工艺、方法和机械、设备、模具等施工手段的配置,后者则指施工程序、工艺顺序、施工流向、劳动组织之间的决定和安排。施工顺序通常是先准备后施工、先场外后场内、先地下后地上、先深后浅、先主体后装修、先土建后安装等,这些均应在施工方案中明确,并编制相应的施工组织设计。上述两种方案都会对工程质量的形成产生影响。

在施工工程实践中,往往由于施工方案考虑不周和施工工艺落后而拖延工程进度,影响工程质量,增加工程投资。为此,在制定施工方案和施工工艺时,必须结合工程的实际,从技术、组织、管理、措施、经济等多个方面进行全面分析、综合考虑,确保施工方案技术上可行、经济上合理,且有利于工程质量的提高。

(5)工程项目的施工环境。

影响工程质量的环境因素较多,一般有以下几个方面:

①工程技术环境。包括地质、水文、气候等自然环境及施工现场的通风、照明、安全卫生防护设施等劳动作业环境。

②工程管理环境。即是指由工程承包发包合同结构所派生的多单位、多专业共同施工的管理关系,组织协调方式及现场施工质量控制系统等构成的管理环境,如质量保证体系、质量管理制度等。

③劳动环境。如劳动组合、作业场所、工作面等。

环境因素对工程质量的影响,具有复杂而多变的特点,如气象条件千变万化,温度、湿度、大风、暴雨、酷暑、严寒等都将直接影响到工程质量。又如前一道工序就是后一道工序的环境,前一个分项工程、分部工程就是后一个分项工程、分部工程的环境。因此,根据工程特点和具体条件,应对影响工程质量的环境因素,采取有效的措施严加控制。

2.3.2　工程质量保证体系

为了保证建筑工程的质量,在工程建设中,我国逐步建立起了比较系统的工程质量管理三大体系,即设计施工单位的全面质量管理保证体系、建设(监理单位)的质量检查体系和政府部门的工程质量监督体系。

1.设计施工单位的全面质量管理保证体系

(1)质量保证的概念。

质量保证是指企业对用户在工程质量方面所作的担保,即企业向用户保证其承建的工程在规定的期限内能够满足设计和使用功能。它充分体现了企业与用户之间的关系,即保证满足用户的质量要求,对工程的使用质量负责到底。

由此可见,要想保证工程质量,就必须从加强工程的规划设计开始,并确保从施工到竣工使用全过程的质量管理。因此,质量保证是质量管理的引申和发展,它包括了施工企业内部的各个环节、各个部门对工程质量的全面管理,从而保证了最终建筑产品的质量,此外还包括了规划设计和工程交工后的服务等质量管理活动。质量管理是质量保证的基础,而质量保证又是质量管理的目的。

(2)质量保证的作用。

质量保证的作用主要表现在对工程建设和施工企业内部两个方面。

①对工程建设,通过质量保证体系的正常运行,在确保工程建设质量和使用后服务质量的同时,为该工程设计、施工的全过程提供建设阶段有关专业系统的质量职能正常履行及质量效果评价的全部证据,并向建设单位表明,工程是按照合同规定的质量保证计划完成的,其

质量完全满足合同规定的要求。

②对建筑业企业内部,通过质量保证活动,能够有效地保证工程质量,也可及时发现工程质量事故的征兆,防止质量事故的发生,使施工工序处于正常状态之中,以降低因质量问题而产生的损失,提高企业的经济效益。

（3）质量保证的内容。

质量保证贯穿于工程建设的全过程,按照建筑工程形成的过程分类,其内容主要包括:规划设计阶段质量保证、采购和施工准备阶段质量保证、施工阶段质量保证以及使用阶段质量保证。按照专业系统不同分类,其内容主要包括:设计质量保证、施工组织管理质量保证、物资和器材供应质量保证、建筑安装质量保证、计量及检验质量保证以及质量情报工作质量保证等。

（4）质量保证的途径。

质量保证的途径主要有:在工程建设中,以检查为手段的质量保证,以工序管理为手段的质量保证和以"四新"为手段的质量保证。具体如下:

①以检查为手段的质量保证。对照国家有关工程施工验收规范,对工程的质量是否合格作出最终评价,亦即事后把关,但是实质上并不能通过它对质量加以控制。因此,它不能从根本上保证工程质量,而只是质量保证的一般措施和工作内容之一。

②以工序管理为手段的质量保证。通过对工序的研究,从设计管理、规范施工工序的角度出发,使其每个环节均处于严格的控制之中,以此保证最终的质量效果。但这也仅是对设计、施工中的工序进行了控制,并没有对规划和使用阶段实行有关的质量控制。

③以"四新"为手段的质量保证。"四新"是指新材料、新工艺、新结构、新技术,这是对工程从规划、设计、施工和使用的全过程实行的全面质量保证。这种质量保证克服了上述两种质量保证手段的不足,能够从根本上确保工程质量,这也是目前级别最高的质量保证手段。

（5）全面质量保证体系。

全面质量保证体系是以保证和提高工程质量为目标,运用系统的概念和方法,将企业各部门、各环节的质量管理职能与活动合理地组织起来,形成一个任务明确、职责权限分明,但又互相协调、互相促进的管理网络和有机整体,使质量管理制度化、标准化,从而生产出高质量的建筑产品。

工程实践证明,只有建立全面质量保证体系,并使其正常实施和运行,才能够使建设单位、设计单位和施工单位在风险、成本及利润三个方面达到最佳状态,我国的工程质量保证体系一般包括思想保证、组织保证和工作保证三个子体系。

①思想保证子体系。思想保证子体系是指参加工程建设的规划、勘测、设计和施工人员要有浓厚的质量意识,牢固树立"质量第一、用户第一"的思想,并且全面掌握全面质量管理的基本思想、基本观点和基本方法,这是建立质量保证体系的前提和基础。

②组织保证子体系。组织保证子体系是指工程建设质量管理的组织系统和工程形成过程中有关的组织机构系统。该子体系要求管理系统各层次中的专业技术管理部门,都要有专职负责的职能机构和人员。在施工现场,施工企业应设置兼职或专职的质量检验和控制人员,担负起相应的质量保证职责,以形成质量管理网络;在施工过程中,建设单位应委托建设监理单位进行工程质量的监督、检查和指导工作,以确保组织的落实和活动的正常开展。

③工作保证子体系。工作保证子体系是指参与工程建设规划、设计、施工的各部门、各环节、各质量形成过程的工作质量的综合。如果以工程产品的形成过程来划分,该子体系可分

为勘测设计过程质量保证子体系、施工过程质量保证子体系、辅助生产过程质量保证子体系和使用过程质量保证子体系等。

勘测设计过程质量保证子体系是工作保证子体系的重要组成部分,它与施工过程质量保证子体系相同,都会直接影响到工程形成的质量。二者相比,施工过程质量保证子体系又是其核心和基础,是构成工作保证子体系的主要子体系,其结构包括"质量把关——质量检验"和"质量预防——工序管理"两个方面的内容。

2. 建设(监理单位)的质量监控体系

工程项目实行建设监理制度,这是我国在建设领域管理体制改革中推行的一项科学管理制度。建设监理单位受业主的委托,在监理合同授权的范围之内,依据国家的法律、规范、标准和工程建设合同文件,对工程建设进行监督和管理。

在工程项目建设的实施阶段,监理工程师既要参加施工招标投标,又要对工程建设进行监督和检查,但其主要任务是实施对工程施工阶段的监理工作。在施工阶段,监理人员不仅要进行合同管理、信息管理、进度控制和投资控制,而且还要对施工全过程中的各道工序进行严格的质量控制。国家明文规定,凡是进入施工现场的机械设备和原材料,必须经过监理人员检验合格后才能使用;每道施工工序都必须按照批准的程序和工艺进行施工,必须经过施工企业的"三检",即自检、交接检和专检,并经监理人员检查合格后,方可进入下道工序;对于工程的其他部位或关键工序,施工企业必须在监理人员到场旁站的情况下才能进行施工;所有的单位工程、分部工程、分项工程和检验批,必须由监理人员参加验收。

由此可以看出,在工程建设中,将工程施工全过程的各工作环节的质量都严格地置于监理人员的控制之下,现场监理工程师拥有"质量确认权与否决权"。经过多年的监理实践,监理人员对工程质量的检查确认,已有一套完整的组织机构、工作制度、工作程序和工作方法,构成了工程项目建设的质量监控体系,对保证工程质量起到了至关重要的作用。

3. 政府部门的工程质量监督体系

1984年我国部分省、自治区、直辖市和国务院有关部门,相继制定了质量监督条款,建立了质量监督机构,开展了质量监督工作。国务院[1984]123号文件《关于改革建筑业和基本建设管理体制若干问题的暂行规定》中明确指出:工程质量监督机构是各级政府的职能部门,代表其政府部门行使工程质量监督权,按照"监督、促进、帮助"的原则,积极支持并指导建设单位、设计单位和施工单位的质量管理工作,但不能取代各单位原有的质量管理职能。

各级工程质量监督体系,主要由各级工程质量监督站代表政府行使职能,对工程建设实施垂直的强制性监督,其工作具有强制性。它的基本工作内容包括:对施工队伍进行资质审查;在施工中控制基础、结构的质量;对工程参与各主体的质量行为和管理程序进行监督检查;自竣工验收合格5日内出具备案初审报告;参与工程事故处理,协助政府进行优质工程初步审查等。这对保证工程质量起到了保证作用。

通过上述内容可将工程质量保证体系概括为:科学设计是灵魂,规范施工是基础,严格监理是关键,执法监督是保证。

2.3.3 全面质量管理基本工作方法

1. 质量管理的工作程序

全面质量管理的一个重要理念,就是要注意抓工作质量。任何工作除了做好协调工作以外,还必须有一个应该遵循的科学工作程序和方法,只有分阶段、分步骤地做到层次分明,有条不紊的科学管理,才能使工作更切合客观实际,避免盲目性,从而不断提高工作质量和工作效率。因此质量管理工作要按照计划(Plan)、实施(Do)、检查(Check)、处理(Action)四个阶段,循环前进、阶梯上升、大环套小环地不断循环。这个循环简称 PDCA(取英文字头)循环,又称"戴明环",如图 2.3 所示。

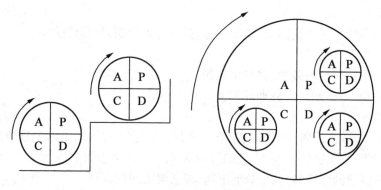

图 2.3　PDCA 循环

(1)计划阶段。也称为 P 阶段,包括制订企业质量方针、目标、活动计划和实施管理的要点等。

质量管理的计划职能,包括确定或明确质量目标和制定并实现质量目标的行动方案两个方面。实践表明,质量计划的严谨周密、经济合理和切实可行,是保证工作质量、产品质量和服务质量的前提条件。

(2)实施阶段。也称为 D 阶段,即按计划的要求去执行。

实施职能在于将质量的目标值,通过生产要素的投入、作业技术活动和产出过程,转换为质量的实际值。为保证工程质量的产出或形成过程能够达到预期的结果,在各项质量活动实施之前,要根据质量管理计划进行行动方案的部署和交底。交底的目的是使具体的作业者和管理者明确计划的意图和要求,掌握质量标准及其实现的程序和方法。在质量活动的实施过程中,要求必须严格执行计划的行动方案,规范行为,将质量管理计划的各项规定和安排落实到具体的资源配置和作业技术活动中去。

(3)检查阶段。也称为 C 阶段,即计划实施之后要进行检查,看实施的效果如何,做对的要巩固,错的则要进一步找出问题。

该阶段的任务是对计划实施的过程进行各种检查,包括作业者的自检、互检和专职管理者的专检。各类检查也都包含两方面内容:一是检查是否严格执行了计划的行动方案,实际条件是否发生了变化,以及不执行计划的原因;二是检查计划执行的结果,即产出的质量是否达到了标准的要求,并对此进行确认和评价。

(4)处理阶段。也称为 A 阶段,任务是对成功的经验加以肯定并形成标准,以后再干就按照标准进行,没有解决的问题,则反映到下期计划中。

对于质量检查所发现的质量问题或质量不合格,应及时进行原因分析,并采取必要的措施予以纠正,保持工程质量形成过程的受控状态。处置可分为纠偏和预防改进两个方面。前者是指采取应急措施,解决当前的质量偏差、问题或事故;后者则是提出目前的质量状况信息,并反馈给管理部门,反思问题的症结或计划时的不周,确定改进目标和措施,为今后类似问题的质量预防提供借鉴。

2.解决和改进问题的八个步骤

为了解决和改进质量问题,通常把 PDCA 循环进一步具体化为以下八个步骤:

(1)分析现状,找出存在的质量问题。

(2)分析产生质量问题的各种原因或影响因素。

(3)找出影响质量的主要因素。

(4)针对影响质量的主要因素,制定措施,提出行动计划,并预计效果。

(5)执行措施或计划。

(6)检查采取措施后的效果,并找出问题。

(7)总结经验,制定相应的标准或制度。

(8)提出尚未解决的问题。

上述前四个步骤在计划(P)阶段,第五个步骤是实施(D)阶段,第六个步骤是检查(C)阶段,最后两个步骤就是处理(A)阶段,如图 2.4 所示。这八个步骤中,需要利用大量的数据和资料,才能作出科学的分析和判断,对症下药,真正解决问题。

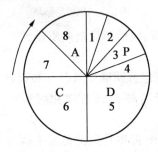

图2.4　四个阶段与八个步骤的循环关系

3.质量管理的统计方法

在全面质量管理的过程中,一个过程共分为四个阶段和八个步骤,是一个循序渐进的工作环,也是一个逐步充实、逐步完善、逐步深入细致的科学管理方法。在整个过程中,每一个步骤都要用数据来说话,都要通过对数据进行整理、分析、判断来表达工程质量的真实状态,从而使质量管理的工作更加系统化、图表化。目前经常采用的统计方法有:排列图法、因果分析图法、分层法、频数直方图法(简称直方图)、控制图法(又称管理图)、散布图法(又称相关图)和调查表法(又称统计调查分析法)等。一般在施工质量管理中多采用排列图、因果分析图、直方图和管理图等方法。

2.3.4　施工阶段的质量控制

施工阶段是形成工程实体的阶段,也是最终形成工程产品质量和工程项目使用价值的重要阶段。由于工程施工阶段具有工期长、露天作业多、受自然条件影响大、影响质量的因素多等特点,所以施工阶段的质量控制就显得格外重要了。

1.施工项目质量控制的目标

工程项目施工阶段是工程实体形成的阶段,也是工程产品质量和使用价格形成的阶段。建筑施工企业的所有质量工作需要在项目施工过程中形成。因此,施工阶段的质量控制,不仅是承包人和监理工程师的核心工作内容,同时也是工程项目质量控制的重点。明确各主体方的施工质量控制目标尤为重要。

（1）施工质量控制的总体目标是贯彻执行建设工程项目质量法规和强制性标准，正确配置施工生产要素并采用科学管理的方法，实现工程项目预期的使用功能和质量标准。这是工程参与各方的共同责任。

（2）建设单位的质量控制目标是通过施工全过程的全面质量监督和管理、协调和决策，以保证竣工项目达到投资决策所确定的质量标准。

（3）施工单位的质量控制目标是通过施工全过程的全面质量自控，保证能够交付满足施工合同及设计文件所规定的质量标准（含工程质量创优要求）的建设工程产品。

（4）监理单位在施工阶段的质量目标是通过审核施工质量文件、报告、报表及现场旁站检查、平行检测、施工指令和结算支付控制等手段的应用，监控施工承包单位的质量活动行为，协调施工关系，正确履行工程质量的监督责任，从而保证工程质量能够达到施工合同和设计文件所规定的质量标准。

2. 施工项目质量控制的对策

对于施工项目而言，质量控制就是为了确保合同、规范所规定的质量标准，所采取的一系列检测、监控措施、手段和方法。在进行施工项目质量控制的过程中，为确保工程质量应采取的主要对策如下：

（1）以人的工作质量确保工程质量。

工程质量是由人（包括参与工程建设的组织者、指挥者和操作者）所创造的。人的政治思想素质、责任感、事业心、质量关、业务能力、技术水平等都会直接影响到工程质量。统计资料表明，88%的质量安全事故都是由于人的失误所造成的。为此，对于工程质量的控制始终应"以人为本"，狠抓人的工作质量，避免人的失误；充分调动人的积极性，发挥人的主导作用，增强人的质量观和责任感，使每个人都能牢牢树立"百年大计，质量第一"的思想，认真负责地做好本职工作，以优异的工作质量来创造优质的工程质量。

（2）严格控制投入品的质量。

任何一项工程施工，都需要投入大量的各种原材料、成品、半成品、构配件和机械设备，并且还要采用不同的施工工艺和施工方法，这是构成工程质量的基础。如果投入品的质量不符合要求，那么工程质量也就不可能符合标准，所以严格控制投入品的质量，是确保工程质量的前提。为此，对投入品的订货、采购、检查、验收、取样、试验均应进行全面控制，从组织货源，优选供货厂家，直到使用认证，都应做到层层把关；此外，对施工过程中所采用的施工方案也要进行充分论证，做到工艺先进、技术合理、环境协调，这样才有利于安全文明施工，有利于提高工程质量。

（3）严格执行《工程建设标准强制性条文》。

《工程建设标准强制性条文》是工程建设全过程中的强制性规定，具有强制性和法律效力。它是参与建设各方主体执行工程建设强制性标准的依据，也是政府对执行工程建设强制性标准情况实施监督的依据。严格执行《工程建设标准强制性条文》，是贯彻《建设工程质量管理条例》和现行建筑工程施工质量验收规范、标准的有力保证；是确保工程质量和施工安全的关键；是规范建设市场，完善市场运行执行，依法经营、科学管理的重大举措。

（4）全面控制施工过程，重点控制工序质量。

任何一个工程项目都是由分项工程和分部工程组成的，要确保整个工程项目的质量，达到整体优化的目的，就必须全面控制施工过程，使每个分项、分部工程都符合质量标准。而每个分项、分部工程又都是通过一道道工序来完成的,由此可以看出,工程质量是在工序中创造的。为此,要确保工程质量就必须重点确保工序质量,对每一道工序的质量都必须进行严格的检查,如果上一道工序质量不符合要求,则决不允许进入到下一道工序施工。这样,只要每一道工序质量都符合要求,整个工程项目的质量就必然能够得到保证。

(5)贯彻"以预防为主"的方针。

"以预防为主",防患于未然,把质量问题消灭于萌芽之中,这是现代化管理的观念。预防为主,就是要加强对影响质量因素的控制以及对投入品质量的控制;就是要从对质量的事后检验把关,转向对质量的事前控制、事中控制;就是要从对产品质量的检查,转向对工作质量的检查、对工序质量的检查,以及对中间产品的检查。这些是保证施工质量的有效措施。

(6)严把检验批质量检验评定关。

检验批的质量等级是分项工程、分部工程、单位工程质量等级评定的基础;如果检验批的质量等级不符合质量标准,则分项工程、分部工程、单位工程的质量也就不可能评为合格;而检验批质量等级评定的正确与否,将会直接影响到分项工程、分部工程、单位工程质量等级的真实性和可靠性。为此,在进行检验批质量检验评定时,一定要坚持质量标准,严格检查,用数据说话,避免出现第一、第二判断错误。

(7)严防系统性因素的质量变异。

使用不合格的材料、违反操作规程、混凝土达不到设计强度等级、机械设备发生故障等均属于系统性因素,该因素必然会造成不合格产品或工程质量事故。系统性因素具有易于识别、易于消除的特点,是可以避免的;只要我们增强质量观念,提高工作质量,精心施工,完全可以预防系统性因素引起的质量变异。为此,工程质量控制的作用就是把质量变异控制在偶然性因素引起的范围之内,要严防或杜绝由系统性因素引起的质量变异,以免造成工程质量事故。

3. 施工项目质量控制的过程

任何工程都是由分项工程、分部工程和单位工程组成的,而施工项目又是通过一道道工序来完成的。所以,施工项目的质量控制就是从工序质量到分项工程质量、分部工程质量、单位工程质量的系统控制过程,如图2.5所示;也是一个由对投入品的质量控制开始,直到完成工程质量检验为止的全过程的系统过程,如图2.6所示。

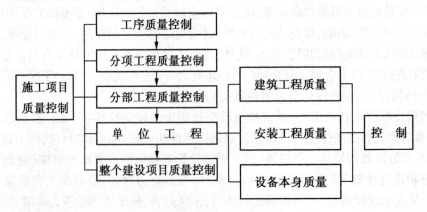

图2.5　施工项目质量控制过程(一)

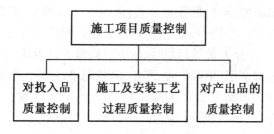

图2.6 施工项目质量控制过程(二)

4.施工项目质量控制的阶段

为了加强对施工项目的质量控制,明确各施工阶段质量控制的重点,可以把施工项目质量分为事前控制、事中控制和事后控制三个阶段。

(1)事前质量控制。

事前质量控制是指在正式施工前进行的质量控制,其控制重点是做好施工准备工作,且施工准备工作要贯穿于施工全过程中。

①施工准备的范围如下:

a.全场性施工准备。是以整个项目施工现场为对象而进行的各项施工准备。

b.单位工程施工准备。是以一个建(构)筑物为对象而进行的施工准备。

c.分项(部)工程施工准备。是以单位工程中的一个分项(部)工程或冬、雨季施工为对象而进行的施工准备。

d.项目开工前的施工准备。是在拟建项目正式开工之前所进行的一切准备。

e.项目开工后的施工准备。是在拟建项目开工以后,每个施工阶段开工之前所进行的施工准备,如混合结构住宅施工,通常包括基础工程、主体工程和装饰工程等施工阶段,每个阶段的施工内容均不相同,其所需的物质技术条件、组织要求和现场布置也不相同,因此,必须做好相应的施工准备工作。

②施工准备的内容如下:

a.技术准备。包括项目扩大初步设计方案的审查;熟悉和审查项目的施工图纸;项目建设地点的自然条件、技术经济条件调查分析;编制项目施工图预算和施工预算;编制项目施工组织设计等。

b.物质准备。包括建筑材料的准备、构配件和制品加工的准备、施工机具的准备和生产工艺的准备等。

c.组织准备。包括建立项目组织机构;集结施工队伍;对施工队伍进行入场教育等。

d.施工现场准备。包括控制网、水准点、标桩的测量;"五通一平";生产生活临时设施的准备;组织机具、材料进场;拟定有关试验、试制及技术进步的项目计划;编制季节性施工措施;制定施工现场管理制度等。

(2)事中质量控制。

事中质量控制是在施工过程中进行的质量控制。

①事中质量控制的策略。全面控制施工过程,重点控制工序质量。

②事中质量控制的具体措施。工序交接有检查;质量预控有对策;施工项目有方案;技术措施有交底;图纸会审有记录;配置材料有试验;隐蔽工程有验收;计量器具校正有复核;设计

变更有手续;钢筋代换有制度;质量处理有复查;成品保护有措施;行使质控有否决(如发现质量异常、隐蔽未经验收、质量问题未处理、擅自变更设计图纸、擅自代换或使用不合格材料、无证上岗未经资质审查的操作人员等问题时,均应对质量予以否决);质量文件有档案(凡是与质量有关的技术文件,如水准、坐标位置,测量、放线记录,沉降、变形观测记录,图纸会审记录,材料合格证明,试验报告,施工记录,隐蔽工程验收记录,设计变更记录,调试、试压记录,试车运转记录,竣工图等均要编目建档)。

(3)事后质量控制。

事后质量控制是在完成施工过程后形成产品的质量控制,其具体工作内容有:

①组织联动试车。

②准备竣工验收资料,组织自检和初步验收。

③按规定的质量评定标准和办法,对完成的分项、分部工程以及单位工程进行质量评定。

④组织竣工验收。

⑤质量文件编目建档。

⑥办理工程交接手续。

5. 施工生产要素的控制

(1)劳动主体的控制。

劳动主体的质量包括参与工程施工各类人员的生产能力、文化素养、生理体能、心理行为等方面的个体素质和经过合理组织充分发挥其潜在能力的群体素质。以人作为控制的对象,是为了避免产生失误;以人作为控制的动力,是为了充分发挥人的积极性和主导作用。为此,除了要加强政治思想教育、职业道德教育、专业技术培训,健全岗位责任制,改善劳动关系,公平合理地激励劳动热情以外,还需根据工程特点,从确保质量的角度出发,在人的技术水平、生理缺陷、心理行为和错误行为等方面来对人的使用进行控制。如对于技术复杂、难度大、精度高的工序或操作,应由技术熟练、经验丰富的工人来完成;而反应迟钝、应变能力差的人,则不能操作快速运行、动作复杂的机械设备;对于那些要求万无一失的工序和操作,一定要分析人的心理行为,控制人的思想活动,稳定人的情绪;对在具有危险源的现场进行作业时,应控制人的错误行为,严禁吸烟、打赌、嬉戏、无判断、误动作等。

此外应严格禁止无技术资质的人员上岗操作;对于不懂装懂、图省事、碰运气、有意违章的行为,必须及时制止。总而言之,企业应通过择优录用、加强思想教育及技能方面的教育培训,合理组织严格考核,并辅以必要的奖励制度,使企业员工的潜在能力能够进行最好的组合并充分发挥出来,从而保证劳动主体在质量控制系统中发挥主体自控作用。

在使用人的问题上,应坚持对所派的项目领导者、组织者进行质量意识教育和组织管理能力的培训,坚持对分包商的资质考核和对施工人员的资格考核,坚持工种应按规定持证上岗的制度,从政治素质、思想素质、业务素质和身体素质等方面综合考虑,全面控制。

(2)劳动对象的控制。

原材料、半产品、设备是构成工程实体的基础,其质量是工程项目实体质量的组成部分。因此,加强原材料、半成品、设备的质量控制,不仅是提高工程质量的必要条件,而且还是实现工程项目投资目标和进度目标的前提。

①材料质量控制的要点。

a.掌握材料信息,优选供货厂家。掌握材料的质量、价格和供货能力的信息,合理选择供货厂家,便可获得质量好、价格低的材料资源,从而确保工程质量,降低工程造价。这是企业获得良好的社会效益和经济效益并提高市场竞争力的重要因素。

　　b.合理组织材料供应,确保施工正常进行。合理地、科学地组织材料的采购、加工、储备、运输,建立严密的计划及调度体系,加快材料的周转,减少材料的占用量,按质按量如期地满足建设要求,乃是提高供应效益,确保正常施工的关键环节。

　　c.合理地组织材料使用,减少材料的损失。正确地按照定额计算使用材料,加强运输、仓库、保管工作以及材料限额管理和发放工作,健全现场材料的管理制度,避免材料出现损失和变质,乃是确保材料质量、节约材料的重要措施。

　　d.加强对材料的检查验收工作,严把材料质量关:

　　·对用于工程的主要材料,进场时必须具备正式的出厂合格证和材质化验单。如不具备或对检验证明有怀疑时,则应补做检验。

　　·工程中所有类型的构件,均必须具有厂家的批号和出厂合格证。钢筋混凝土和预应力钢筋混凝土构件,均应按照规定的方法进行抽样检验。由于运输、安装等原因而出现的质量问题,应先进行研究分析,经处理鉴定后方可使用。

　　·凡是标志不清或认为质量有问题的材料;对质量保证资料有怀疑或与合同规定不符的一般材料;由工程的重要程度而决定,应进行一定比例实验的材料;需要进行追踪检验,以控制和保证其质量的材料等,均应进行抽检。对于进口的材料设备和重要工程或关键施工部位所用的材料,则应进行全部检验。

　　·材料质量抽样和检验的方法,应符合《建筑材料质量标准与管理规定》,并能反映该批材料的质量性能。对于重要构件或非匀质材料,还应适当增加检验的数量。

　　·在现场配置的材料,如混凝土、砂浆、防水材料、防腐材料、绝缘材料、保温材料等的配合比,应先提出适配要求,经适配检验合格后方可使用。

　　·对进口材料和设备应会同商检局进行检验,如核对凭证中发现问题,则应取得供方和商检人员签署的商务记录,并按此提出索赔。

　　·高压电缆、电压绝缘材料,要进行耐压试验。

　　e.要重视材料的使用认证,以防错用或使用不合格的材料:

　　·对主要装饰材料及建筑配件,应在订货前要求厂家提供样品或看样订货;主要设备订货时,要审核设备清单,看其是否符合设计要求。

　　·对材料性能、质量标准、适用范围和施工要求必须进行充分的了解,以便慎重选择和使用材料。如红色大理石或带色纹(红、暗红、金黄色纹)的大理石易风化剥落,不宜作为外装饰使用;外加剂木钙粉不宜采用蒸汽养护;早强剂三乙醇胺不能作为抗冻剂使用;碎石或卵石中若含有不定形二氧化硅,则将会使混凝土产生碱－骨料反应,使质量受到影响。

　　·凡是用于重要结构、部位的材料,使用时必须进行仔细地核对、认证,看其材料的品种、规格、型号、性能有无错误,是否适合工程特点和满足设计要求。

　　·新材料的应用,必须通过试验和鉴定;代用材料则必须通过计算和充分的论证,并要符合结构构造的要求。

　　·材料认证不合格时,不准在工程中使用,有些不合格的材料,如过期、受潮的水泥是否降级使用,亦需结合工程的特点予以论证,但严禁用于重要的工程或部位。

　　·现场材料的管理要求。入库材料要根据型号和品种分区堆放,予以标识,分别编号;对易燃易爆的物资,要专门存放,并派专人负责,且有严格的消防保护措施;对有防湿防潮要求的材料,要采取防湿防潮措施,并要有标识;对有保质期的材料要定期检查,防止过期,并做好标识;对易损坏的材料、设备,要保护好外包装,防止损坏。

②对原材料、半产品及设备进行质量控制的内容。

a. 材料质量标准。材料质量标准是用来衡量材料质量的尺度,也是作为验收、检验材料质量的依据。不同的材料其质量标准也不相同,如水泥的质量标准有吸毒、标准稠度用水量、凝结时间、强度、体积安定性等。掌握材料的质量标准,便于可靠地控制材料和工程的质量。如水泥颗粒越细,水化作用就越充分,强度也就越高;初凝时间过短,不能满足施工有足够的操作时间,初凝时间过长,则会直接危害结构的安全。为此,对水泥的质量控制,就是要检验水泥是否符合质量标准。

b. 材料质量的检验。

· 材料质量检验的目的。通过一系列的检测手段,将取得的材料数据与材料的质量标准进行比较,借以判断材料质量的可靠性,能否适用于工程中;同时,还有利于掌握材料信息。

· 材料质量的检验方法。包括书面检验、外观检验、理化检验和无损检验四种。其中,书面检验是指通过对提供的材料质量保证资料、试验报告等进行审核,取得认可方能使用;外观检验是指对材料的品种、规格、标志、外形尺寸等进行直观检查,看其有无质量问题;理化检测是指借助试验设备和仪器对材料样品的化学成分、机械性能等进行科学的鉴定;无损检验是指在不破坏材料样品的前提下,利用超声波、X射线、表面探伤仪等进行检测。

· 材料质量检验程度。根据材料信息和保证资料的具体情况,其质量检验程度可分为免检、抽检和全部检查三种。

· 材料质量检验项目。材料质量检验项目分为一般试验项目和其他试验项目两种,前者为通常进行的项目,后者为根据需要而进行的试验项目。

· 材料质量检验的取样。材料质量检验的取样必须具有代表性,即所采取的质量应能代表该批材料的质量。在采取试样时,必须按照规定的部位、数量及采选的操作要求进行。

· 材料抽样检验的判断。抽样检验一般适用于对原材料、半成品或成品的质量鉴定。由于产品数量大或检验费用高,不可能对产品逐个进行检验,尤其是破坏性和损伤性检验。通过抽样检查,可判断整批产品的质量是否合格,一次抽样方案如图2.7所示。

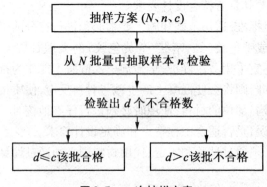

图2.7　一次抽样方案

· 材料质量检验的标准。对于不同的材料,其检验项目和检验标准也不相同,而检验标准则是用来判断材料是否合格的依据。

③材料的选择和使用要求。材料的选择和使用不当，均会对工程质量带来严重的影响，甚至还会造成质量事故。为此，必须针对工程的特点，根据材料的性能、质量标准、适用范围和对施工的要求等方面进行综合考虑，慎重地选择和使用材料。

施工企业应在施工过程中贯彻执行企业质量程序文件中明确的材料设备在封样、采购、进场检验、抽样检测及质保资料提交等一系列控制标准。

（3）施工方法的控制。

施工方法的控制包含对施工方案、施工工艺、施工组织设计、施工技术措施等的控制。尤其是施工方案的正确与否，是直接影响施工项目的进度控制、质量控制和投资控制三大目标能否顺利实现的关键；往往由于施工方案考虑不周而拖延进度，影响质量，增加投资。为此，在制定和审核施工方案时，必须结合工程实际，从技术、组织、管理、工艺、操作、经济等方面出发，全面分析、综合考虑，力求方案技术可行、经济合理、工艺先进、措施得力、操作方便，以便于提高质量，加快进度，降低成本。

施工方法的先进合理是直接影响工程质量、工程进度和工程造价的关键因素，施工方法的合理可靠还会直接影响到工程的施工安全。因此在工程项目质量控制系统中，制定和采用先进合理的施工方法是工程质量控制的重要环节。

施工项目质量控制的方法，主要是审核有关技术文件、报告和直接进行现场质量检验或必要的试验等。

①审核有关技术文件、报告或报表。对技术文件、报告或报表的审核，是项目经理对工程质量进行全面控制的重要手段，其具体内容包括：

a. 审核有关技术资质证明文件。

b. 审核开工报告，并经现场核实。

c. 审核施工方案、施工组织设计和技术措施。

d. 审核有关材料、半成品的质量检验报告。

e. 审核反映工序控制动态的统计资料或控制报表。

f. 审核设计变更、修改图纸和技术核定书。

g. 审核有关质量问题的处理报告。

h. 审核有关应用新工艺、新材料、新技术、新结构的技术鉴定书。

i. 审核有关工序的交接检查，分项、分部工程的质量检查报告。

j. 审核并签署现场有关技术签证、文件等。

②现场质量检验。

a. 现场质量检验的内容包括以下几个方面：

·开工前检查。目的是为了检查是否具备开工条件，开工后能否连续正常施工，是否能够保证工程质量。

·工序交接检查。对于重要的工序或对工程质量有重大影响的工序，在自检、互检的基础上，还要组织专职人员进行工序交接检查。

·隐蔽工程检查。凡是隐蔽工程均应在检查认证以后方可掩盖。

·停工后复工前的检查。因处理质量问题或某种原因在停工后需要复工时，也应经过检查认可后方可复工。

·分项、分部工程完工以后，应经过检查认可，并签署验收记录后，方可准许进行下一项工程的施工。

·成品保护检查。检查成品有无保护措施,或保护措施是否可靠。

除了上述之外,还应经常深入现场,对施工操作质量进行巡视检查;必要时,还应进行跟班或追踪检查。

b. 现场质量检验工作的作用如下:

·质量检验工作。质量检验是指根据一定的质量标准,借助一定的检测手段对工程产品、材料或设备等的性能特征或质量状况进行估价的工作。

·质量检验的作用。要保证和提高施工质量,就必须进行质量检验。概括起来,质量检验的主要作用包括:质量检验是质量保证和质量控制的重要手段。为了保证工程质量,在质量控制中,需要将工程产品或材料、半成品等的实际质量状况(质量特性等)与规定的某一标准进行比较,以便判断其质量状况是否符合要求的标准,这就需要通过质量检验手段来检测实际情况。而质量检验能够为质量分析和质量控制提供所需依据的有关技术数据和信息,所以它是质量分析、质量控制和质量保证的基础。通过对进场和使用的材料、半成品、构配件及其他器材、物资进行全面的质量检验工作,还可避免因材料物资的质量问题而导致工程质量事故的发生。在施工过程中,通过对施工工序的检验来取得数据,能够及时判断质量,采取措施,防止质量问题的延续和积累。

c. 现场质量检查的方法有以下三种:

·目测法。其手段可归纳为看、摸、敲、照四个字。

·实测法。是指通过实测数据与施工规范及质量标准所规定的允许偏差进行比较,来判别质量是否合格。其手段可归纳为靠、吊、量、套四个字。

·试验检查。是指必须通过试验手段,才能对质量进行判断的检查方法。如对桩或地基进行静载试验,以确定其承载力;对钢结构进行稳定性试验,从而确定其是否会产生失稳现象;对钢筋对焊接头进行拉力试验和冷弯试验,以检验对焊接头的质量是否合格等。

(4)施工机械设备的控制。

施工机械设备是实现施工机械化的重要物质基础,是现代化施工中必不可少的设备,对施工项目的质量、进度和造价均会产生直接影响。机械的控制,主要是指对施工机械设备和机具的选用控制。

施工机械设备的选用,必须综合考虑施工现场的条件、建筑结构类型、机械设备性能、施工工艺和方法、施工组织和管理、建筑技术经济等各方面因素,并进行多方案比较,使之合理装备、配套使用、有机联系,以充分发挥机械设备的效能,力求获得较好的综合经济效益。

机械设备的选用,应重点从机械设备的选型、机械设备的主要性能参数和机械设备的使用操作要求三个方面予以控制。

①机械设备的选型。机械设备的选型,应本着因地制宜、因工程制宜的理念,按照技术上先进、经济上合理、生产上适用、性能上可靠、使用上安全、操作方便和维修方便的原则,贯彻执行机械化、半机械化与改良工具相结合的方针,突出施工与机械相结合的特色,使其具有工程的适用性和保证工程质量的可靠性,并且具有使用操作的方便性和安全性。

对施工机械设备及器具的选用应重点做好以下工作:

a. 对施工所用的机械设备,包括起重设备、各项加工设备、专项技术设备、检查测量仪表设备及人货两用电梯等,应从设备选型、主要性能参数及使用操作要求等方面进行控制。机械设备的使用形式主要有自行采购、租赁、承包和调配。

b. 对于施工方案中选用的模板、脚手架等施工设备,除了按照使用的标准定性选用以外,一般还须按照设计及施工要求进行专项设计,应将对其设计方案及制作质量的控制及验收作为重点进行控制。

c. 按照现行施工管理制度的要求,工程所用的施工机械、模板、脚手架,尤其是危险性较大的用于现场安装的起重机械设备,不仅要对其设计安装方案进行审批,而且在其安装完毕交付使用之前还必须经过专业管理部门的验收,合格后方可使用。同时在使用过程中,还需落实相应的管理制度,以确保其能够安全正常的使用。

②机械设备的主要性能参数。机械设备的主要性能参数是选择机械设备的依据,应能满足需要和保证质量的要求。如起重机的选择是吊装工程的重要环节,这是因为起重机的性能和参数将会直接影响到构件的吊装方法、起重机的开行路线与停机点的位置、构件预制和就位的平面布置等问题。根据工程结构的特点,所选择的起重机性能参数必须满足结构吊装中的起重量、起重高度和起重半径的要求,才能够保证施工的正常进行,不致发生安全质量事故。

③机械设备的使用、操作要求。合理使用机械设备,正确地进行操作,是保证项目施工质量的重要环节。应贯彻"人机固定"的原则,实行定机、定人、定岗位责任的"三定"制度,合理划分施工段,组织好机械设备的流水施工。搞好机械设备的综合利用,尽量做到一机多用,充分发挥其工作效率。此外,还应使施工现场的环境、施工平面布置适合施工作业的要求,为机械设备的施工创造良好条件。施工机械设备的保养与维修要实行例行保养与强制保养相结合的制度。操作人员必须认真执行各项规章制度,严格遵守操作规程,防止出现安全质量事故。

机械设备在使用中,要尽量避免发生故障,尤其是预防事故损坏(非正常损坏,即人为的损坏)。造成事故损坏的主要原因有:操作人员违反安全技术操作规程和保养规程;操作人员技术不熟练或麻痹大意;机械设备保养、维修不良;机械设备运输和保管不当;施工使用方法不合理和指挥错误,气候和作业条件的影响等。针对这些原因,必须采取措施,严加防范,随时要以"五好"标准进行检查控制。这里所指的"五好"包括:

a. 完成任务好。要做到高效、优质、低耗和服务好。

b. 技术状况好。要做到机械设备经常处于完好状态,工作性能达到规定要求,机容整洁,随机工具部件及附属装置等完整齐全。

c. 使用好。要认真执行以岗位责任制为主的各项制度,做到合理使用、正确操作和原始记录齐全准确。

d. 保养好。要认真执行保养规程,做到精心保养,随时搞好清洁、润滑、调整、紧固、防腐等工作。

e. 安全好。要认真遵守安全操作规程和有关安全制度,做到安全生产,无机械事故发生。

只要调动人的积极性,建立健全合理的规章制度,严格执行技术规定,就能提高机械设备的完好率、利用率和效率。

(5)施工环境的控制。

影响施工项目质量的环境因素较多,概括起来主要有工程技术环境、工程管理环境和劳动环境三种。环境因素对质量的影响,具有复杂而多变的特点,根据工程的特点和具体条件,应对影响质量的环境因素,采取有效的措施进行严格的控制。尤其是在施工现场,应建立起文明施工和文明生产的环境,保持材料工件堆放有序,道路畅通,工作场所清洁整齐,施工程序井井有条,为确保质量、安全创造良好的条件。

对环境因素的控制,又与施工方案和技术措施有着紧密的联系。如在可能产生流砂和管涌工程地质条件下进行基础工程施工时,就不能采用明沟排水大开挖的施工方案,否则必然会诱发流砂、管涌现象。这样,不仅会使施工条件产生恶化,拖延工期,增加费用,甚至还会影响地基的质量。

环境因素对工程施工的影响一般难以避免。要消除其对施工质量的不利影响,主要应采取预测预防的控制方法,具体如下:

①对地质水文等方面影响因素的控制,应根据设计要求,分析地基地质资料,预测不利因素,并会同设计等方面采取相应的措施,如制定降水、排水、加固等技术控制方案。

②对天气、气象等方面的不利条件,应在施工方案中制定专项施工方案,明确施工措施,落实人员器材等各方面的准备工作以紧急应对,从而控制其对施工质量带来的不利影响。例如,在冬期、雨期、风季、炎热季节进行施工时,应针对工程的特点,尤其是对混凝土工程、土方工程、深基础工程、水下工程及高空作业等,必须拟定一个季节性施工保证质量和安全的有效措施,以免工程质量受到冻害、干裂、冲刷、塌陷等危害。同时还要不断改善施工现场的环境和作业环境;要加强对自然环境和文物的保护;要尽量减少施工危害对环境所产生的污染;要健全施工现场管理制度,合理的布置,使施工现场秩序化、标准化、规范化,实现文明施工。

③对由于环境因素而造成的施工中断,往往会对工程质量造成不利影响,必须通过加强管理、调整计划等措施予以控制。

6.施工作业过程的质量控制

建筑工程施工项目是由一系列相互关联、相互制约的作业过程(工序)所构成的,要控制工程项目施工过程的质量,就必须控制全部的作业过程,即各道工序的施工质量。

(1)施工作业过程质量控制的基本程序。

①进行作业技术交底,包括作业技术要领、质量标准、施工依据、与前后工序的关系等。技术交底的内容如下:

a.按照工程的重要程度,在单位工程开工之前,应由企业或项目技术负责人组织全面的技术交底工作。工程复杂、工期长的工程可按基础、结构、装修等几个阶段分别组织技术交底。

b.交底的内容应包括:图纸交底、施工组织设计交底、分项工程技术交底和安全交底等。

c.交底的作用是:明确对轴线、构件尺寸、标高、预留孔洞、预埋件、材料规格及配合比等的要求,明确工序搭接,工种配合,施工方法、进度等的施工安排,明确质量、安全、节约措施。

d.交底的形式,除了书面和口头之外,必要时还可采用样板示范操作等形式。交底应以书面交底为主,并且要履行签字制度,明确责任。

②检查施工工序程序的合理性和科学性。防止因工序流程的错误而导致工序质量失控。检查内容主要包括施工总体流程和具体施工作业的先后顺序,在正常情况下,要坚持先准备后施工、先深后浅、先土建后安装、先验收后交工等的顺序。

③检查工序的施工条件,即每道工序投入的材料,使用的工具、设备及操作工艺和环境条件等是否符合施工组织设计的要求。

④检查工序施工时工种人员的操作程序和操作质量是否符合质量规程的要求。

⑤检查工序施工中产品的质量,即工序的质量和分项工程的质量。

⑥对工序的质量符合要求的中间产品(分项工程)及时进行供需验收及隐蔽工程验收。

⑦质量合格的工序经验收后可进入下一道工序施工,未经验收合格的工序不得进入下一道工序施工。

(2)施工工序质量控制的要求。

工序质量是施工质量的基础,同时也是施工顺利进行的关键。

①工序施工过程中,测得的工序特性数据是有波动的,产生的原因有两种,波动也分为两种。一种是操作人员在相同的技术条件下,按照工艺标准执行,但是不同的产品却存在着波动,这种波动在目前的技术条件下还不能被控制,称为偶然性因素,如混凝土试块的强度有较大偏差等;另一种是在施工过程中发生的异常现象,如不遵守工艺标准,违反操作规程等,这类因素称为异常因素,在技术上是可以避免的。

②工序管理是指分析和发现影响施工的每道工序质量的这两种因素中影响质量的异常因素,并且采取相应的技术和管理措施,使这些因素被控制在允许的范围之内,从而保证每道工序的质量。工序管理的实质是工序质量控制,即使工序处于稳定的受控状态。

③工序质量控制是为把工序质量的波动限制在要求的界限内而进行的质量控制活动。其最终目的是要保证能够稳定的生产合格产品。工程质量控制的实质是对工序因素的控制,尤其是对主导因素的控制,因此工序质量控制的核心是管理因素,而不是管理结果。

④为达到对工序质量的控制效果,在工序管理方面应做到以下几个方面:

a.贯彻以预防为主的要求、设置、工序质量检查点,将材料质量状况、工具设备状况、施工程序、关键操作、安全条件、新材料和新工艺的应用、常见的质量通病,甚至包括操作者的行为等的影响因素列为控制点,作为重点检查项目来进行预控。

b.落实工序操作的质量巡查、抽查及重要部位跟踪检查等方法,及时掌握施工质量的总体状况。

c.对工序产品、分性工程的检查应按照标准的要求进行目测、实测及抽样试验的程序,做好原始记录,经过数据分析之后,及时作出合格或不合格的判断。

d.对合格的工序产品应及时提交监理进行隐蔽工程验收。

e.完善管理过程中的各项检查记录、监测资料及验收资料,作为工程质量验收的依据,并为工程质量分析提供可追溯的依据。

7.特殊过程控制

(1)特殊过程控制定义。

特殊过程控制是指对那些施工过程或工序施工质量不易或不能通过其后检验和试验而得到充分的验证,或者一旦发生质量事故则难以挽救的施工对象进行施工质量控制。

特殊过程是施工质量控制的重点,设置质量控制点的目的就是依据工程项目的特点,抓住影响工序质量的主要因素,进行施工质量的重点控制。

①质量控制点的概念。质量控制点一般是指对工程的性能、安全、寿命、可靠性等有严重影响的关键部位或对下道工序有严重影响的关键工序,只有对这些点的质量进行有效控制,工程质量才能得到保证。

一般将国家颁布的建筑工程质量检验评定标准中规定硬件的项目,作为检查工程质量的控制点。

②质量控制点可分为 A、B、C 三级。其中，A 级为最重点的质量控制点，由施工项目部、施工单位、业主或监理工程师三方检查确认；B 级为重点质量控制点，由施工项目部、监理工程师双方检查确认；C 级为一般质量控制点，由施工项目部检查确认。

（2）质量控制点设置原则。

①对工程的适用性、安全性、可靠性和经济性有直接影响的关键部位设立控制点。

②对下道工序有较大影响的上道工序设立控制点。

③对质量不稳定，经常容易出现不良品的工序设立控制点。

④对用户反馈和过去有过返工的不良工序设立控制点。

（3）质量控制点的管理。

为保证项目控制点的目标能够实现，要建立三级检查制度：

①操作人员每日的自检。

②两班组之间的互检。

③质检员的专检，上级单位、部门进行抽查。

④监理工程师的验收。

8. 成品保护

在施工过程中，有些分项、分部工程已经完成，其他工程尚在施工，或者某些部位已经完成，其他部位正在施工，如果此时对已完成的成品，不采取妥善的措施加以保护，势必会造成损伤，影响质量。这样，不仅会增加修补的工作量，浪费工料，拖延工期；甚至还会使有的损伤难以恢复到原样，成为永久性的缺陷。因此，做好成品保护工作，是一项关系到确保工程质量、降低工程成本、按期竣工的重要环节。

加强成品保护，首先要使全体职工树立质量观念，对国家和人民负责，自觉爱护公物，尊重他人和自己的劳动成果，施工操作时要珍惜已完成的和部分完成的成品。其次，要合理安排施工顺序，采取行之有效的成品保护措施。

（1）施工顺序与成品保护。

合理地安排施工顺序，按照正确的施工流程组织施工，是进行成品保护的有效途径之一。具体如下：

①应采用"先地下后地上"、"先深后浅"的施工顺序，以免破坏地下管网和道路路面。

②地下管道与基础工程相配合进行施工，可避免基础完工后再打洞挖槽安装管道，影响质量和进度。

③先在房心回填土后再作基础防潮层，则可保护防潮层不致受填土夯实损伤。

④装饰工程采取自上而下的流水顺序，可使房屋主体工程完毕以后，有一定的沉降量，已做好的屋面防水层，可防止雨水渗漏。这些都有利于保护装饰工程质量。

⑤先做地面，后做顶棚、墙面抹灰，这样可保护下层顶棚、墙面抹灰不致受渗水污染；但在已经做好的地面上进行施工，则需对地面加以保护。如果先做顶棚、墙面抹灰，后做地面，则要求楼板灌缝密实，以免漏水污染墙面。

⑥楼梯间和踏步饰面，宜在整个饰面工程完成以后，再按照自上而下的顺序进行；门窗扇的安装通常在抹灰之后进行；一般先油漆，后安装玻璃。这些施工顺序，均有利于成品的保护。

　　⑦当采用单排外脚手架砌墙时,由于砖墙上面有脚手洞眼,所以一般情况下内墙抹灰需待同一层外墙粉刷完成,脚手架拆除,洞眼填补以后,才能进行,以免影响内墙抹灰的质量。

　　⑧先喷浆而后安装灯具,可避免安装灯具后又修理浆活,从而污染灯具。

　　⑨当铺贴连续多跨的卷材防水屋面时,应按先高跨后低跨,先远后近(距离交通进出口),先天窗油漆、玻璃,后铺贴卷材屋面的顺序进行。这样可避免在铺好的卷材屋面上行走和堆放材料、工具等物,有利于保护屋面的质量。

　　以上示例说明,只要合理的安排施工顺序,就可有效地保护成品的质量,也可有效地防止后道工序损伤或污染前道工序。

　　(2)成品保护的措施。

　　成品保护主要有护、包、盖、封四种措施。

2.3.5　建筑工程施工质量控制、检查、验收及处理

1.建筑工程施工质量控制

　　(1)建筑工程施工质量控制的目标。

　　①建筑工程施工质量控制的总体目标是贯彻执行建设工程质量法规和强制性标准,正确配置施工生产要素和采用科学管理的方法,实现工程项目预期的使用功能和质量标准。这是建筑工程参与各方的共同责任。

　　②建设单位的质量控制目标是通过对施工全过程进行全面质量监督管理、协调和决策,从而保证竣工项目达到投资决策所确定的质量标准。

　　③设计单位在施工阶段的质量控制目标,是通过对施工质量进行验收签证、设计变更控制,以及纠正施工中所发现的设计问题,采纳变更设计的合理化建议等,从而保证竣工项目的各项施工结果与设计文件(包括变更文件)所规定的标准相一致。

　　④施工单位的质量控制目标是通过对施工全过程进行全面质量自控,从而保证能够交付满足施工合同及设计文件所规定的质量标准(含工程质量创优要求)的建筑工程产品。

　　⑤监理单位在施工阶段的质量控制目标是通过对施工质量文件、报告、报表、现场旁站检查、平行检验、施工指令和结算支付控制等手段的应用进行审核,来监控施工承包单位的质量活动行为,协调施工各方之间的关系,正确履行工程质量的监督责任,以保证工程质量达到施工合同及设计文件所规定的质量标准。

　　(2)建筑工程施工质量控制的过程。

　　①施工质量控制的过程包括施工准备质量控制、施工过程质量控制和施工验收质量控制三方面内容。

　　a.施工准备质量控制是指工程项目开工前的全面施工准备和施工过程中各分部分项工程施工作业前的施工准备(或称施工作业准备)。此外,还包括季节性的特殊施工准备。施工准备质量虽然属于工作质量范畴,但它对建筑工程产品质量的形成将会产生重要的影响。

　　b.施工过程的质量控制是指施工作业技术活动的投入与产出过程的质量控制,其内涵包括全过程施工生产及其中各分部分项工程的施工作业过程。

　　c.施工验收质量控制是指对已完工程验收时的质量控制,即所谓的工程产品质量控制。其内涵包括隐蔽工程验收、检验批验收、分项工程验收、分部工程验收、单位工程验收和整个建筑工程项目竣工验收过程的质量控制。

②施工质量控制过程不仅具有施工承包方的质量控制职能,还具有业主方、设计方、监理方、供应方及政府的工程质量监督部门的控制职能,他们具有各自不同的地位、责任和作用。

a.自控主体。施工承包方和供应方在施工阶段是质量自控的主体,不能因为监控主体的存在和监控责任的实施而减轻或免除他们的质量责任。

b.监控主体。业主、监理、设计单位及政府的工程质量监督部门,在施工阶段他们依据法律和合同对自控主体的质量行为及效果实施监督控制。

c.自控主体与监控主体在施工全过程中相互依存、各司其职,共同推动着施工质量控制过程的发展和最终工程质量目标的实现。

③施工方作为工程施工质量的自控主体,不仅要遵循本企业质量管理体系的要求,还要根据其在所承建工程项目质量控制系统中的地位和责任,通过具体项目质量计划的编制与实施,有效地实现自主控制的目标。一般对施工承包企业而言,无论工程项目的功能类型、结构型式及复杂程度存在着什么样的差异,其施工质量控制过程都可归纳为相互作用的八个环节(图2.5),即工程调研和项目承接(目的是全面了解工程情况和特点,掌握承包合同中工程质量控制的合同条件);施工准备(包括图纸会审、施工组织设计、施工力量和设备的配置等);材料采购;施工生产;试验与检验;工程功能检测;竣工验收;质量回访与保修。

图2.8　施工阶段质量控制环节

2.建筑工程质量检查、验收

(1)建筑工程质量检查、验收在质量管理工作中的地位。

建筑工程质量检查、验收是质量管理工作中的监督环节,并以此来衡量与确定施工工程质量的优劣。质量检查是指依据质量标准和设计要求,采用一定的测试手段,对施工过程及施工成果进行检查,使不合格的工程不能交工,因此起到了一个把关的作用。由于建筑产品是通过一道道不同工序、不同工种的交叉作业逐渐形成检验批,再形成分项工程、分部工程,最后形成单位工程。在这个过程中操作者和操作地点在工程上不停地变化着,使得工程的质量难于保证。只有对工程施工中的质量及时进行检查,发现问题立刻纠正,才能达到改善、提高质量的目的。建筑工程质量检查、验收的注意事项如下:

①建筑工程采用的主要材料、半成品、成品、建筑构配件、器具和设备等均应进行现场验收。凡是涉及安全、功能的有关产品,应按照各专业工程质量验收规范的规定进行复验,并应经工程师检查认可。

②各道工序均应按照施工技术标准进行质量控制,每道工序完成以后,应进行检查。

③相关各专业工种之间,应进行交接检验,并形成记录,且经工程师检查认可。

（2）建筑工程施工质量检查验收程序及组织。

建筑工程质量验收是对已完工程实体的外观质量及内在质量按照规定程序检查后，确认其是否符合设计及各项验收标准的要求，并可交付使用的一个重要环节，正确进行工程项目质量的检查评定和验收，是保证工程质量的重要手段。考虑到建筑工程施工规模较大，专业分工较多，技术安全要求高等特点，国家相关行政管理部门对各类工程项目的质量验收标准制定了相应的规范，以保证工程验收的质量，工程验收应严格执行规范的要求和标准。

工程质量验收分为过程验收和竣工验收两部分内容，其程序及组织具体如下：

①施工过程中，隐蔽工程在隐蔽前应通知工程师进行验收，并形成验收文件。

②分部分项工程完成以后，应在施工单位自行验收合格后，通知工程师验收，重要的分部分项工程则应请设计单位参加验收。

③单位工程完工以后，施工单位应自行组织检查、评定，符合验收标准后，再向建设单位提交验收申请。

④建设单位收到验收申请之后，应组织施工、勘察、设计、监理等单位的人员进行单位工程验收，明确验收结果，并形成验收报告。

⑤按照国家现行管理制度的规定，房屋建筑工程及市政基础设施工程验收合格后，尚需在规定时间内，将验收文件报政府管理部门备案。

（3）建筑工程施工质量评价标准。

我国自2014年6月1日起开始执行《建筑工程施工质量验收统一标准》（GB 50300—2013）以及相应的验收规范。现行建筑工程施工质量验收规范只规定了质量合格标准，因为工程质量关系着人民生命财产安全和社会稳定，不合格的工程就不能交付使用。但目前施工单位的管理水平、技术水平差距较大，有的工程在达到了合格标准之后，为了提高企业的竞争力和信誉，还要将工程质量水平再作进一步提高。也有些建设单位为了本单位的自身利益，要求高水平的工程质量。2006年11月1日起实施的《建筑工程施工质量评价标准》（GB/T 50375—2006），就为这些企业的创优工作提供了有效的评价平台，因为这一标准统一了基本评价指标和评价方法，而且增加了建设单位与施工单位之间的协调性，增强了施工单位之间和工程项目之间的可比性，为创建优质工程提供了一个有较好可比性的评价基础平台。

《建筑工程施工质量评价标准》（GB/T 50375—2006）的主要评价方法是：按单位工程评价工程质量，按单位工程的专业性质和建筑部位划分成五部分，每部分分别从施工质量条件、性能检测、质量记录、尺寸偏差及限值实测、观感质量等五项内容来进行评价；同时将保证工程质量的施工现场质量保证条件也列入了评价范围。

3. 当建筑工程质量不符合要求时的处理

当建筑工程质量不符合要求时，应按《建筑工程施工质量验收统一标准》（GB 50300—2013）中的下列规定进行处理：

（1）经返工重做或更换器具、设备的检验批，应重新进行验收。

（2）经有资质的检测单位检测鉴定能够达到设计要求的检验批，应予以验收。

（3）经有资质的检测单位检测鉴定达不到设计要求、但经原设计单位核算认可能够满足结构安全和使用功能的检验批，可予以验收。

（4）经返修或加固处理的分项、分部工程，虽然改变外形尺寸但仍能满足安全使用要求，可按技术处理方案和协商文件进行验收。

（5）通过返修或加固处理仍不能满足安全使用要求的分部工程、单位（子单位）工程，严禁验收。

2.4　建设工程进度管理

2.4.1　建设工程项目进度的控制方法、措施和任务

工程项目的进度受许多因素的影响，项目管理者必须事先对影响进度的各种因素进行调查分析，观测它们对进度可能产生的影响，并且编制可行的进度计划，指导建设工作按照计划进行。然而在编制过程中，必然会出现新的情况，使建设工作难以按照原定的进度计划执行。因此要求人们在执行计划的过程中，掌握动态控制原理，不断进行检查，将实际情况与计划安排进行对比，找出偏离计划的原因，尤其是要找出主要原因，然后采取相应的措施对进度及时进行调整控制，使实际结果始终能够达到或逼近进度计划。

1. 工程项目进度控制的方法

工程项目进度控制的主要方法一般可分为行政方法、经济方法和管理技术方法三种。工程项目进度控制方法从实施步骤上进行划分，主要包括以下三方面内容：

（1）规划。是指确定总进度目标和各进度控制子目标，并编制进度计划。

（2）控制。是指在工程项目实施的全过程中，分阶段进行实际进度与计划进度的比较，出现偏差则应及时采取措施予以调整。

（3）协调。是指协调工程项目各参加单位、部门与工作队组之间的工作节奏与进度关系。

2. 工程项目进度控制的措施

工程项目进度控制采取的主要措施有以下几种：

（1）组织措施。主要任务是落实工程项目中各层次进度目标的责任人、具体任务和工作责任；建立进度控制的组织系统；按照工程项目对象系统的特征、主要阶段（里程碑事件）及合同网络作进度目标分解，建立控制目标体系；确定各参加者的进度控制工作制度，如检查期、方法、协调会议时间、参加人员等；对影响进度的因素进行分析和预测。

（2）技术措施。主要是指切实可行的施工部署和技术方案。

（3）合同措施。是指整个合同网络中每份合同之间的进度目标应相互协调、相互吻合。因此合同网络应落实工程项目总控制进度计划结果。

（4）经济措施。是指各参加者实现进度计划的资金保证措施以及可能的奖罚措施。

（5）信息管理措施。是指不断收集工程实施实际进度的有关信息并进行整理统计，然后将统计结果与计划进度作比较，定期向决策者提供进度报告。

3. 建筑工程项目进度控制的任务

工程项目进度控制的主要任务是按计划进行实施，控制计划的执行，按期完成工程项目实施的任务，最终实现进度目标。

进度控制的任务，按阶段划分，可分为设计前准备阶段进度控制、设计阶段进度控制以及施工阶段进度控制；按主体划分，可分为业主方、设计方、供货方进度控制的任务。

（1）业主方进度控制的任务是控制整个项目实现阶段的进度，包括控制涉及准备阶段的

工作进度、设计工作进度、施工进度、物资采购工作进度以及项目动用前准备阶段的工作进度。

（2）设计方进度控制的任务是依据设计任务委托合同对设计工作进度的要求来控制设计工作进度，设计方应尽量使设计工作的进度与招标、施工和物资采购等工作进度相协调一致。

在国际上，设计进度计划的主要任务是制定各设计阶段设计图纸（包括有关的说明）的出图计划，在出图计划中应标明每张图纸的出图日期。

（3）施工方进度控制的任务是依据施工进度的委托合同对施工进度的要求来控制施工进度，这是施工方履行合同的义务。在施工进度计划的编制方面，施工方应根据项目的特点和施工进度控制的需要，编制深度不同的具有控制性、指导性和实施性的施工进度计划，以及按不同的计划周期（年度、季度、月度和旬）执行的施工计划等。

（4）供货方进度控制的任务是依据供货合同对供货的要求来控制供货进度，这是供货方履行合同的义务。供货进度计划应包括供货的所有环节，如采购、加工制造和运输等。

2.4.2　工程项目进度控制原理

工程项目施工进度控制是指在工程项目进行中，要确保每项工作能够按进度计划执行；同时应全面了解计划实施的情况，并将实施情况与计划进行

1. 进度控制的概念

建设工程进度控制是指对工程项目建设中各阶段的工作内容、工作程序、持续时间和衔接关系根据进度总目标及资源优化配置的原则编制计划并付诸于实施，然后在进度计划的实施过程中经常检查实际进度是否按照计划要求进行，并对出现的偏差情况进行分析，采取补救措施或对原计划进行调整和修改后再付诸于实施，如此循环，直到建设工程竣工验收交付使用为止。

2. 进度计划的目标

建设工程进度控制的最终目的是确保建设项目能够按照预定的时间动用或提前交付使用。建设工程进度控制的总目标是建设工期。

3. 影响工程项目施工进度的主要因素

影响工程项目施工进度的因素有多种。在编制、执行和控制施工进度计划时，必须充分认识和估计这些因素，克服其影响，从而实现有效的控制。影响施工进度的因素主要包括以下几个方面：

（1）相关单位和部门的影响因素。工程施工进度主要由施工单位来完成，但是在施工过程中，建设单位、设计单位、材料供应单位、银行、政府主管部门等均有可能对施工进度产生影响，因此在施工过程中，只有得到这些单位和部门的密切配合与支持，才能够达到有效的控制施工进度的目的。

（2）施工技术因素。施工技术难度较大，施工方案，企业的技术水平及一些新材料、新工艺、新技术的应用缺乏经验等因素都会直接影响到工程的施工进度。

（3）组织管理因素。主要包括施工进度计划的详细程度、流水施工组织的合理性、施工方案的编制等。

（4）施工条件和气候影响因素。主要包括施工过程中的地质、水文条件及施工过程中恶

劣气候的影响等。

(5)意外事件的发生。如战争、内乱;地震、洪水等自然灾害的影响等。

4. 控制工程项目施工进度的主要措施

(1)组织措施。主要是指落实各层次进度控制的人员、具体任务和工作责任,建立进度控制的组织系统;按照施工项目的规模、组成和施工顺序进行项目分解,确定其进度目标,建立控制目标体系;确定进度控制工作制度。

(2)技术措施。主要是指认真审查承包商提交的进度计划,使承包商能够在合理的状态下施工;编制进度控制工作细则,指导监理人员实施进度控制;采用横道图、网络计划技术及其他科学适用的计划方法,并与电子计算机的应用相结合,对建设工程进度实施动态控制。

(3)经济措施。主要是指实现进度计划的资金保证措施。为确保进度目标的实现,应编制与进度相适应的资源需求计划,包括人力资源、物资资源和资金需求计划。分析资金供应总量及供应时间。在进行工程预算时,应考虑加快工程进度所需要的资金,其中包括为实现进度目标而要采用的经济激励措施所需要的全部资金。

(4)合同措施。主要是指对分包单位签订施工合同的合同工期与有关进度计划目标相协调。要加强合同管理,协调合同工期与进度计划之间的关系,以保证合同中的进度目标能够实现;严格控制合同变更,对各方提出的工程变更和设计变更,监理工程师均应经过严格审查后再补入到合同文件中;加强风险管理,合同中应充分考虑风险因素及其对进度的影响,以及相应的处理方法;加强索赔管理,公正地处理索赔问题。

(5)信息管理措施。通过建立监测、分析、调整、反馈系统,实时提供实际进度信息,实现连续、动态的全过程进度目标控制。信息管理措施是指不断地收集施工实际进度的有关资料并进行整理统计,并将统计结果与计划进度比较。

2.4.3　工程项目进度计划的实施

工程项目进度计划的实施是指用施工进度计划来指导施工活动,从而保证各进度目标能够实现。为了保证进度目标的实现,应形成周密的计划保证系统,将计划目标层层分解,层层签订承包合同或下达施工任务书,明确施工任务、技术措施和质量要求等,使管理层和作业层组成一个计划实施的保证体系。为组织好施工项目进度计划的实施,应做好以下工作:

(1)工程项目进度计划的审核。项目经理应对已经编制好的施工进度计划进行审核,主要审核进度安排是否符合建设总目标的要求,是否符合施工合同工期的规定,内容是否完善,施工顺序及资源供应是否合理,进度计划实现所采取的措施是否可行等。

(2)编制月(旬)作业计划。将规定的任务与现场施工条件相结合,在施工开始前和施工进行中不断地编制月(旬)作业计划,使施工项目进度计划切实可行。

(3)签发施工任务书。将每项具体任务以签发施工任务书的形式向班组下达。施工任务书是计划管理和施工管理的重要基础依据,其主要内容包括施工队应完成的工程项目和工程数量;完成任务的施工日历进程表;完成任务的资源需求量;安全、质量、技术和节约措施及要求等。

(4)做好施工记录,填好施工进度统计表。在施工任务执行的过程中,各级管理者都要进行全程跟踪并做好施工记录,记载计划中每项工作的开始日期、工作进度和完成日期,为施工项目进度检查分析提供信息。

（5）做好施工中的调度工作。调度的任务是掌握计划实施的情况,协调各方面之间的关系,采取措施,解决各种矛盾,加强薄弱环节,实现动态平衡,使施工进度计划的实施能够顺利完成。

2.4.4　工程项目进度的检查与调整

1. 工程项目进度的检查

工程项目进度的检查主要采用对比的方法,常用的对比方法主要包括以下几种:

（1）横道图检查比较法。

横道图检查比较法是把在项目施工中通过检查实际进度而收集到的信息,经整理后直接用横道线并列标于原计划的横道线处,进行直观比较的一种方法。由于这种方法具有简明直观、编制方法简单、使用方便等特点,所以较为常用。

如图 2.9 所示为某项基础工程（分三个施工段）的施工进度计划横道图。其中,细线表示计划进度;粗线表示实际进度。

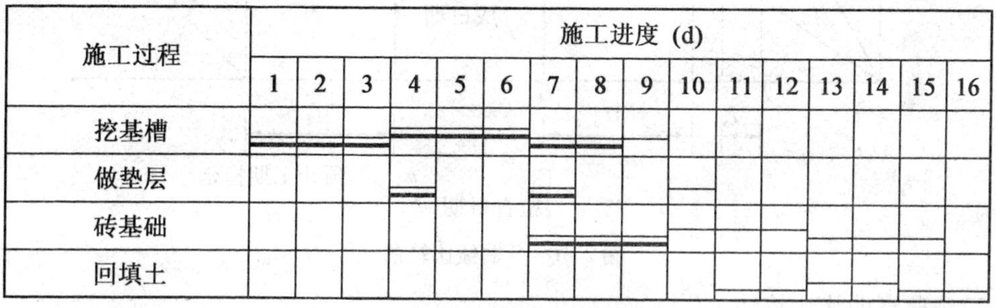

施工过程	施工进度 (d)															
	1	2	3	4	5	6	7	8	9	10	11	12	13	14	15	16
挖基槽																
做垫层																
砖基础																
回填土																

图 2.9　施工进度计划横道图

从比较中可以看出,第 10 天末对施工进度进行检查时,基槽挖土施工应在检查的前一天全部完成,但实际进度仅完成了 8 天的工程量,约占计划总工程量的 88.9%,尚未完成而拖后的工程量约占计划总工程量的 12.1%;混凝土垫层施工也应全部完成,但实际进度却只完成了 2 天的工程量,约占计划总工程量的 66.7%,尚未完成而拖后的工程量约占计划总工程量的 33.3%;砖基础工程按照计划进度要求应完成 9 天的工程量,但实际进度仅完成了 3 天的工程量,约占计划完成量的 33.3%,尚未完成而拖后的工程量约占计划完成量的 66.7%。通过对比,可以了解到实际进度与计划进度的偏差,为调整进度计划提供依据。

（2）S 曲线比较法。

从整个施工全过程来看,其单位时间内完成的工作任务量,通常是中间多而两头少,但是随着时间的进展累计完成的任务量就会形成一条中间陡而两头平缓的 S 形变化曲线,因此称为 S 形曲线,如图 2.10 所示。S 形曲线比较法是指在一个以横坐标表示进度时间、纵坐标表示累计完成任务量的坐标体系上,进行实际进度与计划进度相比较的一种方法,通过对两者进行比较,来判断实际进度与计划进度相比是超前还是滞后。一般情况下,进度控制人员应在计划实施前绘制出计划 S 形曲线,在项目的实施过程中,按照规定将检查的实际完成任务情况和计划 S 形曲线绘制在同一张图纸上,即可得出实际进度的 S 形曲线,如图 2.10 所示。

在实际进度与计划进度两条曲线相比较的过程中,如果对于任意检查日期,所对应的实际曲线上的一点位于计划曲线的左侧,则说明实际进度比计划进度超前,图 2.10 中,当检查时间为 T_a 时,a 点落在计划曲线的左侧,说明此时刻实际进度比计划进度超前,超前时间为

$\triangle T_a$,$\triangle Q_a$ 表示 T_a 时刻超前完成的任务量;如果检查时刻的时间落在计划曲线的右侧,则表示实际进度比计划进度拖后,图中,在 T_h 时刻,实际进度比计划进度拖后,拖后时间为 $\triangle T_b$,拖后的任务量为 $\triangle Q_b$;如果检查时,刚好落在其上,则说明两者的进度一致。

对工程进度的预测,后期工程按照原计划进行,图 2.10 中,工期拖延预测值为 $\triangle T_c$。

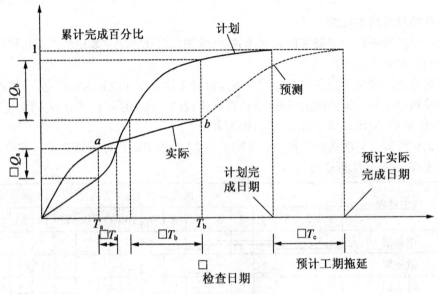

图 2.10　S 曲线比较法

（3）香蕉形曲线比较法。

香蕉形曲线是由两条 S 形曲线组合而成的闭合曲线。一般情况下,任何一个施工项目的网络计划,均可绘制出两条具有同一开始时间和同一结束时间的 S 形曲线。其中,一条 S 形曲线是按各项工作的最早开始时间安排进度所绘制的,简称 ES 曲线;另一条则是以各项工作的计划最迟开始时间安排进度所绘制的 S 形曲线,简称 LS 曲线。由于两条 S 形曲线都是从计划的开始时刻开始,到计划的完成时刻结束的,所以两条曲线均是封闭的。另外,ES 曲线上的各点均落在 LS 曲线相应时间对应点的左侧,从而使两条曲线形成了一个香蕉形状,因此称为香蕉形曲线,如图 2.11 所示。可以利用香蕉形曲线比较法对工程实际进度与计划进度进行比较,只要实际完成量曲线在两条曲线之间,则不影响总的进度。

（4）前锋线比较法。

当工程项目施工计划采用时标网络图表示时,将检查日的各项工作用点划线依次连接所得到的折线就是实际进度前锋。前锋线比较法是指按前锋线与网络图箭线交点的位置来判定施工实际进度与计划进度的偏差。折线的左侧为已完部分,右侧为尚需的工作时间。凡是前锋线与箭线的交点在检查日期右方的,就表示提前完成计划进度;如果其点在检查日期的左方,则表示进度拖后;如果其点与检查日期重合,就表明该工作的实际进度与计划进度一致。

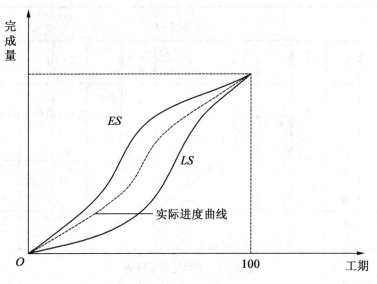

图2.11　香蕉形曲线比较法

已知网络计划如图2.12所示,在第6天检查时,发现A、B、C工作已完成,E工作已进行2天,G工作已进行1天,D、F、H、I工作尚未开始。

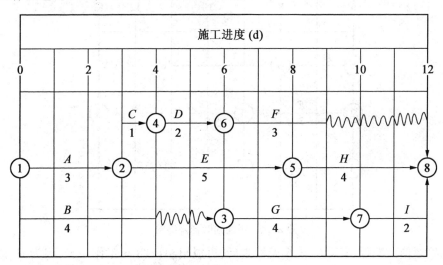

图2.12　时标网络计划图

①绘制实际进度前锋线。在原时标网络计划上,从检查时刻的时标点出发,用点划线依次将各项工作实际进展位置点连接起来而形成一条折线,如图2.13所示。

②分析网络计划的检查结果。从图2.13中可以看出,D工作和E工作均未完成计划,D工作延误两天,这两天位于非关键路线上,因为有三个总时差所以对工期不影响;E工作延误一天,这一天位于关键路线上,因此将使项目工期延长1天;G工作提前一天完成,该工作位于非关键路线上,故对工期无影响。

③重新绘制6天后直到完工的时标网络图,如图2.14所示。

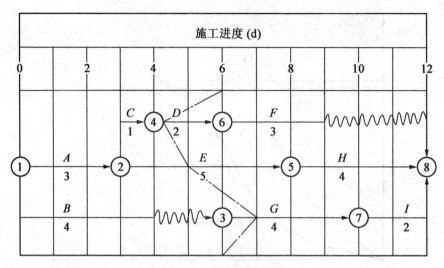

图 2.13　实际进度前锋线

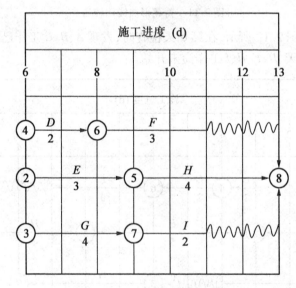

图 2.14　重绘的时标网络图

④如果要使工期保证不变,在 6 天检查后,可以组织压缩 H 工作一天,因为 H 工作位于关键线路上,并且持续时间相对来说较长。

2. 工程项目进度计划的调整

在执行进度计划的过程中,如果实际进度与计划进度不符,则要根据偏差的大小来分析原因。如偏差较小时,可在分析原因的基础上,采取有效措施,继续执行原计划;如果偏差较大,则原计划很难实现,此时应考虑调整计划,形成新的进度计划。

前面所讲的横道图检查比较法、S 曲线比较法、香蕉形曲线比较法及网络图实际进度前锋线比较法,都能够方便地对比工程进度,提供进度提前或拖后的信息。但采用网络图法进行对比,则更能准确地进行分析,一般常采用网络图进行检查和调整进度计划。

(1)分析进度偏差对后续工作及总工期的影响。

一般情况下,应从分析进度偏差对后续工作及总工期的影响入手来进行检查:

①分析出现进度偏差的工作是否为关键工作。如果出现偏差的工作为关键工作,则会影响后续工作按计划施工,还会使工程总工期拖后,此时必须采取相应措施对后期施工计划进行调整,以确保计划工期;如果出现偏差的工作为非关键工作,则需要进一步根据偏差值与总时差和自由时差进行比较分析,并以此确定对后续工作和总工期的影响程度。

②分析进度偏差时间是否大于总时差。如果某项工作的进度偏差时间大于该工作的总时差,则将影响后续工作和总工期,此时必须采取措施加以调整;如果进度偏差时间小于或等于该工作的总时差,则不会影响工程总工期,但是否会影响后续工作,还需分析此偏差与自由时差的大小关系才能确定。

③分析进度偏差时间是否大于自由时差。如果某项工作的进度偏差时间大于该工作的自由时差,则说明此偏差必然会对后续工作产生影响,此时应根据后续工作的允许影响程度来进行调整;如果进度偏差时间小于或等于该工作的自由时差,则对后续工作不产生任何无影响,不必调整。

(2)工程项目施工进度计划的调整方法。

①关键线路的调整。如果关键线路的实际进度落后于计划进度,则应在未完成的关键线路中挽回失去的时间,一般情况下宜选择资源强度小的线路缩短,重新计算参数,并按照新参数执行。如果关键线路的实际进度提前于原计划,根据实际情况则可采用两种调整方法:一种是原工期不变,选择后续关键工作中,资源占用量大或直接费用高的线路加以延长,其延长时间不能超过提前的时间;另一种是缩短整个计划工期,将未完成的那一部分重新计划,重新计算和调整。

②对某些工作之间的逻辑关系进行调整。如果检查的实际施工进度产生的偏差影响了总工期,则在工作之间的逻辑关系允许改变的条件下,可改变关键线路和超过计划工期的非关键线路上的有关工作之间的逻辑关系,从而达到缩短工期的目的。例如,可将依次进行的有关工作改为平行的或相互搭接的,以及分成几个施工段来进行流水施工等,均可达到缩短工期的目的。

③缩短某些工作的持续时间。在不改变工作之间逻辑关系的情况下,缩短某些工作的持续时间,可使施工进度加快,并能够保证实现计划工期。

2.5 建设工程风险管理

2.5.1 工程项目风险识别

1. 风险识别的步骤

风险通常具有隐蔽性,而人们经常容易被一些表面现象所迷惑,或被一些微小利益所引诱而看不到潜在的危险。在实践中,人们经常谈论的风险主要有真风险、潜伏风险和假风险三种。风险管理的第一步就是要正确识别风险,统一认识,然后才能制定出相应的管理措施。

识别风险的过程是指对所有可能的风险事件的来源和结果进行实事求是的调查,具体步骤如下:

(1)确认不确定性的客观存在。主要包括两项内容:一是要辨认所发现或推测的因素是否存在不确定性,如果是确定无疑的,则无所谓风险;二是要确认这种不确定性是客观存在的,是确定无疑的,而不是凭空想象的。

(2)建立初步清单。清单中应明确列出客观存在的和潜在的各种风险,这些风险一般包括影响生产力、操作运行、质量和经济利益的各种因素。人们通常凭借企业经营者的各种经验对其做出判断,并且通过对一系列调查表进行深入研究、分析来制定清单。

(3)确立各种风险事件并推测其结果。根据初步清单中所开列的各种重要的风险来源,推测与其相关联的各种合理的可能性,包括赢利和损失、人身伤害、自然伤害、时间和成本、节约和超支等各方面内容,但其重点应是资金的财务结果。

(4)对潜在风险进行重要性分析和判断。

(5)风险分类。对风险进行分类,能够加深人们对风险的认识和理解,同时也能辨清风险的性质。实际操作中可根据风险的性质和可能的结果及彼此之间可能发生的管理进行风险分类。

(6)建立风险目录摘要。通过建立风险目录摘要,将项目可能面临的风险汇总,并排列出轻重缓急,能给人一种总体风险的印象。此外,还能把全体项目人员都统一起来,使人们不再局限于仅考虑自己所面临的风险,而是能够自觉地意识到其他管理人员的风险,还能预感到项目中各种风险之间的联系以及可能发生的连锁反应。

2. 风险识别的方法

(1)头脑风暴法。

头脑风暴(即 Brain Storming,简称 BS)法,是美国的奥斯本(Alex F. Osborn)于 1939 年首创的,这是最常用的一种风险识别方法。其实质就是一种特殊形式的小组会。它规定了一定的特殊规则和方法技巧,从而形成了一种有益于激励创造力的环境气氛,使参加者能够自由畅想,无拘无束地提出自己的各种构想、新主意,并因相互启发、联想而引起创新设想的连锁反应,通过会议方式去分析和识别项目风险。其基本要求如下:

①参加者人数要求为 6~12 人,最好处于不同的背景下,以利于从不同的角度分析观察问题,但最好是同一层次的人。

②鼓励参加者提出疯狂的(野性化的)、别出心裁的和极端的想法,甚至是想入非非的主张。

③鼓励修改、补充并结合他人的想法提出新建议。

④严禁对他人的想法提出批评。

⑤追求数量,提议多多益善。

(2)德尔菲法。

德尔菲法(Delphi 法)是邀请专家匿名参加项目风险分析识别的一种方法。概括地说,Delphi 法是采用函询调查,对于所分析和识别的项目风险问题向有关的专家分别提出问题,然后将他们回答的意见进行综合、整理和归纳,匿名反馈给各个专家,再征求意见,再加以综合、反馈。如此反复循环,直到得到一个比较一致且可靠性较大的意见为止。

①Delphi 法的特点如下:

a. 匿名性,也就是背靠背。可以消除面对面带来的诸如权威人士或领导的影响。

b. 信息反馈、沟通比较好。

c. 预测的结果具有统计特性。

②应用 Delphi 法时应注意以下事项:

a. 专家人数不宜太少,一般宜为 10~50 人。

b. 对风险的分析往往受组织者、参加者的主观因素影响,因此可能产生偏差。

c. 预测分析的时间不宜过长,时间越长则准确性越差。

(3)访谈法。

访谈法是通过对资深项目经理或相关领域的专家进行访谈来识别风险的一种方法。负责访谈的人员首先要选择合适的访谈对象;其次,应向访谈对象提供项目内外部环境、假设条件和约束条件的信息。访谈对象依据自己的丰富经验和掌握的项目信息,对项目风险进行识别。

(4)SWOT 技术。

SWOT 技术是综合运用项目的优势与劣势、机会与威胁等各方面,从多个视角对项目风险进行识别,亦即企业内外情况对照分析法。它是将企业内部条件中的优势(Strengths)和劣势(Weaknesses)以及外部环境中的有利条件(机会 Opportunities)和不利条件(威胁 Threats),分别记入到一个"田"字形的图表中,如图 2.15 所示,然后对照利弊优劣,进行经营决策分析。

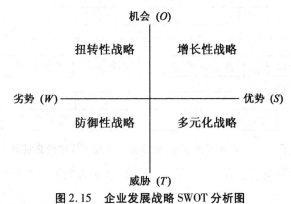

图 2.15　企业发展战略 SWOT 分析图

(5)检查表(核对表)。

检查表是由有关人员利用他们所掌握的丰富知识设计而成的。如果把人们经历过的风险事件及其来源罗列出来,写成一张检查表,那么项目管理人员看了就容易开阔思路,容易想到本项目可能会存在哪些潜在的风险。检查表通常包括多种内容,这些内容能够提醒人们还有哪些风险尚未考虑到。使用检查表的优点是:它使人们能够按照系统化、规范化的要求去识别风险,且简单易行。其不足之处在于:专业人员不可能编制一个包罗万象的检查表,因而使检查表具有一定的局限性。

(6)流程图法。

流程图法是指将施工项目的全过程,按其内在的逻辑关系制成流程,针对流程中的关键环节和薄弱环节进行调查和分析,找出风险存在的原因,发现潜在的风险威胁,分析风险发生后可能造成的损失和对施工项目全过程造成的影响程度等。运用流程图分析,项目人员可以明确地发现项目所面临的风险,但流程图分析仅着重于流程本身,而无法显示发生问题时间阶段的损失值或损失发生的概率。

(7)因果分析图。

因果分析图又称鱼刺图,它通过带箭头的线将风险问题与风险因素之间的关系表示出来。

（8）项目工作分解结构。

风险识别要减少项目结构的不确定性，就要弄清项目的组成、各个组成部分的性质以及它们之间的关系、项目与环境之间的关系等。项目工作分解结构是完成这项任务的有力工具。项目管理的其他方面，如范围、进度和成本管理等，也要用到项目工作分解结构。因此，在风险识别中利用这个已有的现成工具并不会给项目班子增加额外的工作量。

图2.16所示的是一个污水处理项目按其组成而得到的项目工作分解结构。从图中可以看出，如果该系统的海上出口不能按时完成，则整个系统就不能按时投入到使用和运行中去，上游用户的污水如果排不出，其后果是不难想象的。海上出口工程在海底施工，其中会有什么风险，同样也就不难识别了。

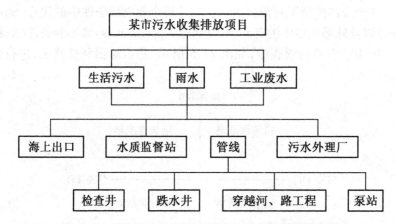

图2.16　城市污水收集、处理排放系统工作结构分解图

此外，还有敏感性分析法，事故树分析法，常识、经验和判断，试验或试验结果等，均可用来进行风险识别。

2.5.2　风险评估

1. 工程项目风险评估的内容

（1）风险评估的作用。

通过采用定量方法进行风险评估的作用主要表现在以下几个方面：

①更准确地认识风险。通过采用定量方法进行风险评价，可以定量地确定建设工程中各种风险因素和风险事件发生的概率大小或概率分布，及其发生以后对建设工程目标影响或损失的严重程度，包括不同风险的相对严重程度和各种风险的绝对严重程度。

②保证目标规划的合理性和计划的可行性。建设工程的数据库只能反映各种风险综合作用的后果，而不能反映各种风险各自作用的后果。只有对特定建设工程的风险进行定量评价，才能正确反映各种风险对建设工程目标的不同影响，才能使目标规划的结果更加合理和可靠，使在此基础上制订的计划具有现实的可行性。

③合理选择风险对策，形成最佳风险对策组合。不同的风险对策，其适用对象也各不相同。风险对策的适用性需要从效果和代价两个方面来进行考虑。风险对策的效果表现在降低风险发生概率和（或）降低损失严重程度的幅度上。风险对策一般均需付出一定的代价。在选择风险对策时，应将不同风险对策的适用性与不同风险的后果结合起来进行综合考虑，

对不同的风险选择最适宜的风险对策,从而形成最佳的风险对策组合。

(2)风险评估的内容。

工程项目风险评估是在工程项目风险识别和风险估测的基础上,根据规定的或公认的安全指标,综合考虑工程项目风险发生频率的高低和损失程度的大小,通过定量和定性分析,以确定是否需要采取风险控制措施,以及确定采取控制措施力度的过程。

对工程项目活动所面临的风险进行识别之后,应分别对各种风险进行衡量和比较,从而确定出各种风险的相对重要性。这种对风险的影响和后果所进行的评估实际上就是对工程项目风险进行度量。衡量风险时应从两个方面进行考虑,即损失发生的频率和这些损失的严重性。项目风险评估的内容应包括:风险因素发生的概率、风险损失量的估计和风险等级评估。

2.工程项目风险评估分析

(1)风险量函数。

所谓风险量,是指各种风险的量化结果,其数值的大小取决于各种风险的发生概率及其潜在损失的多少。风险的大小不仅与风险事件发生的概率有关,而且还与风险损失的多少有关。用公式可表示为:

$$R = f(p,q) \tag{2.6}$$

式中　R——风险量(损失或收益的期望值);

　　　p——不利事件发生的概率;

　　　q——不利事件发生后的损失或收益量。

等风险量曲线,是由风险量相同的风险事件所形成的曲线。不同等风险量曲线所表示的风险量大小与其与风险坐标原点的距离成正比,即距离原点越近,风险量越小;反之,则风险量越大。

在图 2.17 所示的等风险量图中,可根据风险的不同位能将其划分为高位能、中位能和低位能。

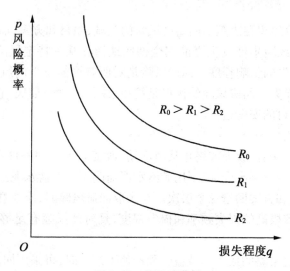

图 2.17　等风险量图

①高位能。即损失期望值很大的风险,发生可能性大,一旦发生损失也大,是风险管理的

重点。

②中位能。即损失期望值一般的风险,发生可能性不大,一旦发生损失也不大,在风险管理过程中必须要顾及到。

③低位能。即损失期望值极小的风险,发生可能性极小,一旦发生损失也极小,在风险管理中可忽略不计。

(2)风险损失的衡量。

风险损失的衡量是指定量确定风险损失值的大小。建设工程风险损失主要内容包括投资风险、进度风险、质量风险和安全风险。

投资增加可以直接用货币来衡量;进度的拖延则属于时间范畴,同时也会导致经济损失;质量事故和安全事故不仅会产生经济影响,而且还可能导致工期延误和第三者责任。第三者责任除了法律责任之外,一般都是以经济赔偿的形式来实现的。因此,这四个方面的风险最终都可以归纳为经济损失。

(3)风险概率的衡量。

衡量建设工程风险概率的方法有相对比较法和概率分布法两种。

相对比较法。相对比较法将风险概率表示为四个等级:几乎为0;很小的;中等的;一定的,即可以认为风险事件发生的概率较大。

在采用相对比较法时,建设工程风险导致的损失也将相应划分为重大损失、中等损失和轻度损失三个等级。

②概率分布法。概率分布法一般常用的表现形式是建立概率分布表。为此,需要参考外界资料和本企业的历史资料。在运用时还应当充分考虑资料的背景和拟建建设工程的特点。

理论概率分布是指根据建设工程风险的性质对大量的统计数据进行分析,当损失值符合一定的理论概率分布或与其近似吻合时,可由特定的几个参数来确定损失值的概率分布。

2.5.3　工程项目风险应对

1.回避风险

回避风险是指项目组织在决策中回避高风险的领域、项目和方案,而进行低风险的选择。通过回避风险,可以在风险事件发生之前完全彻底地消除某一特定风险可能造成的种种损失,而不仅仅是减少损失的影响程度。回避风险是对所有可能发生的风险尽可能地规避,这样能够直接消除风险损失。回避风险的优点是简单、易行、全面、彻底,它能够将风险的概率保持为零,从而保证项目的安全运行。

(1)回避风险的方法。

回避风险的具体方法有:放弃或终止某项活动;改变某项活动的性质。如放弃某项不成熟工艺,初冬时期为避免混凝土受冻,不用矿渣水泥而改用硅酸盐水泥。一般来说,回避风险有方向回避、项目回避和方案回避三个层次。在采取回避风险时,应注意以下事项:

①当风险可能导致极高的损失频率和损失幅度,且对此风险有足够的认识时,这种策略才有意义。

②当采用其他风险策略的成本和效益的预期值不理想时,可采用回避风险的策略。

③不是所有的风险都可以采取回避策略的,如地震、洪灾、台风等。

④由于回避风险仅在特定的范围之内以及特定的角度之上才有效,所以虽然避免了某种

风险,但又可能产生另一种新的风险。

(2)回避风险的原则。

①回避不必要承担的风险。

②回避那些远远超过企业的承受能力,可能对企业会造成致命打击的风险。

③回避那些不可控性、不可转移性、不可分散性较强的风险。

④在主观风险与客观风险并存的情况下,以回避客观风险为主。

⑤在技术风险、生产风险和市场风险共存的情况下,一般以回避市场风险为主。

2.转移风险

转移风险是指将组织或个人项目的部分风险或全部风险转移给其他组织或个人。风险转移一般分为两种形式:一种是项目风险的财务转移,即项目组织将项目的风险损失转移给其他企业或组织;另一种是项目客体转移,即项目组织将项目的一部分或全部转移给其他企业或组织。

从另一个角度来看,转移风险的形式包括控制型非保险转移、财务型非保险转移和保险三种。

(1)控制型非保险转移。

控制型非保险转移,转移的是损失的法律责任,它通过合同或协议,消除或减少转让人对受让人的损失责任和对第三者的损失责任。这种风险转移有以下三种形式:

①出售。通过买卖合同将风险转移给其他单位或个人。其特点是在出售项目所有权的同时也就把与之有关的风险转移给了受让人。

②分包。转让人通过分包合同,将其认为项目风险较大的那一部分转移给非保险业的其他人。如一个大跨度网架结构项目,对于总包单位而言,他们认为高空作业多,吊装复杂,风险较大。因此,可以将网架的拼装和吊装任务分包给有专用设备和经验丰富的专业施工单位来承担。

③开脱责任合同。通过开脱责任合同,风险承受者能够免除转移者对承受者承受损失的责任。

(2)财务型非保险转移。

财务型非保险转移是指转让人通过合同或协议来寻求外来资金补偿其损失,主要有免责约定和保证合同两种形式。

①免责约定。免责约定是合同不履行或不完全履行时,如果不是由于当事人一方的过错所引起,而是由于不可抗力的原因所造成的,违约者可以向对方请求部分或全部免除违约责任。

②保证合同。保证合同是指由保证人提供保证,使债权人获得保障。通常,保证人以被保证人的财产抵押来补偿可能遭受的损失。

(3)保险。

保险是指通过专门的机构,根据有关法律,运用大数法则,签订保险合同。当发生风险事故时,就可以获得保险公司的补偿,从而将风险转移给保险公司。如建筑工程一切险、安装工程一切险和建筑安装工程第三者责任险等。

技术创新风险的转移一般伴随着收益的转移,因此是否转移风险以及采用何种方式来转移风险,需要进行仔细的权衡和决策。在一般情况下,当技术风险和市场风险不大但财务风险较大时,可采用财务转移的方式来转移风险;当技术风险或生产风险较大时,则可采用客体转移的方式来转移风险。

3. 损失控制

损失控制是指在损失发生之前就消除损失可能发生的根源,并减少损失事件的频率,从而在风险事件发生以后减少损失的程度。损失控制的基本点在于消除风险因素和减少风险损失。

(1)损失预防。

损失预防是指在损失发生之前,为了消除或减少可能引起损失的各种因素而采取的各种具体措施,亦即设法消除或减少各种风险因素,从而降低损失发生的频率。

①工程法。是指以工程技术为手段,通过对物质因素的处理来达到控制损失的目的。具体的措施包括:预防风险因素的产生;减少已存在的风险因素;改变风险因素的基本性质;改善风险因素的空间分布;加强风险单位的防护能力等。

②教育法。是指通过安全教育培训,消除人为的风险因素,防止不安全行为的出现,从而达到控制损失的目的。如进行安全法制教育、安全技能教育和风险知识教育等。

③程序法。是指以制度化的程序作业方式进行损失控制,其实质是通过加强管理,从根本上对风险因素进行处理。如制定安全管理制度、设备定期维修制度和定期进行安全检查等。

(2)损失抑制。

损失抑制是指损失发生时或损失发生后,为了降低损失幅度而采取的各项措施。

①分割。将某一风险单位分割成许多独立的、较小的单位,以达到减小损失幅度的目的。例如,同一公司的高级领导成员不同时乘坐同一交通工具,这是一种化整为零的措施。

②储备。例如,储存某项备用财产或人员,以及复制另一套资料或拟定另一套备用计划等,当原有的财产、人员、资料及计划失效时,这些备用的人员、财产、物资和资料即可投入使用。

③拟定减小损失幅度的规章制度。如在施工现场建立巡逻制度等。

4. 自留风险

自留风险又称承担风险,这是一种由项目组织自己承担风险事故所致损失的措施。

(1)自留风险的类型。

①主动自留风险与被动自留风险。主动自留风险又称计划性承担,是指经过合理判断、慎重研究以后,将风险承担下来。而被动自留风险则是指由于疏忽未探究风险的存在而将风险承担下来。

②全部自留风险和部分自留风险。全部自留风险是对那些损失频率高,损失幅度小,且当最大损失额发生时项目组织有足够的财力来承担而采取的方法。部分自留风险则是依靠自己的财力来处理一定数量的风险。

(2)自留风险的资金筹措。

①建立内部意外损失基金。建立意外损失专项基金,当损失发生时,由该基金进行补偿。

②从外部取得应急贷款或特别贷款。应急贷款是指在损失发生之前,通过谈判达成应急贷款协议,一旦损失发生,项目组织即可马上获得必要的资金,并按照已商定的条件偿还贷款。特别贷款则是指在事故发生以后,以高利率或其他苛刻条件来接受贷款,以弥补损失。

5.分散风险

项目风险的分散是指项目组织通过选择合适的项目组合来进行组合开发创新,从而降低整体风险。在项目组合中,不同项目之间的相互独立性越强或具有负相关性时,就越有利于降低技术组合的整体风险。但在项目组合的实际操作过程中,选择独立的、不相关的项目并不十分妥当,因为项目的生产设备、技术优势领域、市场占有状况等使得项目组织在项目选择时难以做到这种独立不相关性;而且,当项目之间过于独立时,由于不能做到技术资源、人力资源及生产资源的共享而大大增加了项目的成本和难度。

在项目风险的分散中,还应注意以下两点内容:一是应使高风险项目与低风险项目适当搭配,以便在高风险项目失败时,可以通过低风险项目来弥补部分损失;二是要使项目组合的数量适当。若项目数量太少,则风险分散的作用就会不明显;而项目数量过多时,又会加大项目组织的难度,以及导致资源分散,影响技术项目组合的整体效果。

2.5.4　工程项目风险控制

1.风险预警

不同的建设阶段和施工阶段,有着不同的风险源和风险。虽然有些风险(如地震造成的风险)的发生往往是没有任何征兆的,但工程建设项目是一种渐进性的活动,风险是在项目实施过程中逐渐形成的,因此均存在风险发生的前兆,这些风险被称为有预警信息的项目风险。工程项目中绝大多数的风险均属于有预警信息的风险,人们可以通过这些信息去进行风险识别和度量。例如,台风是一种不可抗力因素,但却完全可以利用台风发生前的预警信息采取多种形式进行风险防范,从而减小或消除台风带来的风险。而无预警信息的风险则使得人们在面对这种项目风险时的预防手段就极为有限了,例如,对于地震风险来说,通常在工程项目中,除了通过购买保险或签订合同来转移风险以外,就只剩下被动地在地震发生后采取减轻损失的办法了。

工程项目风险的预警信息,其产生、发展和变化并没有一定的模式,人们对它的认识过程实际上就是一个不断认识风险产生苗头,并逐步找出其变化规律的过程。因此,人们对工程项目风险预警信息进行识别时需要利用自己的经验和才智,从思想上和程序上重视对项目实施过程中可能产生风险的信息进行观察和收集,通过认真的分析、敏锐的判断,才能够及时地识别出风险。在工程项目管理中,风险预警程序的设定可加强管理者的责任心,并且能够进一步提高项目管理者对项目风险的认识能力和掌握程度。通过对风险的预警信息进行分析研究,可使项目风险的预测和控制更加符合客观规律。

2.风险监控

(1)工程项目风险监控措施。

①经济措施。主要包括:

a.合同方案设计。主要涉及风险分配方案、合同结构和合同条款等。

b.保险方案设计。主要涉及保险范围、保险清单分析和保险合同谈判策略等。

c.工程直接费用核算、管理成本核算、管理人员责任奖惩制度等。

②技术措施。主要包括:

a.确定可行、可靠且适用的施工技术、生产工艺方案、维护技术方案等。

b.制定各阶段的检测技术措施等。

c. 确定风险决策评价技术措施。包括决策模型选择、决策程序和决策准则制定等。

③组织管理措施。主要包括：

a. 确定组织结构、管理制度和标准制定、人员选配、岗位职责分工，落实风险管理责任。

b. 管理流程设计、建立使用风险管理信息系统等管理手段和方法。

（2）工程项目风险监控方法。

①定期进行项目评估。应将项目风险作为每次项目管理人员的会议议程。即使在工程项目施工过程正常的情况下，风险评估也应定期进行，以便防患于未然。项目风险定期评估是开展项目风险监控、改进项目风险监控活动的有效手段。

②监视清单。建立企业风险数据库有助于企业经营活动中的风险管理，随着不同项目的完成和时间的推移，每个施工企业都会拥有自己的风险数据库，这些数据库是企业管理人员多年来的经验和对风险资料作出的总结。一个全面、完备的工程风险数据库是施工企业的重要资源财富。工程施工风险监视清单就是在风险数据库的基础上，针对施工工程中可能出现的风险而抽取整理出来的。

③进度风险分析。进度风险分析往往与进度控制结合起来一同使用，常用的监控方法与进度控制相同，如横道图法、网络图法、时标网络的前锋线法、进度控制的香蕉曲线图等。

④费用风险分析法。利用费用控制中的挣值分析曲线和偏差分析表，可以从不同的阶段找出费用的局部和累计偏差，并且能够及时识别出工程项目的费用风险，在此基础上可对费用风险进行评估和预警，以制定出控制应对措施。

⑤质量风险分析法。在项目执行过程中，当项目执行期间的施工质量与原定的计划质量目标出现偏差时，应对偏差程度进行分析；当发现其度量值没有达到某一阶段规定的要求时，则可能意味着在完成项目预期目标上存在质量风险。在工程质量管理中经常采用数理统计的方法来进行风险分析，如直方图、控制图、排列图等方法，通过对质量风险产生的原因及发展趋势等的分析，可及时采取管理或技术上的措施来控制风险。

3. 风险应急计划

风险管理计划中对可能预计到的各类风险都应预先确定各种控制管理措施。但是，在实际工作中很可能会发生一些事先并没有预料的风险，或者风险产生的后果比预期的更为严重，因此还应在风险管理计划中制定一些能根据实际情况进行调整的应变措施，当风险管理计划中的预定措施不足以解决问题时，必须有应急计划和措施。

风险应急计划最主要的目的是在风险发生时，阻止风险扩大化，最大限度地减小风险带来的损失。风险应急计划的针对性一般并不强，通常仅是一些程序上、组织上的保障计划等。

3 固定资产管理

3.1 固定资产管理的特点和原则

1. 固定资产管理的特点

要加强固定资产管理，提高管理效率，就必须明确固定资产管理的特点，具体如下：

(1)固定资产由于价值比较大，购置选择慎重，且往往具有不可替代性和专用性，所以其管理的技术能力要求也比较强，需要由内行的、责任心强的专职人员来管理，并落实责任制，以保证出现问题后能够将责任追究到底，彻底解决。

(2)固定资产管理需要各部门的全力支持和通力协作。固定资产应用于企业生产经营流程的各个环节，对其管理也贯穿于企业生产运营的全过程。对固定资产的维护和管理不仅仅是专职人员的义务，所有相关部门必须共同参与，这样才能全面保证管理质量和使用效率。

(3)由于每项固定资产都有不同的用途和生产效率，所以导致固定资产会计核算比较具体而又负责，方法较多，针对性强，如固定资产的增加可以计入融资租入，也可记为更新改造。工作量大，对会计人员的职业技能要求也比较高。

2. 固定资产管理的原则

除了明确固定资产管理的特点以外，在具体的操作中还应把握和坚持固定资产管理的几项基本原则，具体如下：

(1)全员参与原则。该原则也是由固定资产本身及其管理特点所决定的。首先，固定资产是企业的劳动资料，它具有为企业创造经济效益的作用，但这个作用必须通过工作人员的使用来转化，所以必须有员工的积极参与。其次，由于固定资产应用在企业生产经营的全过程中，所以对其进行维护和管理是全体职工的共同任务，每个员工均应负有管理固定资产的责任，需要全体职工协调一致的努力。

(2)全过程管理原则。固定资产管理应该放宽视野，不仅仅是对日常正常运作的简单维护，还应贯穿于固定资产使用的全过程，从固定资产的投资决策开始进行全程管理，涉及采购、使用、维护、财产清查、报废等多个环节，要有科学的管理计划。

(3)全方位管理原则。现代经济管理所要求的固定资产管理不是单纯的检查、监督与处罚，它要求采用财务管理的专门方法进行科学管理，同时要降低固定资产的购买成本、使用成本、资产流失损失等，即追求向固定资产管理要效益。

3.2 目前固定资产管理存在的问题

近年来，各企业开始关注固定资产管理，也采取了许多措施，取得了明显的成效。但仍存在许多问题，需要高度重视。

1. 固定资产管理意识淡薄

企业一般对固定资产的管理存在片面理解,更多的则是关注固定资产的投资管理,前期的供应商选择及项目考核都能采取较为严谨的计划,但购置后的设备管理却往往容易被忽略,从而造成企业固定资产不能优化配置,关键资源没有发挥应有的作用,产出效率比较低。还有一些企业,在购置之前对企业资产需求的具体情况没有进行相关分析,也不严格遵守企业固定资产购置计划中的相关报批及审批程序,随意性大,财务部门在编制年度财务收支预算计划时,对固定资产的整体把握性差,重复购置现象和资源短缺现象同时存在,部门分配不均,造成资源浪费,致使固定资产的采购配置活动效率低下。

2. 管理手段和方式落后

首先,从固定资产管理的特点出发,要求把握全面性和全员性原则,但很多企业现行固定资产管理模式中,参与固定资产管理工作的主要是资产管理部门、财务部门和使用部门,其他利益相关人员并没有参与管理的责任和意识。其次,对于企业固定资产的管理,企业主要依赖于财务软件中的固定资产模块:资产管理部门通过人工清查的方式,建立固定资产台账,记录具体的使用情况,在每月月末向财务部上报资产的使用数据及状态表;财务部门根据资产管理不提供的数据进行财务处理,在期末组织企业进行固定资产盘点;使用部门只负责设备的正常运作。这种过度分散、互不相干的管理模式使得资产管理部门的工作量较大,财务部门无法了解企业固定资产的动态变化情况,向管理决策层提供的固定资产信息有失偏差,不利于保证发展决策的科学性。

3. 固定资产核算不规范

首先,很多企业的财务部门只登记固定资产总分类账,而不同时登记其明细分类账,账账无法核对;或者疏于日常常规的盘点工作,对已购置或已报废变卖的固定资产没有及时入账,造成固定资产账物不符的现象发生。在机构变更、人员变动时没有办理或没有及时办理资产移交手续,也没有做相应的权责变更记录,责任追究难度大,不利于固定资产的实物管理。其次,对固定资产的折旧损耗采取一刀切的方法进行计提,而没有充分考虑不同资产的损耗特点,或者将折旧不合理地加速,或忽略了无形损耗所造成的折旧计提不足,导致资产的现实状态无法体现。

4. 固定资产改造、扩建问题突出

虽然新准则对固定资产发生的更新改造支出、房屋装修费用等事项做出了明确规定,分为符合确认条件和不符合确认条件两种情况进行处理,但在会计实务中,固定资产的情况却远比准则列举的情况更为复杂,有时会计人员很难按照标准划分清楚,处理方法的不同将会直接影响到企业经营利润。而且,由于存在账实不符的现象,财务部门对固定资产进行增、减账务处理时,难以准确的确认原值和净值。对房屋、设备的改造和扩建,企业一般安排工程处和机动处等部门负责,而财务部门则只需按照结算结果进行会计核算。因为财务部门只关注自己的核算职责,对固定资产的具体使用情况没有一个客观的、切实的把握,所以对更新改造后的固定资产的预计使用年限的确定,以及被拆除部分资产账面价值的确定都缺少第一手资料,故会计核算信息缺乏客观性;也因为财务部门不能及时地掌握改扩建固定资产的时点,将改扩建的固定资产转入"在建工程",会计处理往往不及时,加剧了企业资产账实不符的矛盾。

5. 固定资产内部管理控制不到位

在我国,很多企业的内部控制制度正在逐步的摸索建设当中,对于固定资产管理的内部管理控制目前也尚不到位。出现的问题主要表现以下几个方面:

(1)未落实固定资产管理责任制。固定资产管理责任人的权责不明确,很多管理具体问题出现时相关责任人缺位,责任无法追究,资产的无人管理现象较为普遍。

(2)相关部门之间缺少沟通与协作。固定资产管理部门、财务部门和使用部门各自为政,只局限于部门内部的职责与权限,整体优化配置效率低,导致固定资产经常会出现闲置甚至丢失。

(3)相互牵制,互相监督的体制尚不完善,各个部门之间进行攀比,将固定资产提前报废和重新购置,从而造成了资源的极大浪费。

3.3　提高固定资产管理效率的对策

1. 加强对固定资产管理工作重要性的认识

要想提高固定资产的管理效率,首先应该树立正确的思想态度。而且在这其中起到关键性作用的是领导意识的提高。企业应该在资产管理方面实行单位领导全面负责制以及分管领导主要负责制,强调固定资产管理在企业中的地位,在宏观上提高认识。然后通过政策、文件的下达与宣讲,在基层推行使用者直接负责制,将管理责任落实到具体部门和有关人员自身,明确相关责任人的责任范围,出现问题应及时解决,消除管理混乱,保证资产使用效益,稳定生产经营,实现企业预期经营目标。

2. 借鉴和采用先进的固定资产管理手段

企业的固定资产一般规模大、种类多,各单项固定资产的管理工作仅靠手工管理、统计、核算已远远满足不了现代管理的要求,企业必须实现管理工作的电算化,相互学习先进企业的管理模式,组建功能齐备的数据信息系统,将固定资产的购建、分配、处置、报废、核算等各项业务全部纳入到信息管理系统中进行处理。同时,为了防止电子信息的意外丢失,还应辅助建立固定资产管理卡片,安排固定的管理人员进行定期和不定期的检测,实现固定资产的电子化管理与实时监控,提高管理工作的时效性、科学性和安全性。

3. 完善制度规范固定资产核算

(1)正确界定固定资产的核算范围。《企业会计准则》(财政部令第33号)对固定资产定义取消了量化的价值判断标准,是否将资产纳入固定资产管理范围需要会计人员的职业判断,正确区分低值易耗品和固定资产,因为两种性质的资产成本费用的摊销和计提是不同的,避免因核算科目不科学而影响企业利润。

(2)注重固定资产的财产清查。派专门人员定期对固定资产进行盘点,了解和掌握企业经营所依赖的固定资产的现实状况,及时发现固定资产使用过程中所存在的问题,及时剔除降低企业经济效益的不利因素。

(3)财务部承担起固定资产管理的主要职责。虽然企业固定资产管理是全面的、全方位的管理工作,需要所有相关部门的积极配合,但是财务部门应该责无旁贷地担负起固定资产管理的总责任。要加强与资产管理部门、各设备使用部门之间的协作,建立和健全固定资产管理制度,定期盘点清查库存,做到账账相符、账实相符。

4. 建立完善科学的固定资产后续管理制度

（1）正确实施固定资产折旧管理。固定资产通过折旧方式能够达到更新改造的目的，尤其是加速折旧法的应用。这种计提方法不仅符合收入与成本、费用配比原则，即投入初期生产效率较高，多提折旧，而随着固定资产使用时间的延长，当使用效率逐渐降低时，减少提取的折旧费。而且还体现了稳健性原则，充分估计了可能承担的损失和风险，更好地保证了企业的稳健运营。

（2）对固定资产的处置，无论是自然的正常报废，还是损坏、丢失等非正常报废，或是对外转让、捐赠等，均应报主管部门审批，商讨处置方式、处置效果等具体事宜，同时会计人员还应对固定资产报废、处理的全过程进行追踪检查，监督是否有意假借报废、毁损、转移固定资产之名参与固定资产报废，加强回收价值和处置方式的审核，既保证了会计账簿的合理性和延续性，又能避免固定资产的流失。

5. 健全固定资产内部控制制度

建立权责运行机制是首要任务。在科学、合理的组织结构框架下，所有相关部门和人员均应明确自己的权责利，各项工作可以有序进行，节约处理常规问题的人、财、物投入，提高办事效率。财务部根据企业实际资产使用强度和管理要求以及企业发展目标，制定了一套切实可行的用于考察固定资产使用效率和运行现状的目标体系，如固定资产完好率、维修率、收益率等。通过考评机制，形成固定资产管理的有效机制，奖励先进管理者，对随意侵与、挪用、毁坏、窃取固定资产的违法和失职等行为进行严肃处理，激励和约束员工的行为，调动其参与固定资产管理的积极性，促进各项指标的顺利完成，使固定资产发挥最大的使用价值。

3.4　建筑施工单位固定资产管理中存在的问题及对策

1. 建筑施工单位固定资产管理中存在的主要问题

（1）认识不足，固定资产管理意识淡薄。

建筑施工单位的固定资产主要通过国家财政投资建设而成，长期以来无偿地使用固定资产，不计提固定资产折旧，也不需要进行成本核算，导致了对固定资产管理的重要性认识不足。部分单位的固定资产管理并未设置专门机构和配备专职人员，而是由办公室或其他人员兼职管理或临时代管。单位管理者只注重有严格的财务制度规定的单位公用经费的管理，而在固定资产管理方面，单位内部制度则不健全且执行不力。例如，按照规定每年必须对固定资产进行盘点，但是一到年底，财会人员忙于年终结账和决算，一般都不与实物管理部门逐项清点资产。

（2）固定资产账实不符，家底不清。

主要表现在以下几个方面：

①对购置、新建的固定资产入账不及时。如建造的固定资产，由于资金不足、不及时办理决算等原因，而造成资产未入账；部分单位甚至在建造的建筑物已使用多年后，工程支出仍旧挂在"在建工程"和往来账户中。

②盘盈、接受捐赠和无偿调入的固定资产，由于各种原因滞留账外不入账，形成资产的账外循环。

③对报废和处置的资产仍旧挂在财务账上，造成有账无物，会计信息失真，资产家底不

清。

④有些建筑施工单位不经过本级财政,以专项业务为名,从上级主管部门争取专项资金,由上一级单位进行核算,用部分资金形成的固定资产,不受本单位财务的控制,也不作为固定资产入账,更不对其按照固定资产进行管理。

(3)资产购置缺乏统筹规划,使用效率低。

长期以来,建筑施工单位在固定资产的购置上缺乏统筹规划和科学论证,部门各自为政,只看重局部利益,追求"小而全"的固定资产配置模式,从而导致固定资产配置和布局不合理,缺乏共同配置、调剂使用。如一些单位购置固定资产以后就产生固定资产大量闲置的现象;还有一些单位重复购置固定资产,而使固定资产不能发挥出应有的效能;有些单位购入的固定资产根本没有达到预计的使用效果,或基本上没有使用就进入报废阶段。

(4)管理制度不完善,固定资产流失严重。

在购置环节,一些单位经常购买质量差而价格高的产品或者工程,造成了国有资产的大量流失;在资产使用环节,一些单位由于管理不善,损坏和丢失现象时有发生;在处置资产过程中存在不规范现象,有些单位在处置闲置资产和淘汰设备的过程中,未对资产进行评估或评估过低,有的甚至随意报废还有相当使用价值的设备,从而导致了国有资产的流失。

(5)管理人员业务素质低,不适应管理工作。

在实际工作中,管理人员的学历水平普遍不高,且业务知识陈旧,落后于现实的需要。能够熟练掌握固定资产管理的专业人员人数有限,专职的管理人员更是缺少,多数是兼职人员,身兼数职,频繁更换管理人员,很少有时间学习和掌握资产设备的管理,没有把业务教育问题提到一个相应的高度上来。

2.建筑施工单位固定资产管理的改进措施

(1)增强领导管理意识。

要建立领导责任制,进一步提高建筑施工单位固定资产的管理意识,把固定资产的管理作为考核领导干部政绩的一项重要内容,促使各单位的"一把手"充分认识到管好用好国有资产的重要性,把国有资产管理作为一项重要内容,列入到本单位的工作目标中去。明确相关责任人的职责范围,将资产管理责任落实到个人,定期考核责任履行情况。

(2)建立健全固定资产内部控制制度。

财务部门、资产管理部门和使用部门之间应加强信息的相互沟通,建立有效的内部控制制度,具体应做好以下几个方面的工作:

①加强预算、授权、审批控制。

②建立岗位责任制。

③完善资产转移使用登记制度。

④健全维护、处置制度。

⑤定期实施清查盘点。

⑥建立内部监督制度。

(3)强化资产管理人员素质。

在提高资产管理人员素质的方面应从以下三个方面进行考虑:

2.提高业务理论素质。资产管理人员除了应掌握本职工作所需的专业知识以外,还应掌握国家相关政策及与固定资产有关的各项法律法规,以及本企业的相关规章制度。

②提高政治素质。资产管理人员不能仅满足于本部门的需要,更应从大局和长远出发,增加对工作的热情和责任心。

③提高综合业务处理能力。主要包括提高资产管理人员的组织能力、协调能力、敏锐的洞察分析能力、严密的逻辑思维能力和开拓能力等。

(4)提高固定资产信息化程度。

通过计算机管理,建立固定资产管理信息系统,及时了解和掌握单位的资产存量状况,提高资产的利用率和共享程度。实际应用中要重点抓好以下三个环节:

①对现有的固定资产进行一次彻底的清查,摸清家底,使账实相符、账账相符。

②认真填报统一格式的报表,并建立数据库。在摸清家底的基础上,对固定资产进行具体分类,认真做好分类编号工作,并根据品名设置目录。

③建立自上而下的计算机管理体系与之相适应,主管部门或上级部门可迅速掌握固定资产增减变化情况。

(5)加强执法检查和监督力度。

国有资产管理部门和经济监督部门要把建筑施工单位固定资产的真实完整和保值增值作为监督的重点,及时发现问题、分析问题和解决问题。促进建筑施工单位强化内部管理,完善内控制度,建立健全自我约束机制。

4 建设工程项目会计核算

4.1 会计基础工作

4.1.1 会计及其职能

1. 会计概念

会计是以货币为主要计量单位,以凭证为依据,采用专门的技术方法,对一定单位的资金运动进行全面、综合、连续、系统的核算和监督,提供会计信息、参与经营管理以提高经济效益的一种经济管理工作。

会计学则是人们对会计工作规律的认识,也可以说是研究会计工作的学问。会计学基础主要阐述会计的基本理论、基本方法和基本技能,它是会计学的入门学科。

2. 会计职能

会计的基本职能包括会计核算和会计监督两个方面。其中,会计核算职能是指会计以货币为主要计量单位,对一个单位(特定主体)的经济活动进行记账、算账、报账,为各有关方面提供会计信息的功能;而会计监督职能是指会计人员在进行会计核算的同时,对一个单位经济活动的合法性、合理性进行审核、检查和督促。会计的核算职能与监督职能之间存在着相辅相成、辩证统一的关系。会计核算是会计监督的基础,而会计监督又是会计核算的保障。

随着社会经济的发展,会计又产生了会计预测、决策、控制、分析与考核等多种新的职能。

3. 会计岗位

会计工作岗位一般可分为会计机构负责人或会计主管人员、出纳、财产物资核算、工资核算、成本费用核算、财务成果核算、资金核算、往来结算、总账报表、稽核、档案管理等。开展管理会计的单位,可以根据需要设置相应的工作岗位,也可以与其他工作岗位相结合。

会计工作岗位,可采取一人一岗制,也可采取一人多岗或一岗多人制。但出纳人员不得兼管稽核、会计档案保管以及收入、费用、债权债务账目的登记工作。会计人员的工作岗位应当有计划地进行轮换。

4.1.2 会计要素及其关系

会计要素是对会计对象所进行的基本分类。企业会计要素分为资产、负债、所有者权益、收入、费用及利润六类。其中,资产、负债和所有者权益是反映财务状况的会计要素,收入、费用和利润是反映经营成果的会计要素。

1. 会计要素

(1)资产。

资产是指过去的交易和事项形成的、由企业拥有或控制、预期会给企业带来经济利益的资源。资产按其流动性质可以分为流动资产和非流动资产两大类。

①流动资产。是指可以在一年内或超过一年的一个营业周期内变现或耗用的资产,包括库存现金及各种存款、应收及预付款项、存货(材料、产品)等。

②非流动资产。凡是不符合流动资产条件的资产均为非流动资产,包括长期投资、固定资产、无形资产和其他资产。

(2)负债。

负债是指过去的交易和事项形成的、预期会导致经济利益流出企业的现时义务。负债按其流动性质可以分为流动负债和非流动负债两大类。

①流动负债。是指可以在一年内或超过一年的一个营业周期内偿还的债务,包括短期借款、应付账款、应付职工薪酬、应交税费等。

②非流动负债。是指偿还期在一年或者超过一年的一个营业周期以上的债务,包括长期借款、应付债券、长期应付款等。

(3)所有者权益。

所有者权益是指企业的资产扣除负债后由所有者享有的剩余权益。公司的所有者权益又称股东权益。所有者权益通常分为以下四个项目:

①实收资本。是指投资者投入企业且构成注册资本的那部分资金。

②资本公积金。包括资本(或股本)溢价、外币资本折算差额等。

③盈余公积金。是指按照国家有关规定从利润中提取的公积金。

④未分配利润。是企业留于以后年度分配的利润或待分配利润。

(4)收入。

收入是指企业在日常活动中形成的,会导致所有者权益增加的、与所有者投入资本无关的经济利益的总流入。按照日常活动在企业所处的地位,收入可分为:

①主营业务收入。是指企业为完成其经营目标而从日常活动中取得的主要收入,如建筑企业的合同收入、工商企业的销售商品收入等。

②其他业务收入。是指从主营业务以外的其他日常活动中取得的主要收入,如施工企业提供的机械作业劳务收入、工商企业的销售材料收入等。

(5)费用。

费用是指企业在日常活动中发生的,会导致所有者权益减少的,与向所有者分配利润无关的经济利益的总流出。按照费用与收入之间的关系,费用可以分为:

①营业成本。是指所销售商品或提供劳务的成本。营业成本按其在企业日常活动中所处的地位可以分为主营业务成本和其他业务成本。

②期间费用。是指费用发生时直接计入当期损益的费用。期间费用包括管理费用、销售费用和财务费用。

(6)利润。

利润是企业在一定期间的经营成果。利润等于收入减去费用后的净额;直接计入当期利润的利得和损失。利润按其构成通常分为营业利润、利润总额和净利润。

2.会计等式

会计等式是指反映会计要素数量关系的等式。会计等式可采用下列表示方式:

(1)资产=负债+所有者权益。

这是会计基本等式。企业的资产来源于所有者的投入资本和债权人的借入资金及其在生产经营中所产生的效益,分别归属于所有者和债权人。归属于所有者的部分形成所有者权益;归属于债权人的部分形成债权人权益(即企业的负债)。资产来源于权益(包括所有者权益和债权人权益),资产与权益必然相等。

资产与权益的恒等关系是设置账户、试算平衡、复式记账的理论基础,也是企业编制资产负债表的依据。

(2)收入 - 费用 = 利润。

该等式反映了收入、费用和利润三者之间的关系,是企业编制利润表的基础。在实际工作中,收入减去费用,还要再进行调整,才等于利润。

(3)资产 = 负债 + 所有者权益 + 收入 - 费用。

这是会计综合等式。它表明了会计主体的财务状况与经营成果之间的联系。企业的经营成果最终会影响到企业的财务状况。

企业发生的经济业务,会引起会计等式中各个会计要素的增减变动,但不会破坏会计基本等式的平衡。

【例4.1】 某企业刚刚成立,假定7月初有银行存款3 000 000元,短期借款300 000元,实收资本2 700 000元。

7月发生了下列经济业务:

(1)接收投资者投入的金额5 000 000元支票一张,存入企业银行账户;

(2)从银行借入1年期的借款1 000 000元,款已经划入企业银行账户。

要求在表4.1中,计算该厂7月末的资产、负债和所有者权益。

【解】

表4.1 资产、负债和所有者权益计算表

题号	资产	负债	所有者权益
月初	3 000 000	300 000	2 700 000
(1)	+5 000 000		+5 000 000
(2)	+1 000 000	+1 000 000	
期末	9 000 000	1 300 000	7 700 000

验证 资产 = 9 000 000元

负债 + 所有者权益 = 1 300 000元 + 7 700 000元 = 9 000 000元

得到 资产 = 负债 + 所有者权益

4.1.3 会计科目和账户

1. 会计科目

会计科目简称"科目",是对会计要素的具体内容进行分类核算的项目。会计科目必须根据合法性、相关性和实用性原则进行设置。企业在不影响会计核算要求和会计报表指标汇总,以及对外提供统一的财务报告的前提下,可以根据实际情况自行增设、减少或合并某些会计科目。为了正确地掌握和运用会计科目,可按照下列标准对会计科目进行适当的分类:

(1)会计科目按其所归属的会计要素即经济内容不同进行分类,执行《企业会计准则》的企业其会计科目可以划分为资产类科目、负债类科目、所有者权益类科目、共同类、成本类科目和损益类科目六大类。

（2）会计科目按其所提供信息的详细程度及其统驭关系的不同，可分为总分类科目和明细分类科目两类。前者是对会计要素的具体内容进行总括分类、提供总括信息的会计科目；后者是对总分类科目作进一步分类、提供更为详细和具体的会计信息的科目。对于明细科目较多的总账科目，可在总分类科目与明细科目之间设置二级或多级科目，见表4.2。

表4.2 科目举例表

总分类科目（一级科目）	明细分类科目	
	子目（二级科目）	细目（三级科目）
原材料	主要材料	钢材
		水泥
		木材
	结构件	
	机械配件	
	其他材料	

2. 账户

账户是根据会计科目开设的，具有一定结构、用以分类核算会计要素情况的载体。账户的基本结构，在金额部分通常划分为左、右两方，用来记录各项会计要素增加和减少的数额。如果在右方记增加额，则在左方记减少额；反之亦然。账户左右两方的金额栏，其中一方记录增加额，另一方则记录减少额。增减金额相抵后的差额，称为账户的余额。因此，在账户中所记录的金额，可以分为期初余额、本期增加额、本期减少额和期末余额。这四项金额之间的关系，可采用下列关系式表示：

$$期末余额 = 期初余额 + 本期增加发生额 - 本期减少发生额 \qquad (4.1)$$

每个账户的期末余额一般在增加方。为了便于说明，可将上列账户的左、右两方略去有关栏次，用简化的账户格式表示如图4.1所示。

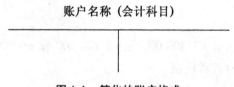

图4.1 简化的账户格式

账户的基本结构在金额部分为左、右两方，由于这种格式很像英文字母"T"，所以简称"T"形账户。至于账户的左、右两方，用哪一方登记增加额，哪一方登记减少额，则由账户的性质及类型决定。

账户按提供会计信息的详细程度分为总分类账户和明细分类账户。其中，总分类账户又称总账账户，指按照总分类科目开设，用以反映某一类经济业务总括资料的账户；明细分类账户又称明细账户，指按照明细科目开设，用以反映某一类经济业务详细资料的账户。

4.1.4　借贷记账法操作要点

借贷记账法是以会计等式为依据,以"借"、"贷"作为记账符号的一种复式记账法。所谓复式记账法,是指对任何一项经济业务,都必须用相等的金额在两个或两个以上的有关账户中以相互联系的方式进行登记的一种记账方法。

1. 记账符号

借贷记账法以"借"、"贷"为记账符号,分别作为账户的左、右两方。至于是"借"表示增加,还是"贷"表示增加,则取决于账户的性质及结构。

"借"、"贷"两字的原意是指意大利的借贷商人在记账时,通常借款人记借主,贷款人记贷主。现在,"借"、"贷"两字已失去了原来的含义,成为了记账符号。"借"通常表示账户的左方,而"贷"则表示账户的右方。

在结合具体不同性质的账户时,"借"和"贷"则有了明确的含义。借表示资产增加、负债减少、所有者权益减少、收入减少、费用增加及利润减少,其实质是表示资金的形式或去向;贷的具体表示正好相反,其实质是表示资金的来源。

"借"、"贷"在账户中则表现为记录方位,被称为借方和贷方,它们是登记会计要素的增加额或减少额的方向位置。正是这种借方和贷方方位相反的记录方法,使得借贷记账法在记录方法上具有既科学又简便的特点,由此形成了一套科学且完整的方法体系。

借贷记账法的账户格式如图4.2所示。

账户名称（会计科目）

借方	贷方
资产的增加	资产的减少
成本费用的增加	成本费用的减少
负债的减少	负债的增加
所有者权益的减少	所有者权益的增加
收入的减少（转销）	收入的增加
利润的减少（转销）	利润的增加

图4.2　借贷记账法的账户格式

2. 账户分类及其结构

掌握借贷记账法,只有了解账户的结构以及账户所反映的经济内容,才能正确地运用记账规则,登记账簿。

(1)在借贷记账法下,账户按内容可划分为资产类账户、负债类账户、所有者权益类账户、共同类账户、成本类账户和损益类账户六大类。各类账户的结构如下:

①资产类和成本类账户。借方登记增加、贷方登记减少、余额在借方。

②负债类和所有者权益类账户。借方登记减少、贷方登记增加、余额在贷方。

③损益类账户中费用类账户。借方登记增加、贷方登记减少、期末一般无余额。

④损益类账户中收入账户。借方登记减少、贷方登记增加、期末一般无余额。

(2)在借贷记账法下,账户按余额方向可划分为余额方向一般在借方的账户、余额方向一般在贷方的账户、余额方向不一定的账户和无余额的账户四种。

①对于资产类和成本类账户的余额一般在借方,其余额计算公式为:

资产类账户期末借方余额 = 期初借方余额 + 本期借方发生额 − 本期贷方发生额 (4.2)

②对于负债类、所有者权益类和收入类账户,借方登记减少数,贷方登记增加数,如有余额,余额一般在借方。

③负债类和所有者权益类账户的期末余额一般出现在贷方,其余额计算公式为:

权益类账期末贷方余额 = 期初贷方余额 + 本期贷方发生额 − 本期借方发生额 (4.3)

但应注意的是:个别资产类账户的余额在贷方,例如累计折旧、坏账准备等;有些资产类账户的余额既可能在借方也可能在贷方,例如对于"应收账款"账户,如果本期收回的款项大于应收款项(即存在预收款项),则期末"应收账款"账户的余额就在贷方,表示预收的款项,此时"应收账款"账户也就变成负债性质的账户了。个别负债、所有者权益类账户的期末余额可能在借方,如利润分配 – 未分配利润、应付账款等。

3. 记账规则

借贷记账法的记账规格是"有借必有贷,借贷必相等",即对于每一笔经济业务都要在两个或两个以上相互联系的账户中以借方和贷方相等的金额进行登记。

从资产、权益角度来讲,四类基本经济业务的记录情况见表4.3。

表4.3　基本经济业务的记录情况

经济业务类型	各类账户应记方向		记入金额	总量情况	结论:记账规格
	资产类	权益类			
资产、权益同时增加	借	贷	等量增加	总量增加	有借必有贷,借贷必相等
资产、权益同时减少	贷	借	等量减少	总量减少	
资产内部一增一减	借、贷		等量增减	总量不变	
权益内部一增一减		贷、借	等量增减	总量不变	

4. 账户对应关系

一项经济业务所涉及的账户之间的借贷关系,称为账户的对应关系;而具有对应关系的账记,则称为对应账户。

为了保证记录的正确性且便于检查,要采用确定账户对应关系及其金额的方法,即编制会计分录。会计分录是指对某项经济业务标明其应借应贷会计科目及其金额的记录,简称分录。

按照所涉及账户的数量,会计分录分为简单会计分录和复合会计分录两种。前者是指只涉及一个账户借方和另一个账户贷方的会计分录,即一借一贷的会计分录;后者是指由两个以上(不含两个)对应账户所组成的会计分录,即一借多贷、一贷多借或多借多贷的会计分录。

在一般情况下,借贷记账法的账户对应关系应十分清楚。为了使账户之间保持清晰的对应关系,在借贷记账法下,一般编制一借一贷、一借多贷或多借一贷的会计分录,尽量避免编制多借多贷的会计分录。原因是从多借多贷的会计分录中无法看出账户的对应关系。

会计分录的编制应按下列步骤进行:

（1）分析经济业务事项,确定涉及了哪些账户。

（2）分析涉及的账户,是增加,还是减少;是资产(费用、成本),还是权益(收入),确定账户的记录方向,即借方和贷方。

（3）分析涉及的账户金额,确定应借应贷账户的金额,借、贷双方的金额是否相等。

5. 试算平衡

在借贷记账法下,试算平衡是运用借贷记账规则和会计等式的原理来检查和验证各个账户记录是否正确的一种方法。借贷记账法下的平衡方法主要分为发生额平衡和余额平衡两种。

（1）发生额试算平衡法。

发生额试算平衡法是根据本期所有账户借方发生额合计与贷方发生额合计的恒等关系,来检验本期发生额记录是否正确的方法,可用下列关系式来表示:

$$\text{全部账户本期借方发生额合计} = \text{全部账户本期贷方发生额合计} \qquad (4.4)$$

（2）余额试算平衡法。

余额试算平衡法是根据本期所有账户借方余额合计与贷方余额合计的恒等关系,来检验本期账户记录是否正确的方法。根据余额时间的不同又分为期初余额平衡与期末余额平衡两类,用下式表示为:

$$\text{全部账户的借方期初余额合计} = \text{全部账户的贷方期初余额合计} \qquad (4.5)$$
$$\text{全部账户的借方期末余额合计} = \text{全部账户的贷方期末余额合计} \qquad (4.6)$$

在实际工作当中,余额试算平衡一般通过编制试算平衡表的方式进行。试算平衡,说明记账基本正确,但不是绝对正确。因为有些登记错误,是试算平衡表无法发现的,如漏记或重记某项业务等。

4.2　账务处理程序

4.2.1　会计凭证

1. 会计凭证的概念和种类

（1）会计凭证的概念。

会计凭证是记录经济业务事项发生或完成情况的书面证明,也是登记账簿的依据。合法地取得、正确地填制和审核会计凭证,是会计核算工作的起点。

（2）会计凭证的种类。

会计凭证按编制程序和用途的不同,可分为原始凭证和记账凭证两类。

①原始凭证。原始凭证又称单据,是在经济业务发生或完成时取得或填制的,用来记录或证明经济业务发生或完成情况的文字凭据。它是登记账簿的原始依据。原始凭证按填制手续和内容的不同,可分为一次凭证、累计凭证和汇总凭证三类。

a. 一次凭证。一次凭证是指一次填制完成、只记录一笔经济业务的原始凭证。一次凭证是一次有效的凭证,如领料单。领料单要按“一料一单”的方式进行填制,即一种原材料填写一张单据,一般一式四联,见表4.4。第一联为存根联,留领料部门备查;第二联为记账联,留会计部门作为出库材料核算的依据;第三联为保管联,留仓库作为记材料明细账的依据;第四联为业务联,留供应部门作为物质供应统计的依据。领料单应由车间经办人员填制,车间负责人、领料人、仓库管理员和发料人均需在领料单上签字,无签章或签章不全的均视为无效,不能作为记账的依据。

表4.4 领料单

领料部门:一车间

用途:生产甲产品 2013 年 5 月 10 日 凭证编号:023

材料编号	材料名称及规格	计量单位	数量		价格		
			请领	实发	单价	金额	第
45712	A 材料	千克	38	38	19.80	752.40	二联
							记
							账
							联
备注:					合计	¥752.40	

记账:(印)　　　　审批人:(印)　　　　领料人:(印)　　　　发料人:(印)

b. 累计凭证。累计凭证是指在一定时期内多次记录发生的同类型经济业务的原始凭证。其特点是在一张凭证内可以连续登记相同性质的经济业务,随时结出累计数及结余数,并按照费用限额进行费用控制,期末按实际发生额记账。累计凭证是多次有效的原始凭证,如限额领料单。限额领料单由生产、计划部门根据下达的生产任务和材料消耗定额,并按每种材料的用途分别开出,一单一料,见表4.5。

表4.5 限额领料单
2013 年 6 月

领料部门:一车间 号库

编号:021 发料仓库:2

材料编号	材料名称	规格	计量单位	领用限额	单价	全月实用	
						数量	金额
1105	钢材	20 mm 圆钢	kg	1 000	5 元	950	4 750
领料日期	请领数量		实发数量	领料人签章	发料人签章		限额结余
4	200		200				800
10	300		300				500
16	200		200				300
22	100		100				200
28	150		150				20
合计	950		950				

供应部门负责人:(印)　　　　生产部门负责人:(印)　　　　仓库管理员:(印)

c. 汇总凭证。汇总凭证是指对一定时期内反映经济业务内容相同的若干张原始凭证,按照一定标准综合填制的原始凭证,如发料凭证汇总表。发料凭证汇总表是根据领料单按部门、材料类别编制而成的,见表4.6。

表4.6 发料汇总表

附领料单30份　　　　　　　　　　2013年6月30日　　　　　　　　　　单位:元

会计科目	领料部门	原材料	燃料	合计
基本生产成本	一车间	5 000	10 000	15 000
	二车间	7 000	13 000	20 000
	小计	12 000	23 000	35 000
辅助生产成本	供电车间	6 000	1 500	7 500
	锅炉车间		3 000	3 000
	小计	6 000	4 500	10 500
制造费用	一车间	350		350
	二车间	550		550
	小计	900		900
管理费用		200	300	500
合计		19 100	27 800	46 900

会计主管:(印)　　　　　　　审核:(印)　　　　　　　制单:(印)

②记账凭证。记账凭证又称记账凭单,是会计人员根据审核无误的原始凭证按照经济业务事项的内容进行归类,并以此为依据来确定会计分录后所填制的会计凭证。它是登记账簿的直接依据。记账凭证按内容的不同,可分为收款凭证、付款凭证和转账凭证三类。其中,收款凭证是指用于记录现金和银行存款收款业务的会计凭证;付款凭证是指用于记录现金和银行存款付款业务的会计凭证;转账凭证是指用于记录不涉及现金和银行存款业务的会计凭证。

企业记账凭证也可以不分收、付、转凭证,采用一种通用记账凭证。

2. 原始凭证的填制与审核

(1)原始凭证的填制要求。

①记录要真实。原始凭证所填列的经济业务,其内容和数字必须真实可靠,且符合实际情况。

②内容要完整。原始凭证所要求填列的项目必须逐项填列齐全,不得遗漏和省略。

③手续要完备。单位自制的原始凭证必须有经办单位领导人或其他指定人员的签名盖章;对外开出的原始凭证必须加盖本单位的公章;从外部取得的原始凭证,必须盖有填制单位的公章;从个人取得的原始凭证,必须有填制人员的签名盖章。

④书写要清楚、规范。原始凭证要按照规定填写,文字要简明扼要,字迹要清楚、易于辨认,不得使用未经国务院公布的简化汉字。大小写金额必须相符且填写规范,大写金额用汉字壹、贰、叁、肆、伍、陆、柒、捌、玖、拾、佰、仟、万、亿、元、角、分、零、整等来表示,一律用正楷或行书字书写;小写金额用阿拉伯数字逐个书写,不得写连笔字。在金额前要填写人民币符号"￥",并且人民币符号"￥"与阿拉伯数字之间不得留有空白。金额数字一律填写到角、分,无角、分的,写"00"或符号"—";有角无分的,分位写"0",不得用符号"—"来代替。大写金额前未印有"人民币"字样的,应加写"人民币"三个字,并且"人民币"字样和大写金额之间不得留有空白。大写金额到元或角为止的,后面要写"整"或"正"字;有分的,不写"整"或"正"字。如小写金额为￥2005.00,大写金额应写成"贰仟零伍元整"。

⑤编号要连续。如果原始凭证已预先印定编号,在写坏作废时,应加盖"作废"戳记,并

妥善保管,不得撕毁。

⑥不得涂改、刮擦、挖补。原始凭证有错误的,应由出具单位重开或更正,更正处应加盖出具单位印章。原始凭证金额有错误的,应由出具单位重开,不得在原始凭证上进行更正。

⑦填制要及时。各种原始凭证一定要及时填写,并按照规定的程序及时送交会计机构经会计人员进行审核。

(2)原始凭证的审核内容。

原始凭证的审核内容主要包括原始凭证的真实性、合法性、合理性、完整性、正确性和及时性。经审核的原始凭证应根据下列情况进行处理:

①对于完全符合要求的原始凭证,应及时据以编制记账凭证入账。

②对于真实、合法、合理但内容不够完整、填写有错误的原始凭证,应退回给有关经办人员,由其负责将有关凭证补充完整、更正错误或重开后,再办理正式会计手续。

③对于不真实、不合法的原始凭证,会计机构和会计人员有权不予接受,并向单位负责人报告。

出纳人员在办理收款或付款业务之后,应在原始凭证上加盖"收讫"或"付讫"的戳记,以避免重收重付。

3.记账凭证的填制与审核

(1)编制记账凭证的基本要求。

①记账凭证的各项内容必须完整。

②记账凭证应连续编号。一笔经济业务需要填制两张以上记账凭证的,可采用分数编号法进行编号。

③记账凭证的书写应清楚、规范。相关要求与原始凭证相同。

④记账凭证可根据每一张原始凭证填制,或根据若干张同类原始凭证汇总编制,也可根据原始凭证汇总表填制;但不得将内容和类别不同的原始凭证汇总填制在一张记账凭证上。

⑤除了结账和更正错误的记账凭证可以不附原始凭证以外,其他记账凭证必须附有原始凭证。

⑥填制记账凭证时如果发现错误,则应重新填制。已登记入账的记账凭证在当年内发现填写错误时,可用红字填写一张与原内容相同的记账凭证,在摘要栏内注明"注销某月某日某号凭证"的字样,同时再用蓝字重新填制一张正确的记账凭证,注明"订正某月某日某号凭证"的字样。如果会计科目没有错误,只是金额错误,也可将正确数字与错误数字之间的差额另外编制一张调整的记账凭证,调增金额用蓝字,调减金额用红字。如果发现以前年度记账凭证有错误,则应用蓝字填制一张更正的记账凭证。

⑦记账凭证填制完经济业务事项以后,如有空行,则应自金额栏最后一笔金额数字下的空行处至合计数上的空行处划线注销。

(2)编制记账凭证的具体要求。

①收款凭证的编制要求。收款凭证左上角的"借方科目"按收款的性质填写"现金"或"银行存款";日期应填写编制本凭证的日期;右上角填写编制收款凭证的顺序号;"摘要"填写对所记录的经济业务的简要说明;"贷方科目"填写与收入现金或银行存款相对应的会计科目;"记账"是指该凭证已登记账簿的标记,防止经济业务事项重记或漏记;"金额"是指该项经济业务事项的发生额;该凭证右边的"附件张"是指本记账凭证所附原始凭证的张数;最

下边分别由有关人员签章,以明确经济责任。

②付款凭证的编制要求。付款凭证的编制方法与收款凭证大致相同,只是左上角由"借方科目"变为"贷方科目",凭证中间由"贷方科目"变为"借方科目"。

对于涉及到"现金"和"银行存款"之间的经济业务,一般只编制付款凭证,不编制收款凭证。如从银行提取现金 10 000 元,以备零星开支,要填付款凭证。

③转账凭证的编制要求。转账凭证将经济业务事项中所涉及到的全部会计科目按照先借后贷的顺序记入"会计科目"栏中的"一级科目"和"二级及明细科目",并按应借、应贷方向分别记入"借方金额"或"贷方金额"栏。其他项目的填列与收、付款凭证相同。

(3)记账凭证的审核内容。

记账凭证的审核内容主要包括内容是否真实,项目是否齐全,科目是否正确,金额是否正确,书写是否正确。

4.2.2　会计账簿

1. 会计账簿的概念和种类

(1)会计账簿的概念和意义。

会计账簿是指由一定格式的账页组成的,以经过审核的会计凭证为依据,全面、系统、连续地记录各项经济业务的簿籍。各单位应按照国家统一的会计制度的规定和会计业务的需要设置会计账簿。

设置和登记账簿是编制会计报表的基础,是连接会计凭证与会计报表的中间环节,在会计核算中具有十分重要的意义。通过账簿的设置和登记,可以记载、储存、分类、汇总、检查、校正、编报、输出会计信息。

(2)会计账簿与账户的关系。

账户存在于账簿之中,账簿中的每一账页就是账户的存在形式和载体,没有账簿,账户就无法存在;账簿序时、分类地记载经济业务,是在个别账户中完成的。因此,账簿只是一个外在形式,账户才是它的真实内容。账簿与账户之间的关系是形式和内容的关系。

(3)会计账簿的分类。

①按账页格式的不同,会计账簿可分为两栏式账簿、三栏式账簿、多栏式账簿、数量金额式账簿和横线登记式账簿。

a. 两栏式账簿。两栏式账簿是指只有借方和贷方两个基本金额栏目的账簿。

b. 三栏式账簿。三栏式账簿是指设有借方、贷方和余额三个基本栏目的账簿。各种日记账、总分类账以及资本、债权、债务明细账都可采用这种格式的账簿。三栏式账簿又分为设对方科目和不设对方科目两种,区别是在摘要栏和借方科目栏之间是否有一栏"对方科目"。设有"对方科目"栏的,称为设对方科目的三栏式账簿;不设"对方科目"栏的,则称为不设对方科目的三栏式账簿。

c. 多栏式账簿。多栏式账簿是指在账簿的两个基本栏目(借方和贷方)按需要分设若干专栏的账簿。收入、费用明细账一般均采用这种格式的账簿。

d. 数量金额式账簿。数量金额式账簿的借方、贷方和余额三个栏目内,都分别设有数量、单价和金额三个小栏,借以反映财产物资的实物数量和价值量。原材料、库存商品、产成品等明细账一般都采用这种格式的账簿。

e.横线登记式账簿。横线登记式分类账是指采用横线登记,即将每一相关的业务登记在一行,从而可依据每一行各个栏目的登记是否齐全来判断该项业务的进展情况。该分类账适用于登记材料采购业务、应收票据和一次性备用金业务。

②按用途的不同,会计账簿可分为序时账簿、分类账簿和备查账簿。

a.序时账簿。序时账簿又称日记账,是按照经济业务发生或完成时间的先后顺序逐日逐笔进行登记的账簿。在我国,大多数单位一般只设库存现金日记账和银行存款日记账。

b.分类账簿。分类账簿是对全部经济业务事项按照会计要素的具体类别而设置的分类账户进行登记的账簿。按照总分类账户分类登记经济业务事项的分类账簿称为总分类账簿,简称总账;按照明细分类账户分类登记经济业务事项的分类账簿称为明细分类账簿,简称明细账。分类账簿所提供的核算信息是编制会计报表的主要依据。

c.备查账簿。备查账簿简称备查簿,是对某些在序时账簿和分类账簿等主要账簿中都不予登记或登记不够详细的经济业务事项进行补充登记时使用的账簿。

③按外形特征的不同,会计账簿可分为订本账、活页账和卡片账。

a.订本账。订本账是在启用之前就已将账页装订在一起,并对账页进行了连续编号的账簿。这种账簿一般适用于总分类账、现金日记账和银行存款日记账。

b.活页账。活页账在账簿登记完毕之前并不固定的装订在一起,而是装在活页账夹中。当账簿登记完毕之后(通常是一个会计年度结束之后),才将账页予以装订,加具封面,并对各账页进行连续编号。各种明细分类账一般均采用活页账的形式。

c.卡片账。卡片账是指将账户所需的格式印刷在硬卡上。严格来讲,卡片账也是一种活页账,只是它不装在活页账夹中,而装在卡片箱内。在我国,一般只对固定资产的核算采用卡片账形式。

2.会计账簿的内容、启用与记账规则

(1)会计账簿的基本内容。

①封面。用来标明账簿的名称。

②扉页。用来列明科目索引、账簿启用和经管人员一览表。

③账页。是账簿用来记录经济业务事项的载体,包括账户的名称、登记账户的日期栏、凭证种类和号数栏、摘要栏、金额栏、总页次、分户页次等基本内容。

(2)会计账簿的启用。

启用会计账簿时,应在账簿封面上写明单位名称和账簿名称,并在账簿扉页上附启用表。启用订本式账簿时,应从第一页到最后一页顺序编定页数,不得跳页、缺号。使用活页式账页时,应按账户顺序编号,而且必须定期装订成册;装订后再按实际使用的账页顺序编定页码,另加目录,记明每个账户的名称和页次。

(3)会计账簿的记账规则。

①登记会计账簿时,应将会计凭证的日期、编号、业务内容摘要、金额和其他有关资料逐项记入账内,做到数字准确、摘要清楚、登记及时、字迹工整。

②登记完毕以后,要在记账凭证上签名或盖章,并注明已经登账的符号表示已经记账。

③账簿中书写的文字和数字上面要留有适当的空格,不要写满格,一般应占格距的一半。数字书写时应注意:不得连笔书写,每个数字一般要紧贴底线书写,并有60°左右的倾斜度。书写数字"6"时,上端要比其他数字高出1/4,书写数字"7"、"9"时,下端要比其他数字伸出

1/4。在记账时,规范的书写方法如图4.3所示。

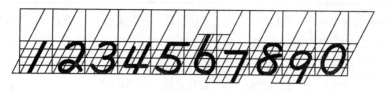

图4.3　记账时规范的数字书写格式

④登记账簿要用蓝黑墨水或碳素墨水书写,不得使用圆珠笔(银行的复写账簿除外)或铅笔书写。

⑤下列情况,可以采用红色墨水记账:

a. 按照红字冲账的记账凭证,冲销错误记录。

b. 在不设借贷等栏的多栏式账页中,登记减少数。

c. 在三栏式账户的余额栏前,如未印明余额方向的,则在余额栏内登记负数余额。

d. 根据国家统一的会计制度的规定可以用红字登记的其他会计记录。

⑥各种账簿均应按照页次顺序连续登记,不得跳行、隔页。如果发生跳行、隔页现象,则应将空行、空页划线注销,或注明"此行空白"、"此页空白"等字样,并由记账人员签名或盖章。

⑦凡是需要结出余额的账户,结出余额以后,应在"借"或"贷"等栏内写明"借"或"贷"等字样。没有余额的账户,应在"借"或"贷"栏内写"平"字,并在"余额"栏用"Q"表示。

⑧每一账页登记完毕结转下页时,应结出本页合计数及余额,写在本页的最后一行和下页第一行的有关栏内,并在摘要栏内注明"过次页"和"承前页"字样;也可将本页的合计数及金额只写在下页第一行的有关栏内,并在摘要栏内注明"承前页"字样。

对需要结计本月发生额的账户,结计"过次页"的本页合计数应为自本月初起至本页末止的发生额合计数;对需要结计本年累计发生额的账户,结计"过次页"的本页合计数应为自年初起至本页末止的累计数;对既不需要结计本月发生额,又不需要结计本年累计发生额的账户,可只将每页末的余额结转次页。

3. 会计账簿的格式和登记方法

(1)日记账的格式和登记方法。

①现金日记账的格式和登记方法。

a. 现金日记账的格式。现金日记账是用来核算和监督库存现金每天的收入、支出和结存情况的账簿,其格式有三栏式和多栏式两种。不管是采用三栏式或多栏式现金日记账,均须使用订本账。

b. 现金日记账的登记方法。现金日记账由出纳人员根据与现金收付有关的记账凭证,按时间顺序逐日逐笔进行登记,并根据公式"上日余额＋本日收入－本日支出＝本日余额",逐日结出现金余额,并与库存现金实存数进行核对,以检查每日现金收付是否有误。现金日记账(三栏式)见表4.7。

表 4.7　现金日记账（三栏式）

2013 年		凭证字号	摘要	对应科目	借方	贷方	借或贷	余额
月	日							
6	1		期初余额				借	1600.00
	5	现付1	预付差旅费	其他应收费		400.00	借	1200.00
	6	银付3	提取现金	银行存款	500.00		借	700.00

②银行存款日记账的格式和登记方法。银行存款日记账是用来核算和监督银行存款每日的收入、支出和结余情况的账簿。银行存款日记账应按企业在银行开立的账户和币种分别进行设置，每个银行账户设置一本日记账。其格式和登记方法与现金日记账相同。

（2）总分类账的格式和登记方法。

①总分类账的格式。总分类账是按照总分类账户分类登记以提供总括会计信息的账簿。总分类账最常用的格式为三栏式，设置借方、贷方和余额三个基本金额栏目，见表 4.8。

表 4.8　总分类账（三栏式）

账户名称：原材料

×年		凭证字号	摘要	借方										贷方										借或贷	余额									
月	日			亿	千	百	十	万	千	百	十	元	角	分	亿	千	百	十	万	千	百	十	元	角	分		亿	千	百	十	万	千	百	十	元	角	分
12	1		期初余额																							借											

②总分类账的登记方法。总分类账可根据记账凭证逐笔登记，也可根据经过汇总的科目汇总表或汇总记账凭证等进行登记。

（3）明细分类账的格式和登记方法。

①明细分类账的格式。明细分类账是根据二级账户或明细账户开设账页，分类、连续地登记经济业务以提供明细核算资料的账簿。明细分类账的格式有三栏式、多栏式、数量金额式和横线登记式（或称平行式）等多种。

a. 三栏式明细分类账。三栏式明细分类账是设有借方、贷方和余额三个栏目，用以分类核算各项经济业务，并提供详细核算资料的账簿。三栏式明细分类账的格式与三栏式总分类账相同，适用于只进行金额核算的账户。

b. 多栏式明细分类账。多栏式明细分类账是将属于同一个总账科目的各个明细科目合并在一张账页上进行登记的账簿,其适用于成本费用类科目的明细核算。

c. 数量金额明细分类账。数量金额式明细分类账的借方(收入)、贷方(发出)和余额(结存)都分别设有数量、单价和金额三个专栏,它适用于既要进行金额核算又要进行数量核算的账户,见表4.9。

表4.9 库存材料明细账

材料类别:主要材料   存放地点:

材料名称及规格:32.5级水泥   计量单位:吨

年		凭证		摘要	收入			发出			结存		
月	日	种类	号数		数量	单价	金额	数量	单价	金额	数量	单价	金额
1				月初结存							550	285	156 750
		记	01	领用材料				400	285	114 000	150	285	42 750
		记	05	领用材料				100	285	28 500	50	285	14 250
		记	10	材料退库	2	285	570				52	285	14 820
				本期发生额及余额	2	285	570	500	285	142 500	52	285	14 820

d. 横线登记式明细分类账。横线登记式明细分类账是指采用横线登记,即将每一相关的业务登记在一行,从而可依据每一行中各个栏目的登记是否齐全来判断该项业务的进展情况。该明细分类账适用于登记材料采购业务、应收票据和一次性备用金业务。

②明细分类账的登记方法。不同类型经济业务的明细分类账可根据管理需要,依据记账凭证、原始凭证或汇总原始凭证逐日逐笔或定期汇总登记。固定资产、债权、债务等明细账应逐日逐笔登记;库存商品、原材料、产成品收发明细账以及收入、费用明细账既可逐笔登记,也可定期汇总登记,见表4.10。

表4.10 基本生产成本明细账

总第 页

成本对象:A产品   生产车间:一车间   投产时间: 字第 × 页

××年		凭证		摘要	成本项目			合计
月	日	字	号		直接材料	直接人工	制造费用	
1	31	1	$\frac{1}{3}$	分配原材料费用	180 000			180 000
	31	3	$\frac{1}{2}$	分配工资费用		50 000		50 000
	31	4	$\frac{1}{2}$	分配社保费用		15 400		15 400
	31		10	分配制造费用			79 835	79 835
	31			生产费用合计	180 000	65 400	79 835	325 235
	31		11	结转完工产品成本	163 000	62 755	76 002	289 757
	31			月末在产品成本	17 000	2 645	3 833	35 478

4.对账

(1)账证核对。

账证核对是指核对会计账簿记录与原始凭证、记账凭证的时间、凭证字号、内容、金额是否一致,记账方向是否相符。

(2)账账核对。

账账核对是指核对不同会计账簿之间的账簿记录是否相符,具体内容如下:

①总分类账簿有关账户的余额核对。

②总分类账簿与所属明细分类账簿核对。

③总分类账簿与序时账簿核对。

④明细分类账簿之间的核对。

(3)账实核对。

账实核对是指各项财产物资、债权债务等账面余额与实际数额之间的核对,具体内容如下:

①现金日记账账面余额与库存现金数额是否相符。

②银行存款日记账账面余额与银行对账单的余额是否相符。

③各项财产物资明细账账面余额与财产物资的实有数额是否相符。

④有关债权债务明细账账面余额与对方单位的账面记录是否相符。

5.错账更正方法

账簿记录如果发生错误,不准进行涂改、挖补、刮擦或用药水消除字迹,也不准重新抄写,必须更正。错账更正的方法有划线更正法、红字更正法和补充登记法三种。

(1)划线更正法。

在结账前发现账簿记录有文字或数字错误,而记账凭证没有错误时,可采用划线更正法。更正时,可在错误的文字或数字上划一条红线,在红线的上方填写正确的文字或数字,并由记账及相关人员在更正处盖章。

对于数字错误,应全部划红线更正,不得只更正其中的错误数字;对于文字错误,则可只划去错误的部分。

(2)红字更正法。

记账后在当年内发现记账凭证所记的会计科目错误,或者会计科目无误而所记金额大于应记金额,从而引起记账错误时,可采用红字更正法。具体的更正方法如下:

①记账凭证会计科目错误时,可用红字填写一张与原记账凭证完全相同的记账凭证,以示注销原记账凭证,然后再用蓝字填写一张正确的记账凭证,并据以记账。

②记账凭证会计科目无误而所记金额大于应记金额时,应按多记的金额用红字编制一张与原记账凭证应借、应贷科目完全相同的记账凭证,以冲销多记的金额,并据以记账。

(3)补充登记法。

记账后如果发现记账凭证填写的会计科目无误,而只是所记金额小于应记金额,则可采用补充登记法。更正方法是:按少记的金额用蓝字编制一张与原记账凭证应借、应贷科目完全相同的记账凭证,以补充少记的金额,并据以记账。

6.结账

结账是指在将本期内发生或调整、结转的经济业务事项全部登记入账的基础上,结算出有关账户的本期发生额和余额的工作。

（1）结账的程序。

①将本期发生的经济业务事项全部登记入账，并保证其正确性。

②根据权责发生制的要求，调整有关账项，合理确定本期内应计的收入和费用。

③将损益类科目转入"本年利润"科目，结平所有损益类科目。

④结算出资产、负债和所有者权益科目的本期发生额和余额，并结转下期。

（2）结账的方法。

①对于无需按月结计本期发生额的账户，每次记账以后，都要随时结出余额，每月的最后一笔余额即为月末余额。月末结账时，不需要再结计一次余额，而仅需在最后一笔经济业务事项记录之下通栏划单红线即可。

②现金、银行存款日记账和需要按月结计发生额的收入、费用等明细账，每月结账时，要结出本月发生额和余额，在摘要栏内注明"本月合计"字样，并在下面通栏划单红线。

③需要结计本年累计发生额的某些明细账户，每月结账时，应在"本月合计"一行下结出自年初起至本月末止的累计发生额，登记在月份发生额的下面，在摘要栏内注明"本年累计"字样，并在下面通栏划单红线。12月末的"本年累计"就是全年累计发生额，应在其下通栏划双红线。

④总账账户平时只需结出月末余额即可。年终结账时，将所有总账账户结出全年发生额和年末余额，在摘要栏内注明"本年合计"字样，并在合计数下通栏划双红线。

⑤年度终了结账时，有余额的账户，要将其余额结转下年，并在摘要栏内注明"结转下年"字样；在下一会计年度新建有关会计账户的第一行余额栏内填写上年结转的余额，并在摘要栏内注明"上年结转"字样。

4.2.3　财务报表

1. 财务报表概述

（1）概念。

财务报表是对企业财务状况、经营成果和现金流量的结构性表述。它是财务会计报告的主要组成部分。财务报告是企业对外提供的用来反映企业某一特定日期的财务状况和某一会计期间的经营成果、现金流量等会计信息的文件。财务报告一般包括财务报表和其他应在财务报告中披露的相关信息和资料。

财务报告的目标，是向财务报告使用者提供与企业财务状况、经营成果和现金流量等有关的会计信息，并以此来反映企业管理层受托责任履行的情况，从而有助于财务报告使用者作出经济决策。财务报告使用者通常包括投资者、债权人、政府及其有关部门和社会公众等。

（2）企业财务报表的分类。

①按反映的经济内容不同，可分为资产负债、利润表、现金流量表、所有者权益（或股东权益，下同）变动表及附注。

②按编报的时间不同，可分为年度财务报表、中期财务报表（分为半年度、季度和月度财务报表）。

③按报表提供对象的不同，可分为对外报表和内部报表。

④按编报的主体的不同，可分为个别报表和合并报表。

（3）财务报告的编制要求。

单位编制的财务会计报告应当相关可比、真实可靠、全面完整、编报及时、便于理解。

2. 资产负债表

（1）资产负债表的概念。

资产负债表是反映企业某一特定日期（如月末、季末、年末等）财务状况的会计报表。通过资产负债表，可以反映出企业在某一特定日期所拥有或控制的经济资源、所承担的现时义务和所有者对净资产的要求权，以此来帮助财务报表使用者全面了解企业的财务状况、分析企业的偿债能力等情况，从而为其作出经济决策提供依据。

（2）资产负债表的编制依据。

资产负债表是根据"资产＝负债＋所有者权益"这一会计等式，并且按照一定的分类标准和顺序，将企业在一定日期内的全部资产、负债和所有者权益项目进行适当的分类、汇总、排列后编制而成的。

3. 利润表

（1）利润表的概念。

利润表是反映企业在一定会计期间内经营成果的报表。通过利润表，可以反映出企业在一定会计期间内收入、费用、利润（或亏损）的数额、构成情况，并以此帮助财务报表使用者全面了解企业的经营成果，分析企业的获利能力及盈利增长趋势，从而为其作出经济决策提供依据。

（2）利润表的编制依据。

利润表是根据"收入－费用＝利润"这一公式编制而成的，用于反映企业收入、成本和费用以及净利润（或亏损）的实现及构成情况。

4. 现金流量表

现金流量表是反映企业在一定会计期间内现金和现金等价物流入和流出的报表。通过现金流量表，可以向报表使用者提供企业一定会计期间内现金和现金等价物流入及流出的信息，便于使用者了解和评价企业获取现金和现金等价物的能力，并以此为依据预测企业未来的现金流量。

现金是指企业的库存现金和可以随时用于支付的存款，主要包括库存现金、银行存款和其他货币资金（如外埠存款、银行汇票存款及银行本票存款等）等。不能随时用于支付的存款不属于现金。

现金等价物是指企业持有的期限短、流动性强、易于转换为已知金额现金、价值风险很小的投资。期限短是指从购买日起三个月内到期；流动性强是指能够在市场上进行交易；易于转换为已知金额现金主要是指准备持有至到期的债权性投资（不包括股权性投资）；价值变动风险很小是指债券等（股票价值风险变动较大）。

5. 所有者权益变动表

所有者权益变动表是反映构成所有者权益的各组成部分当期的增减变动情况的报表。通过所有者权益变动表，可以向报表使用者提供所有者权益总量增减变动的信息以及所有者权益增减变动的结构性信息，尤其是能够让报表使用者理解所有者权益增减变动的根源。

在所有者权益变动表中，企业至少应单独列示反映下列信息的项目：

（1）净利润。

（2）直接计入所有者权益的利得和损失项目及其总额。

（3）会计政策变更和差错更正的累积影响金额。

（4）所有者投入资本和向所有者分配利润等。

（5）提取的盈余公积。

（6）实收资本或资本公积、盈余公积、未分配利润的期初和期末余额及其调节情况。

4.2.4　财务处理程序

1. 账务处理程序的意义和种类

（1）账务处理程序的意义。

账务处理程序又称会计核算组织程序或会计核算形式，是指会计凭证、会计账簿、会计报表相结合的方式，其内容主要包括会计凭证和账簿的种类、格式，会计凭证与账簿之间的联系方法，由原始凭证到编制记账凭证、登记明细分类账和总分类账、编制会计报表的工作程序和方法等。科学合理地选择适用于本单位的账务处理程序，对于有效地组织会计核算具有十分重要的意义。

（2）账务处理程序的种类。

常用的账务处理程序主要包括记账凭证账务处理程序、汇总记账凭证账务处理程序和科目汇总表账务处理程序三类。

2. 科目汇总表账务处理程序

（1）科目汇总表账务处理程序。

科目汇总表账务处理程序又称记账凭证汇总表账务处理程序，它是根据记账凭证定期编制科目汇总表，再根据科目汇总表来登记总分类账的一种账务处理程序。科目汇总表账务处理程序的一般程序如下：

①根据原始凭证来编制汇总原始凭证。

②根据原始凭证或汇总原始凭证来编制记账凭证。

③根据收款凭证、付款凭证逐笔登记现金日记账和银行存款日记账。

④根据原始凭证、汇总原始凭证和记账凭证来登记各种明细分类账。

⑤根据各种记账凭证来编制科目汇总表。

⑥根据科目汇总表来登记总分类账。

⑦期末，将现金日记账、银行存款日记账和明细分类账的余额与有关总分类账的余额进行核对，应相符。

⑧期末，根据总分类账和明细分类账的记录来编制财务报表。

科目汇总表账务处理程序不仅能够减轻登记总分类账的工作量，而且可以做到试算平衡，简明易懂，方便易学。但是科目汇总表不能反映账户的对应关系，并且不便于查对账目。因此它只适用于经济业务较多的单位。

（2）科目汇总表的编制。

科目汇总表账务处理程序也称"记账凭证汇总表"，是指定期对全部记账凭证进行汇总，并且按照各个会计科目列示其借方发生额和贷方发生额的一种汇总凭证。依据借贷记账法的基本原理，科目汇总表中各个会计科目的借方发生额合计应等于贷方发生额合计，因此科目汇总表具有试算平衡的作用。科目汇总表是科目汇总表核算形式下总分类账登记的依据。

科目汇总表在进行编制时，首先要将需汇总的记账凭证所涉及的会计科目填写在表内的

"会计科目"栏;然后再按各科目分别计算出借方发生额和贷方发生额合计,并填入表内与各科目相应的"借方"栏和"贷方"栏;最后计算出所有科目的借方发生额合计和贷方发生额合计,并进行试算平衡。平衡无误后,即可以此为依据登记总分类账。科目汇总表的编制时间应视业务量而定。

4.3 施工企业会计报表的编制

4.3.1 成本费用报表的编制

1.工程成本费用会计报表概述

(1)成本费用报表概念。

成本费用报表是用来反映企业生产费用与产品成本的构成及其升降变动情况,以考核各项费用与生产成本计划执行结果的会计报表,它是会计报表体系的重要组成部分。成本费用报表的作用如下:

①全面反映企业的成本和费用状况。

②为制定工程成本计划和企业经营决策提供依据。

③评价和考核成本中心成本管理的业绩。

④利用工程成本会计报表资料进行成本分析。

(2)成本费用报表的种类。

①按反映的经济内容不同,可分为成本报表和费用报表。

a.成本报表。是反映施工企业工程成本的构成及升降情况的报表,如工程成本表、竣工工程成本表和施工间接费用明细表等。若有附属工厂,那么反映成本情况的报表还应包括产品生产成本表或产品生产成本及销售成本表、主要产品生产成本表、责任成本表和质量成本表等。

b.费用报表。是反映施工企业期间费用的构成及升降情况的报表,如管理费用明细表、财务费用明细表等。

②按编制范围的不同,可分为公司成本报表、项目部成本报表(施工队成本报表)和班组成本报表(反映班组会计期间的成本和费用情况的报表)。

2.工程成本表编制

(1)已完工程成本表。

已完工程成本表是反映施工单位在一定时期(月份、季度、年度)内,已完工程成本情况的会计报表。通过该表提供的资料,可以了解施工单位已完工程的成本构成及升降情况,有利于考核成本计划的执行情况和结果。

工程成本表应按工程成本项目分别列示,分别反映本期及本年各成本项目及总成本的预算数、实际数、降低额和降低率。其格式见表4.11。

表4.11 工程成本表

编报单位:某施工单位 2013 年 12 月 单位:元

成本项目	本期数				本年累计数			
	预算成本	实际成本	降低额	降低率	预算成本	实际成本	降低额	降低率
人工费								
材料费								
机械使用费								
其他直接费								
施工间接费								
工程总成本								

工程成本表的编制方法说明如下:

①预算成本。是指已完工程的预算成本,可根据预算成本计算表的有关数据取值。

②实际成本。是指已完工程的实际成本,可根据建筑安装工程成本明细账中的有关数据取值。

③降低额。为预算成本减去实际成本的差额,如为负数,则说明工程成本超支。

④降低率。可按下列公式进行计算:

$$某项目成本降低率 = \frac{本项目成本降低额}{本项目预算成本} \times 100\% \tag{4.7}$$

(2)竣工工程成本表。

企业或其所属内部独立核算的施工单位应定期编制竣工工程成本表,用来反映每一季度和年度内已经完成工程设计文件所规定的全部工程内容,并已与发包单位办理移交和竣工结算手续的工程的全部成本的会计报表。

设置竣工工程成本表是为了反映施工单位竣工工程自开工时起至竣工时止的全部成本及其节约或超支情况。通过竣工工程成本的计算,可以积累工程成本资料,研究同类工程之间的成本水平;同时通过本表中竣工工程当年预算成本与工程成本表中当年结算的工程预算成本进行比较,可以分析施工单位的竣工率和反映施工单位的工程建造速度。

竣工工程成本表包括"工程名称"、"竣工工程量"、"预算成本"、"实际成本"、"成本降低额"和"成本降低率"等栏目,其格式见表4.12。其中各栏的填列方法如下:

①竣工工程量。是填列竣工工程的实物工程量,其计量单位应以统计制度的规定为准。如对于房屋建筑工程,应填列竣工房屋的建筑面积。

②预算总成本。是填列各项竣工工程自开工时起至竣工时止的全部预算成本,应根据调整后的工程决算书进行填列。"其中:上年结转"一栏应填列跨年度施工工程在以前年度已办理过工程价款结算,在本季度内竣工的工程预算成本。

③实际成本。是填列各项竣工工程自开工时起至竣工时止的全部实际成本,应根据"建筑安装工程成本卡"的成本资料进行填列。

④本季竣工工程合计。应根据本季竣工的各项工程汇总进行填列,其中主要工程应按成本计算对象分项填列。

⑤自年初起至上季末止的竣工工程累计。"工程名称"栏内的第一项,就是上季度本表的第三项"自年初起至本季末止的竣工工程累计"。第一季度编制本表时,此项不填。

表4.12　竣工工程成本表

编制单位：　　　　　　　　　　　×××××年第×季度　　　　　　　　　　单位：元

工程名称	行次	竣工工程量/m²	预算成本		实际成本	成本降低额	成本降低率/%
			总成本	其中：上年结转			
		1	2	3	4	5	6
一、自年初至上季末止的竣工工程累计							
二、本季竣工工程合计 　其中：(按主要工程分项填列) 　1.××合同项目 　2.××合同项目							
三、自年初起至本季末止的竣工工程累计							

（3）施工间接费用明细表。

施工间接费用明细表是反映施工企业各施工单位在一定时期内为组织和管理工程施工所发生的费用总额和各明细项目数额的报表。该表按费用项目分列"本年计划数"和"本年累计实际数"进行反映。

通过施工间接费用明细表，可以了解施工间接费用的开支情况，并且能够为分析施工间接费用计划完成的情况和节约或超支的原因提供依据。

为了反映施工单位各期施工间接费用计划的执行情况，施工间接费用明细表的编制应按月进行，其格式见表4.13。

表4.13　施工间接费用明细表

编制单位：某施工单位　　　　　　　　2013年12月　　　　　　　　　　单位：元

项目费用	计划数	实际数
1.管理员工资及福利费	200 000	205 000
2.办公费	98 500	95 000
3.差旅费	160 800	158 000
4.固定资产使用费	96 500	97 300
5.低值易耗品使用费	123 000	116 000
6.劳动保险费	110 800	110 600
7.保险费	19 800	17 800
8.水电费	20 200	16 500
9.工程保修费	15 000	13 000
10.其他费用	65 000	68 000
合计	909 600	897 200

3.期间费用明细表

(1)财务费用明细表。

财务费用明细表是反映施工企业在一定时期内为筹集施工生产经营所需资金所发生的费用总额和各明细项目数额的报表。

(2)管理费用明细表。

管理费用明细表是反映施工企业行政管理部门在一定时期内为组织和管理施工生产经营所发生的费用总额和各明细项目数额的报表。

(3)销售费用明细表。

销售费用明细表是反映施工企业专设销售部门在一定时期内为组织和宣传企业所发生的费用总额和各明细项目数额的报表。

期间费用明细表的编制方法及格式与施工间接费明细表大致相同。通过它们不仅可以了解到企业在一定期间内的期间费用支出总额及其构成,而且还可以了解费用支出的合理性以及支出变动的趋势,这有利于企业和主管部门正确制定费用预算,控制费用支出,考核费用支出指标合理性,明确有关部门和人员的经济责任,防止随意扩大费用开支范围。

4.3.2　财务报表的编制

1.财务报表概述

财务报表是对企业财务状况、经营成果和现金流量的结构性表述。一套完整的财务报表至少应包括资产负债表、利润表、现金流量表、所有者权益(或股东权益)变动表以及附注等几项内容。

资产负债表、利润表、现金流量表和所有者权益变动表分别从不同角度反映了企业的财务状况、经营成果、现金流量和所有者权益变动的情况。而附注则是财务报表必不可少的组成部分,它是对在资产负债表、利润表、现金流量表和所有者权益变动表等报表中列示项目的文字描述或明细资料,以及对未能在这些报表中列示项目的说明等。

2.资产负债表编制

(1)资产负债表的内容和结构。

①资产负债表的内容。资产负债表是反映企业在某一特定日期财务状况的报表,主要包括以下几方面内容:

a.资产。资产负债表中的资产反映的是由过去的交易、事项形成并由企业在某一特定日期所拥有或控制的、预期会给企业带来经济利益的资源。资产应当按照流动资产和非流动资产两大类别在资产负债表中列示,并且在流动资产和非流动资产类别下还应进一步按性质分项列示。

·流动资产。流动资产是预计在一个正常营业周期中变现、出售或耗用,或主要为交易目的而持有,或预计在资产负债表日起一年内(含一年)变现的资产,或自资产负债表日起一年内交换其他资产或清偿负债的能力不受限制的现金或现金等价物。资产负债表中列示的流动资产项目通常包括:货币资金、交易性金融资产、应收票据、应收账款、预付款项、应收利息、应收股利、其他应收款、存货和一年内到期的非流动资产等。

·非流动资产。非流动资产是指流动资产以外的资产。资产负债表中列示的非流动资产项目通常包括:长期股权投资、固定资产、在建工程、工程物资、固定资产清理、无形资产、开发支出、长期待摊费用以及其他非流动资产等。

　　b.负债。资产负债表中的负债反映的是在某一特定日期企业所承担的、预期会导致经济利益流出企业的现时义务。负债应当按照流动负债和非流动负债在资产负债表中进行列示，并且在流动负债和非流动负债类别下还应再进一步按性质分项列示。

　　·流动负债。流动负债是指预计在一个正常营业周期中清偿，或主要为交易目的而持有，或自资产负债表日起一年内（含一年）到期应予以清偿，或企业无权自主地将清偿推迟至资产负债表日后一年以上的负债。资产负债表中列示的流动负债项目通常包括：短期借款、应付票据、应付账款、预收款项、应付职工薪酬、应交税费、应付利息、应付股利、其他应付款、一年内到期的非流动负债等。

　　·非流动负债。非流动负债是指流动负债以外的负债。非流动负债项目通常包括：长期借款、应付债券和其他非流动负债等。

　　c.所有者权益。资产负债表中的所有者权益是企业资产扣除负债后的剩余权益，其反映的是企业在某一特定日期股东（投资者）拥有的净资产的总额，它一般按照实收资本、资本公积、盈余公积和未分配利润分项列示。

　　②资产负债表的结构。资产负债表的格式（结构）主要有账户式和报告式两种。我国企业的资产负债表通常采用账户式结构。账户式资产负债表分为左、右两方，左方为资产项目，大致按资产的流动性大小进行排列，流动性大的资产如"货币资金"、"交易性金融资产"等排在前面，流动性小的资产如"长期股权投资"、"固定资产"等排在后面；右方为负债及所有者权益项目，一般按要求清偿时间的先后顺序进行排列："短期借款"、"应付票据"、"应付账款"等需要在一年内或长于一年的一个正常营业周期内偿还的流动负债排在前面，"长期借款"等在一年以上才需偿还的非流动负债排在中间，在企业清算之前不需要偿还的所有者权益项目排在后面。

　　账户式资产负债表中资产各项目的合计与负债和所有者权益各项目的合计相等，即资产负债表的左、右两方平衡。因此，通过账户式资产负债表，可以反映资产、负债、所有者权益之间的内在关系，即"资产＝负债＋所有者权益"。我国企业资产负债表的格式见表4.14。

表4.14　资产负债表

会企01表

编制单位：　　　　　　　　　　　年　　月　　日　　　　　　　　　单位:元

资产	期末余额	年初余额	负债和所有者权益（或股东权益）	期末余额	年初余额
流动资产:			流动负债:		
货币资金			短期借款		
交易性金融资产			交易性金融负债		
应收票据			应付票据		
应收账款			应付账款		
预付款项			预收款项		
应收利息			应付职工薪酬		
应收股利			应交税费		
其他应收款			应付利息		

续表 4.14

资产	期末余额	年初余额	负债和所有者权益(或股东权益)	期末余额	年初余额
存货			应付股利		
一年内到期的非流动资产			其他应付款		
其他流动资产			一年内到期的非流动负债		
流动资产合计			其他流动负债		
非流动资产：			流动负债合计		
可供出售金融资产			非流动负债：		
持有至到期投资			长期借款		
长期应收款			应付债券		
长期股权投资			长期应付款		
投资性房地产			专项应付款		
固定资产			预计负债		
在建工程			递延所得税负债		
工程物资			其他非流动负债		
固定资产清理			非流动负债合计		
生产性生物资产			负债合计		
油气资产			所有者权益(或股东权益)：		
无形资产			实收资本(或股本)		
开发支出			资本公积		
商誉			减:库存股		
长期待摊费用			盈余公积		
递延所得税资产			未分配利润		
其他非流动资产			所有者权益(或股东权益)合计		
非流动资产合计					
资产总计			负债和所有者权益(或股东权益总计)		

（2）资产负债表的编制。

资产负债表中的各项目均需填列"年初余额"和"期末余额"两栏。资产负债表中"年初余额"栏内的各项数字,应根据上年末资产负债表中"期末余额"栏内所列数字填列。如果上年度资产负债表规定的各个项目的名称和内容与本年度不一致,则应对上年年末资产负债表中各项目的名称和数字按照本年度的规定进行调整,并填入本表"年初余额"栏内。资产负债表中"期末余额"栏内的各项数字,其填列方法如下:

①根据总账科目的余额填列。资产负债表中的有些项目,可直接根据有关总账科目的余额填列,如"交易性金融资产"、"短期借款"、"应付票据"、"应付职工薪酬"等项目;而有些项目则需根据几个总账科目的余额计算填列,如"货币资金"项目,就需要根据"库存现金"、"银行存款"、"其他货币资金"三个总账科目的余额合计填列。

②根据有关明细科目的余额计算填列。资产负债表中的有些项目,需要根据明细科目的余额填列,如"应付账款"项目,就需要分别根据"应付账款"和"预付账款"两科目所属明细科目的期末贷方余额计算填列。

③根据总账科目和明细科目的余额分析计算填列。资产负债表的有些项目,需要依据总

账科目和明细科目两者的余额分析填列,如"长期借款"项目,就应根据"长期借款"总账科目的余额扣除"长期借款"科目所属的明细科目中将在资产负债表日起一年内到期、且企业不能自主地将清偿义务展期的长期借款后的金额填列。

④根据有关科目余额减去其备抵科目余额后的净额填列。如资产负债表中的"应收账款"、"长期股权投资"等项目,就应根据"应收账款"、"长期股权投资"等科目的期末余额减去"坏账准备"、"长期股权投资减值准备"等科目余额后的净额填列;"固定资产"项目,则应根据"固定资产"科目期末余额减去"累计折旧"、"固定资产减值准备"科目余额后的净额填列;"无形资产"项目,应根据"无形资产"科目期末余额减去"累计摊销"、"无形资产减值准备"科目余额后的净额填列。

⑤综合运用上述填列方法分析填列。如资产负债表中的"存货"项目,需要根据"原材料"、"库存商品"、"委托加工物资"、"周转材料"、"材料采购"、"在途物资"、"发出商品"、"材料成本差异"等总账科目期末余额的分析汇总数,再减去"存货跌价准备"备抵科目余额后的金额填列。

3. 利润表编制

(1)利润表的内容和结构。

①利润表的内容。利润表是反映企业在一定会计期间的经营成果的报表,其具体内容取决于收入、费用、利润等会计要素及其内容,利润表的项目是收入、费用和利润要素内容要素的具体体现。

广义上的收入,包括营业收入、公允价值变动收益(减去公允价值变动损失)、投资收益(减去投资损失)和营业外收入。

广义上的费用,包括营业成本、营业税金及附加、销售费用、管理费用、财务费用、资产减值损失、营业外支出和所得税费用。费用按照功能的不同,可分为从事经营业务发生的成本、管理费用、销售费用和财务费用等。

利润包括营业利润、利润总额和净利润(或净亏损)。

②利润表结构。利润表的格式主要有多步式利润表和单步式利润表两种。我国企业的利润表通常采用多步式格式,主要分为以下三个步骤编制:

a.以营业收入为基础,减去营业成本、营业税金及附加、销售费用、管理费用、财务费用、资产减值损失,再加上公允价值变动收益(减去公允价值变动损失)和投资收益(减去投资损失),计算出营业利润。

b.以营业利润为基础,加上营业外收入,再减去营业外支出,计算出利润总额。

c.以利润总额为基础,减去所得税费用,计算出净利润(或净亏损)。

我国企业利润表格的式见表 4.15。

表 4.15　利润表

会企 02 表

编制单位:　　　　　　　　　　　年　　月　　　　　　　　　　　　单位:元

项目	本期金额	上期金额
一、营业收入		
减:营业成本		

续表4.15

项目	本期金额	上期金额
营业税金及附加		
销售费用		
管理费用		
财务费用		
资产减值损失		
加:公允价值变动收益(损失以"－"号填列)		
投资收益(损失以"－"号填列)		
其中:对联营企业和合营企业的投资收益		
二、营业利润(亏损以"－"号填列)		
加:营业外收入		
减:营业外支出		
其中:非流动资产处置损失		
三、利润总额(亏损总额以"－"号填列)		
减:所得税费用		
四、净利润(净亏损以"－"号填列)		

(2)利润表的编制。

利润表中的各项目均需填列"本期金额"和"上期金额"两栏。在编制利润表时,"本期金额"栏应分为"本期金额"和"年初至本期末累计发生额"两栏,分别填列各项目本中期(月、季或半年)各项目的实际发生额,以及自年初起至本中期(月、季或半年)末止的累计实际发生额。"上期金额"栏应分为"上年可比本中期金额"和"上年初至可比本中期末累计发生额"两栏,应根据上年可比中期利润表"本期金额"下所对应的两栏数字分别填列。当上年度利润表与本年度利润表的项目名称和内容不一致时,应对上年度利润表项目的名称和数字按本年度的规定进行调整。年终结账时,由于全年的收入和支出已全部转入"本年利润"科目,并且通过收支对比结出本年净利润的数额。因此,应将年度利润表中的"净利润"数字,与"本年利润"科目结转到"利润分配——未分配利润"科目的数字进行核对,检查账簿记录和报表编制的正确性。

利润表中"本期金额"、"上期金额"栏内的各项数字,应按照相关科目的发生额分析填列。本期金额表内的各项目主要根据有关收入和费用科目的发生额进行编制。利润表中各项目的填列方法如下:

①根据账户本期发生额直接填列。包括"营业税金及附加"、"管理费用"、"财务费用"、"投资收益"、"营业外收入"、"营业外支出"、"所得税费用"等项目,"投资收益"如为损失,则应以"—"号填列。

②根据账户发生额分析计算填列。包括"营业收入"、"营业成本"等项目,"主营业务收入"、"其他业务收入"、"主营业务成本"、"其他业务成本"等如为亏损,则应以"—"号填列。

③根据表列公式计算填列。"营业利润"、"利润总额"、"净利润"如为亏损,则应以"—"号填列。

营业收入－营业成本－营业税金及附加－管理费用－财务费用－资产减值损失＋投资收益＝营业利润

营业利润 + 营业外收入 − 营业外支出 = 利润总额

利润总额 − 所得税费用 = 净利润

对于"补充资料",企业应根据具体情况,据实填列。

【例4.2】　某股份有限公司损益类账户2013年度累计发生净额(单位:元),见表4.16。

表4.16　损益类账户2013年度累计发生净额表

科目名称	借方发生额	贷方发生额
主营业务收入		1 250 000
主营业务成本	750 000	
营业税金及附加	2 000	
销售费用	20 000	
管理费用	157 100	
财务费用	41 500	
资产减值损失	30 900	
投资收益		31 500
营业外收入		50 000
营业外支出	19 700	
所得税费用	85 300	

根据上述资料,编制某股份有限公司2013年度利润表。

【解】　该股份有限公司2013年度的利润表见表4.17。

表4.17　利润表

会企02表

编制单位:某股份有限公司　　　　　　　　2013年　　　　　　　　　　单位:元

项目	本期金额	上期金额(略)
一、营业收入	1 250 000	
减:营业成本	750 000	
营业税金及附加	2 000	
销售费用	20 000	
管理费用	157 100	
财务费用	41 500	
资产减值损失	30 900	
加:公允价值变动收益(损失以"−"号填列)	0	
投资收益(损失以"−"号填列)	31 500	
其中:对联营企业和合营企业的投资收益	0	
二、营业利润(亏损以"−"号填列)	280 000	
加:营业外收入	50 000	
减:营业外支出	19 700	
其中:非流动资产处置损失	(略)	
三、利润总额(亏损总额以"−"号填列)	310 300	
减:所得税费用	85 300	

续表 4.17

项目	本期金额	上期金额(略)
四、净利润(净亏损以"－"号填列)	225 000	
五、每股收益:	(略)	
（一）基本每股收益		
（二）稀释每股收益		

4. 现金流量表编制

（1）现金流量表的内容和结构。

①现金流量表的内容。现金流量表是反映企业在一定会计期间内现金和现金等价物流入和流出的报表。其内容包括企业产生的三类现金流量、汇率变动对现金及现金等价物的影响、现金及现金等价物的净增加额、期初现金及现金等价物的余额、期末现金及现金等价物的余额。其中,企业产生的现金流量分为以下三类:

a. 经营活动产生的现金流量。经营活动是企业投资活动和筹资活动以外的所有交易和事项。经营活动主要包括销售商品或提供劳务、购买商品、接受劳务、支付工资和交纳税款等流入和流出现金和现金等价物的活动或事项。

b. 投资活动产生的现金流量。投资活动是企业长期资产的购建和不包括在现金等价物范围之内的投资及其处置活动。投资活动主要包括购建固定资产、处置子公司及其他营业单位等流入和流出现金和现金等价物的活动或事项。

c. 筹资活动产生的现金流量。筹资活动是导致企业资本及债务规模和构成发生变化的活动。筹资活动主要包括吸收投资、发行股票、分配利润、发行债券、偿还债务等流入和流出现金及现金等价物的活动或事项。偿付应付账款、应付票据等商业应付款属于经营活动,不属于筹资活动。

②现金流量表的结构。我国企业的现金流量表通常采用报告式结构,先分类反映经营活动产生的现金流量、投资活动产生的现金流量和筹资活动产生的现金流量,最后再汇总反映企业某一期间内现金及现金等价物的净增加额。

我国企业现金流量表的格式见表4.18。

表 4.18 **现金流量表**

会企 03 表

编制单位:　　　　　　　　　年　月　　　　　　　　　　单位:元

项目	本期金额	上期金额
一、经营活动产生的现金流量		
销售商品、提供劳务收到的现金		
收到的税费返还		
收到其他与经营活动有关的现金		
经营活动现金流入小计		
购买商品、接受劳务支付的现金		
支付给职工以及为职工支付的现金		
支付的各项税费		

续表 4.18

项目	本期金额	上期金额
支付其他与经营活动有关的现金		
经营活动现金流出小计		
经营活动产生的现金流量净额		
二、投资活动产生的现金流量		
收回投资收到的现金		
取得投资收益收到的现金		
处置固定资产、无形资产和其他长期资产收回的现金净额		
处置子公司及其他营业单位收到的现金净额		
收到其他与投资活动有关的现金		
投资活动现金流入小计		
购建固定资产、无形资产和其他长期资产支付的现金		
投资支付的现金		
取得子公司及其他营业单位支付的现金净额		
支付其他与投资活动有关的现金		
投资活动现金流出小计		
投资活动产生的现金流量净额		
三、筹资活动产生的现金流量		
吸收投资收到的现金		
取得借款收到的现金		
收到其他与筹资活动有关的现金		
筹资活动现金流入小计		
偿还债务支付的现金		
分配股利、利润或偿付利息支付的现金		
支付其他与筹资活动有关的现金		
筹资活动现金流出小计		
筹资活动产生的现金流量净额		
四、汇率变动对现金及现金等价物的影响		
五、现金及现金等价物净增加额		
加:期初现金及现金等价物余额		
六、期末现金及现金等价物余额		

（2）现金流量表的编制。

企业应当采用直接法列示经营活动所产生的现金流量。直接法是通过现金收入和现金支出的主要类别列示经营活动的现金流量。

采用直接法编制经营活动的现金流量表时,一般应以利润表中的营业收入为起算点,调整与经营活动有关项目的增减变动,然后再计算出经营活动的现金流量。采用直接法具体编制现金流量表时,既可采用工作底稿法或 T 型账户法,又可根据有关科目记录分析填列。

【例 4.3】　假设某企业的营业收入是 150 万,应收账款本期净增加 30 万元,预收账款净减少 15 万元,没有其他事项发生。那么,经营活动所产生的现金流量——销售商品、提供劳务收到的现金为多少?

【解】　销售商品、提供劳务收到的现金 = 营业收入 - 应收账款净增加额 - 预收账款净

减少额＝150 万元－30 万元－15 万元＝105 万元

5. 所有者权益变动表编制

（1）所有者权益变动表的内容和结构。

①所有者权益变动表的内容。所有者权益变动表是反映构成所有者权益的各组成部分当期的增减变动情况的报表。所有者权益变动表要求至少应单独列示反映以下信息：

a. 净利润。

b. 直接计入所有者权益的利得和损失项目及其总额。

c. 会计政策变更和差错更正的累积影响金额。

d. 所有者投入资本和向所有者分配利润。

e. 按照规定提取的盈余公积。

f. 实收资本（或股本）、资本公积、盈余公积、未分配利润的期初和期末余额及其调节情况。

②所有者权益变动表的结构。所有者权益变动表通常以矩阵的形式列示：一方面，列示导致所有者权益变动的交易或事项，即所有者权益变动的来源对一定时期内所有者权益的变动情况进行全面反映；另一方面，按照所有者权益各组成部分（即实收资本、资本公积、盈余公积、未分配利润和库存股）列示交易或事项对所有者权益各部分的影响。

（2）所有者权益变动表的编制。

所有者权益变动表中的各项目均需填列"本年金额"和"上年金额"两栏。所有者权益变动表中"本年金额"栏内的各项数字一般应根据"实收资本（或股本）"、"资本公积"、"盈余公积"、"利润分配"、"库存股"、"以前年度损益调整"等科目的发生额分析填列。所有者权益表变动表中"上年金额"栏内的各项数字，应根据上年度所有者权益变动表中"本年金额"内所列数字填列。当上年度所有者权益变动表规定的各个项目的名称和内容与本年度不一致时，应对上年度所有者权益变动表中各项目的名称和数字按照本年度的规定进行调整，填入所有者权益变动表的"上年金额"栏内。

6. 附注编写

（1）附注的主要内容。

附注是对资产负债表、利润表、现金流量表和所有者权益变动表等报表中列示项目的文字描述或明细资料，以及对未能在这些报表中列示项目的说明等。

附注是财务报表的重要组成部分。企业应当按照以下顺序披露附注的内容：

①企业的基本情况。

②财务报表的编制基础。

③遵循企业会计准则的声明。

④重要会计政策和会计估计。

⑤会计政策和会计估计变更以及差错更正的说明。

⑥报表重要项目的说明。

⑦其他需要说明的重要事项。

（2）附注的编写。

会计报表附注编写的形式灵活多样，常见的有尾注说明、括号说明、备抵账户与附加账户、脚注说明和补充说明五种。其中，尾注说明是附注的主要编写形式。

5 建设工程项目成本管理

5.1 建筑工程项目成本管理概述

5.1.1 工程项目成本

1.工程项目成本的概念

工程项目成本是指工程项目在实施过程中所发生的全部生产费用的总和,其中包括支付给生产工人的工资、奖金,所消耗的主辅材料、构配件,周转材料的摊销费或租赁费,机械费,以及现场进行组织与管理所发生的全部费用支出。

工程项目成本是企业的主要产品成本,一般以建设项目的单位工程作为成本核算的对象,通过各单位工程成本核算的综合来反映工程项目的成本。

2.工程项目成本的构成

工程项目实施过程中所发生的各项费用支出均应计入成本费用。按照成本的经济性质和国家的规定,项目成本应当由直接成本和间接成本组成。

(1)直接成本。

直接成本是指实施过程中耗费的构成工程实体或有助于工程实体形成的各项费用的支出,具体包括人工费、材料费、机械使用费及其他直接费。

(2)间接成本。

间接成本是指企业内各项目经理部为实施准备、组织和管理工程的全部费用的支出,具体包括工作人员的薪金、劳动保护费、职工福利费、办公费、差旅交通费、固定资产使用费、工(用)具使用费、保险费、工程保修费、工程排污费及其他费用。

3.工程项目成本的形式

(1)按成本管理要求来划分。

①承包成本。工程项目承包成本根据工程量清单计算出来的工程量,以及企业的建筑、安装工程基础定额和各地区的市场劳务价格、材料价格信息,并按有关取费的指导性费率进行计算。承包成本是反映企业竞争水平的成本,是确定工程造价的基础,也是编制计划成本和评价实际成本的依据。

②计划成本。工程项目计划成本是指项目经理部根据计划期的有关资料(如工程的具体条件和企业为实施该项目的各项技术组织措施),在实际成本发生之前预先计算的成本。它反映的是企业在计划期内应达到的成本水平。

③实际成本。工程项目实际成本是项目在报告期内实际发生的各项生产费用的总和。将实际成本与计划成本进行比较,可揭示成本的节约和超支,考核企业技术水平及技术组织措施的贯彻执行情况和企业的经营效果。与承包成本相比较,实际成本可以反映工程的盈亏情况。

（2）按生产费用计入成本的方法划分。

①直接成本。直接成本是指直接耗用于并能直接计入工程对象的费用。

②间接成本。间接成本是指非直接用于也无法直接计入工程对象,但为进行工程施工所必须发生的费用。间接成本通常是按照直接成本的比例来进行计算的。

（3）按生产费用与工程量关系来划分。

①固定成本。固定成本是指在一定的工程量范围内,其发生的成本额不受工程量增减变动的影响而相对固定的成本,如折旧费、大修理费、管理人员的工资、办公费、照明费等。这一成本是为了保持企业一定的生产经营条件而产生的。一般来说,固定成本每年基本相同,但是当工程量超过了一定的范围则需要增添机械设备和管理人员,此时固定成本将会发生变动。

②变动成本。变动成本是指发生总额随着工程量的增减而成正比例变动的费用,如直接用于工程的材料费、实行计划工资制的人工费等。

5.1.2　工程项目成本管理

工程项目成本管理是指对企业施工生产活动中所发生的工程项目成本有组织、有系统地进行成本预测、成本计划、成本控制、成本核算、成本分析和成本考核等一系列科学管理,以提高企业的管理水平,增加经济效益。具体来说,项目成本管理应按照以下程序进行:

（1）企业进行项目成本预测。

（2）项目经理部编制成本计划。

（3）项目经理部实施成本计划。

（4）项目经理部进行成本控制。

（5）项目经理部进行成本核算。

（6）企业对项目成本的考核和企业对项目经理部可控责任成本的考核。

5.1.3　建筑工程成本控制

工程项目成本控制是指通过控制手段,在达到预定工程功能和工期要求的同时优化成本开支,将总成本控制在成本目标的范围内。

工程项目成本控制,一般是指项目经理部在保证工程质量、工期等方面满足合同要求的前提下,在项目成本形成的过程中,按照一定的控制标准对项目实际发生的各种费用支出进行事前成本预测计划,实施过程管理和监督,并及时采取有效措施消除不正常损耗,纠正各种脱离标准的偏差,使各种费用的实际支出控制在预定的标准范围之内,从而达到预期的成本目标。

1. 工程项目成本目标责任制

工程项目成本目标责任制是指项目经理部将工程项目的成本目标,按管理层次分解为各项活动的子目标,然后落实到每个职能部门和作业班组,并把与施工项目成本有关的各项工作组织起来,与经济责任制挂钩,从而形成一个严密的成本控制体系。

通过建立施工项目成本目标责任制,可使计划、实施、检查和处理等科学管理环节在工程项目成本控制中得到应用且具体化。建立工程项目成本目标责任制,需要解决以下两个关键问题:

（1）责任者责任范围的划分。

工程项目经理部中的管理人员均为成本目标的责任者,但是并不对工程项目的所有成本目标和总目标成本负责,因此必须明确其相应的责任范围。例如,一个工长的责任范围通常包括人工用量、材料用量、机械使用台班和其他资源的消耗。由此可知,工长只对他负责的工段所消耗的各种资源用量负有责任,但这些资源进货价格的高低则不属于工长的职责范围。

(2)责任者对费用的可控程度。

在施工过程中,某一种资源费用的控制,往往是由若干个责任体系共同负责的。因此,对于该资源费用,不但要按其性能和控制主体进行划分,而且还要制定每个责任者对费用的控制程度,以便于对他们的业绩进行考核。

工程项目成本目标责任制编制好以后,参与项目的所有人员,尤其是项目经理,都必须按照自己的业务分工各负其责。例如,项目经理是成本控制的责任中心,因此要全面负责项目目标成本控制工作,负责成本预测、决策工作,建立成本控制责任体系,并监督执行情况。

2. 工程项目成本控制的意义

(1)反映项目管理工作的综合指标。

工程项目成本的降低表明企业在建筑安装工程施工过程中活劳动和物化劳动的节约。活劳动的节约说明企业劳动生产率的提高,物化劳动的节约说明企业机械设备利用率的提高和建筑材料消耗率的降低。因此,加强工程项目成本控制能够及时发现工程项目生产和管理中存在的缺点和薄弱环节,以利于总结经验,采取措施,降低工程成本。

(2)企业增加利润和资本积累的主要途径。

建筑企业经营管理的目的主要是追求低于同行业平均值的成本水平,并且取得最大的成本差异。工程项目的价格一旦确定,成本就成为了决定性因素,成本越低,盈利就越高。

(3)推行项目经理承包责任制。

项目经理承包责任制规定,项目经理必须承包项目质量、工期、成本三大约束性目标。其中,成本目标是经济承包目标的综合体现,项目经理要想实现他的经济承包责任,就必须充分利用生产要素市场机制,管好项目,控制投入,降低消耗,提高效率,将质量、工期、成本三大相关目标结合在一起进行综合控制。

(4)为企业积累资料,指导今后工作。

对项目实施过程中的成本统计资料进行积累并分析单位工程的实际成本,以验证原来投标计算的正确性。所有这些都是十分宝贵的资料,特别是对在该地区继续投标承包新的工程有着十分重要的参考价值。

3. 工程项目成本控制的原则

企业对成本的控制,必须遵循一定的原则,才能充分发挥成本控制的作用。否则,成本控制没有原则,乱控乱卡,不仅不能控制成本,而且还会造成混乱。成本控制应遵循以下几个原则:

(1)效益性原则。

效益有两方面含义:一是企业的经济效益;二是社会效益。成本控制的目的是为了降低成本,提高企业的经济效益和社会效益。因此,每个企业在成本控制中都必须同时重视企业的经济效益和社会效益,正确处理产值、工程质量、竣工面积和成本之间的关系。

(2)开源与节流相结合的原则。

要降低项目成本,就必须一面增加收入,一面节约支出。因此,在成本控制中应坚持开源与节流相结合的原则。这样就要求做到:每发生一笔金额较大的成本费用,都要核查是否有相对应的预算收入,是否支大于收,在分部分项工程成本核算和月度成本核算中,也要进行实际成本和预算收入的对比分析,以便从中探索节约或超支的原因,纠正对项目成本产生不利影响的偏差,从而提高成本的降低水平。

(3)全面性原则。

全面控制有两方面含义:一是项目成本的全员控制;二是项目成本的全过程控制。

①项目成本的全员控制。项目成本的综合性很强,涉及项目组织中各个部门、单位和班组的工作业绩,也与每个职工的切身利益攸关。因此,项目成本的高低需要大家共同的关心,项目成本控制也需要项目管理者群策群力,仅靠项目经理和专业成本管理及少数人的努力是无法收到预期效果的。

②项目成本的全过程控制。项目成本的全过程控制是指在项目确定以后,自施工准备开始,经过工程施工,直到竣工交付使用后的保修期结束为止,其中每一项经济业务,都要纳入成本控制的轨道。

(4)中间控制原则。

中间控制原则也称动态控制原则。对于具有一次性特点的工程项目成本而言,就应该特别强调它的中间控制。原因是,工程准备阶段的成本控制只是根据上级要求和施工组织设计的具体内容来确定成本目标、编织成本计划、制定成本控制方案,为今后的成本控制做好准备;而竣工阶段的成本控制,不管成本是赢还是亏,都已经是定局,无法改变了。因此,应将成本控制的重心放在基础、结构和装饰等主要施工阶段上。

(5)目标管理原则。

成本控制的总目标和目标分解应落实到工序成本的目标控制中。成本控制的目标管理是指先确定合理的目标成本,然后再通过各种成本控制手段将项目的实际成本控制在目标成本的范围之内。

(6)节约原则。

节约人力、物力和财力的消耗,是提高经济效益的核心,也是成本控制最主要的基本原则之一。具体包括以下内容:

①严格执行成本开支范围、费用开支标准和有关财务制度,对各项成本费用的支出进行限制和监督。

②提高施工项目的科学管理水平,优化施工方案,提高生产效率,节约人、财、物的消耗。

③采取预防成本失控的技术组织措施,制止可能发生的浪费。

(7)责、权、利相结合原则。

要使成本控制真正发挥及时有效的作用,就必须严格按照经济责任制的要求,贯彻责、权、利三者相结合的原则。一方面,在项目施工的过程中,项目经理、工程技术人员、业务管理人员以及各单位和生产班组均负有相应的成本控制责任,从而形成整个项目的成本控制责任网络。另一方面,各部门、各单位、各班组在肩负成本控制责任的同时,还应享有成本控制的权力,在规定的权力范围之内可以决定某项费用能否开支、如何开支及开支多少,以行使对项目成本的实质性控制。此外,项目经理还要对各部门、各单位、各班组在成本控制中的业绩进行定期的检查和考评,并与工资分配紧密挂钩,实行有奖有罚的制度。

(8)例外管理原则。

在工程建设过程的多项活动中,有许多活动是例外的,因此称之为例外问题,这些例外问题往往是关键性的问题,对成本目标的顺利完成有很大影响,必须给予高度重视。例如,在成本控制中常见的成本盈亏异常现象,是指盈余或亏损超过了正常的比例;还有本来可以控制的成本,却突然发生了失控现象;某些暂时的节约,但有时会给今后的成本带来隐患等,都应视为"例外"问题,应对其进行重点检查、深入分析,并采取积极的措施予以纠正。

归纳起来,"例外"事项一般有以下四种情况:

①成本差异金额较大的事项。

②某些项目经常在成本控制线上下波动的事项。

③影响企业决策的事项。

④性质严重的事项。

4. 工程项目成本控制的对象

(1)以施工项目成本形成的过程作为控制对象。

施工项目的生产费用发生在工程实施的各个阶段,因此可将项目实施的各个阶段作为项目成本的控制对象。各阶段成本控制的内容包括:

①工程投标承包阶段。在这一阶段,要根据工程招标文件,对项目成本进行预测,提出投标决策意见;中标后组建与项目归口相适应的项目经理部,努力减少管理费用;企业以承包合同价格为依据,向项目经理部下达成本目标。

②施工准备阶段。在这一阶段,要进行设计图纸自审、会审,选择经济合理、切实可行的施工方案;制订降低成本的技术组织措施;项目经理部确定自己的项目成本目标,并将目标分解到有关部门、岗位;编制正式的施工项目成本计划。

③施工阶段。在这一阶段,要制定落实检查各部门、各级的成本责任制,执行检查成本计划,控制成本费用;加强材料和机械的管理,保证其质量,杜绝浪费,减少损失;搞好合同索赔工作,及时办理增加账,避免经济损失;加强经常性的分部分项工程成本核算分析以及月度(季度、年度)的成本核算分析,并及时进行反馈,纠正成本不利偏差。

④竣工验收及保修阶段。在这一阶段,要尽量缩短收尾工作时间,合理精简人员;及时办理工程结算,不得遗漏;对在竣工验收过程中发生的费用和保修费用进行控制,同时总结控制经验。

(2)以职能部门、施工队和生产班组作为控制对象。

成本控制的具体内容是日常发生的各种费用和损失,这些费用和损失一般都发生在各个部门、施工队和生产班组。因此,也应以部门、施工队和班组作为项目成本的控制对象,接受项目经理和企业有关部门的指导、监督和考评。同时,项目的职能部门、施工队和班组还应对自己承担的责任成本进行自我控制。可以说,这是最直接、最有效的项目成本控制。

(3)以分部分项工程作为项目成本的控制对象。

为了把成本控制工作做得扎实、细致,落到实处,还应将分部分项工程作为项目成本的控制对象。在正常情况下,项目应根据分部分项工程的实物量,参照施工预算定额,联系项目管理的技术素质、业务素质和技术组织的节约计划,编制包括工、料、机消耗数量、单价、金额在内的施工预算,并以此作为对分部分项工程成本进行控制的依据。

(4)以对外经济合同作为成本控制对象。

在市场经济体制下,施工项目的对外经济业务,都要以经济合同为纽带,建立契约关系,以明确双方的权利和义务。在签订上述经济合同时,除了要根据业务要求规定时间、质量、结算方式和履约奖罚等条款以外,还必须强调要将合同的数量、单价、金额控制在预算收入之内。这是因为,如果合同金额超过预算收入,就意味着成本亏损;反之则能降低成本。

5.工程项目成本控制系统的构成

成本控制系统是工程项目管理系统中的一个子系统,其构成要素包括:成本预测、成本决策、成本计划、成本控制、成本核算、成本分析和成本考核七个环节,如图 5.1 所示。

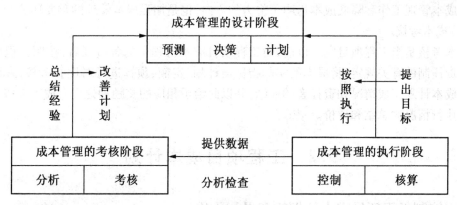

图 5.1 成本控制系统

(1)成本预测。

成本预测是成本管理中事前科学管理的重要手段。工程项目的成本预测是指根据成本信息和工程项目的具体情况,运用科学的方法,对未来的成本水平及其可能的发展趋势作出科学的估计。通过成本预测,可以针对薄弱环节加强成本控制,克服盲目性,提高预见性。

(2)成本决策。

成本决策是指根据成本的预测情况,经过认真分析做出决定,确定成本的控制目标。成本决策是对企业未来成本进行计划和控制的重要步骤,一般应先提出几个目标成本方案,然后再从中选择最为理想的目标做出决定。

(3)成本计划。

成本计划是对成本实现计划管理的重要环节。工程项目的成本计划是以货币形式编制的工程项目在计划期内的生产费用、成本水平、成本降低率以及为降低成本所采取的主要措施和规划的书面方案,它是建立工程项目成本责任制,开展成本控制和核算的基础。

(4)成本控制。

成本控制是加强成本管理,实现成本计划的重要手段,亦即在施工中落实工程项目的成本计划,对影响工程项目成本的各种因素加强管理,并且不断收集信息,计算实际成本与计划成本之间的差异。一旦发生偏差,则进行分析,并采取有效措施进行调整,从而将各种消耗和支出严格控制在成本计划的范围之内,从而实现成本目标。成本控制是一个十分重要的环节。

(5)成本核算。

成本核算是对施工项目所发生的施工费用支出和形成工程项目成本的核算,它是项目管理的根本标志和主要内容,应贯穿于成本控制的全过程。项目经理部作为企业的成本中心,必须大力加强施工项目的成本核算,为成本控制各个环节提供必要的资料。成本核算也是一个比较重要的环节。

(6)成本分析。

成本分析是指在成本形成的过程中,对工程项目成本进行的对比评价和剖析总结工作,它贯穿于成本控制的全过程。项目成本分析主要利用工程项目的成本核算资料,与目标成本、实际成本以及类似的工程项目的实际成本等进行比较,了解成本的变动情况,同时还要分析主要技术经济指标对成本产生的影响,系统地研究成本变动的因素,检查成本计划的合理性,并通过成本分析,寻求降低项目成本的最佳途径,以便有效地进行成本控制。成本分析为今后的成本管理工作和降低成本指明了努力的方向,也是加强成本管理的重要环节。

(7)成本考核。

成本考核是指工程项目完工以后,对工程项目成本行程中的各责任者,按照工程项目成本目标责任制的有关规定,将成本的实际指标与计划、定额、预算进行对比和考核,来评定施工项目成本计划完成情况和责任者的业绩,并以此给予相应的奖励和处罚。成本考核是对成本计划执行情况的总结和评价。

5.2　工程项目成本计划

5.2.1　编制工程项目成本计划的意义和作用

1. 工程项目成本计划的意义和必要性

成本计划是成本管理和成本会计的一项重要内容,是企业生产经营计划的重要组成部分。工程项目成本计划是指在项目经理的负责下,在成本预测的基础上进行的,以货币形式预先规定施工项目进行中的施工生产耗费的计划总水平。通过施工项目的成本计划,可以确定对比项目总投资(或中标额)应实现的计划成本降低额与降低率,并且按成本管理层次、有关成本项目以及项目进展的各个阶段对成本计划进行分解,并制定各级成本实施方案。

工程项目成本计划是施工项目成本管理的一个重要环节,是实现降低工程项目成本任务的指导性文件。从某种意义上来说,编制工程项目成本计划也是施工项目成本预测的继续。如果对承包项目所编制的成本计划达不到目标成本的要求,此时就必须组织工程项目管理班子的有关人员重新研究并寻找降低成本的途径,再进行重新编制,从第一次所编制的成本计划到改编成第二次、第三次甚至是更多次的成本计划直至最终定案,实际上意味着进行了一次次的成本预测,同时编制成本计划的过程也是一次动员施工项目经理部全体职工,挖掘降低成本潜力的过程;此外,还是检验施工技术质量管理、工期管理、物资消耗和劳动力消耗管理等效果的全过程。

各个工程项目成本计划汇总到企业,又是事先规划企业生产技术经营活动预期经济效果的综合性计划,是建立企业成本管理责任制、开展经济核算和控制生产费用的基础。

从更大的角度来看,成本计划还是整个国民经济计划的有机组成部分,对综合平衡起到了一个重要的作用。利用成本计划,国家可以确定国民收入、正确安排积累和消费的关系,促进国家经济有计划按比例的发展。

2. 工程项目成本计划的作用

工程项目成本计划是施工项目管理六大环节中的重要一环,正确编制工程项目成本计划的作用有以下几个方面:

(1)工程项目成本计划是对生产耗费进行控制、分析和考核的重要依据。成本计划既体现了社会主义市场经济体制下对成本核算单位降低成本的客观要求,也反映了核算单位降低产品成本的目标。成本计划可作为对生产耗费进行事前预计、事中检查控制和事后考核评价的重要依据。许多施工单位仅单纯重视项目成本管理的事中控制和事后考核,却往往忽视甚至省略了至关重要的事前计划,所以使得成本管理从一开始就缺乏目标,对于控制考核,也无从对比,因此产生了很大的盲目性。施工项目成本计划一经确定,就应层层落实到部门、班组,并应经常将实际生产耗费与成本计划指标进行对比分析,揭露执行过程中存在的各种问题,及时采取措施,改进和完善成本管理工作,以保证施工项目成本计划的各项指标得以实现。

(2)工程项目成本计划是编制核算单位其他有关生产经营计划的基础。每一个工程项目都有着自己的项目计划,从而形成了一个完整的体系。在该体系中,成本计划与其他各方面的计划之间均有着密切的联系。它们既相互独立,又起到了一个相互依存和相互制约的作用。如编制项目流动资金计划、企业利润计划等都需要成本计划的资料,同时成本计划也需要以施工方案、物资与价格计划等作为基础。因此,正确地编制施工项目成本计划,是综合平衡项目生产经营的重要保证。

(3)工程项目成本计划是国家编制国民经济计划的一项重要依据。成本计划是国民经济计划的重要组成部分。建筑施工企业根据国家或上级主管部门下达的降低成本指标编制的成本计划,经过逐级汇总,为编制各部门和地区的生产成本计划提供依据。

(4)工程项目成本计划可以动员全体职工深入开展增产节约、降低产品成本的活动。成本计划是全体职工共同奋斗的目标。为了确保成本计划能够实现,企业必须加强成本管理责任制,将成本计划的各项指标进行分解,并且落实到各部门、各班组乃至个人,实行归口管理且做到责、权、利相互结合,检查评比和奖励惩罚要有根有据,使开展增产节约、降低产品成本、执行和完成各项成本计划指标成为上下一致、左右协调、人人自觉努力完成的共同行动。

5.2.2　工程项目成本计划编制

1. 工程项目成本计划编制的依据

承包企业在编制项目成本计划时的主要依据如下:

(1)工程承包范围、发包方的项目建设纲要、功能描述书。

(2)工程招标文件、承包合同、劳务分包合同及其他分包合同。

(3)国家和有关部门有关编制成本计划的规定。

(4)项目经理部与企业签订的承包合同及企业下达的成本降低额、降低率和其他有关技术经济指标。

(5)成本预测的相关资料。

(6)承包工程的施工图预算、实施项目的技术方案和管理措施。

(7)施工项目使用的机械设备生产能力及利用情况。

(8)施工项目的材料消耗、物资供应、劳动工资及劳动效率等计划资料及相关消耗量定额。

(9)同类项目成本计划的实际执行情况及有关技术经济指标的完成情况的分析资料。

(10)行业中同类项目的成本、定额、技术经济指标资料及增产节约的经验和措施。

2. 工程项目成本计划编制的要求

(1)收集编制成本计划的资料,对其进行加工整理,深入分析项目的当前情况和发展趋势,了解影响项目成本的因素,研究降低成本、克服不利因素的措施。

(2)目标成本也就是项目实施的计划成本,目标成本应根据不同阶段管理的需要,在各项成本要素预测的基础上进行编制,并用来指导项目实施过程的成本控制。

(3)要充分考虑不可预见因素、工期制约因素及风险因素、市场价格波动因素,结合在计划期内准备采取的增产节约措施,最终确定目标成本,并综合计算项目目标成本的降低额和降低率。

3. 工程项目成本计划编制的原则

(1)从实际情况出发的原则。根据国家的方针政策,从企业的实际情况出发,充分挖掘企业内部的潜力,使降低成本指标这一目的既积极可靠,又切实可行。

(2)与其他目标计划结合的原则。制定工程项目成本计划,必须与项目的其他各项计划如施工方案、生产进度、财务计划、材料供应及耗费计划等密切结合起来,并且要保持平衡。一方面,工程项目成本计划要根据项目的生产、技术组织措施、劳动工资、材料供应等计划进行编制;另一方面,工程项目成本计划又影响着其他各种计划指标适应降低成本的要求。

(3)采用先进的技术经济定额的原则。必须依据各种先进的技术经济定额,并针对工程的具体特点,采取切实可行的技术组织措施作为保证。

(4)统一领导、分级管理的原则。在项目的领导下,以财务和计划部门为中心,发动全体职工共同总结降低成本的经验,找出降低成本的正确途径,使目标成本的制定和执行具有广泛的群众基础。

(5)弹性原则。应留有充分的余地,使目标成本保持一定的弹性。在制定期内,项目经理部内部或外部的技术经济状况和供产销条件很可能会发生一些没有预料到的变化,尤其是材料供应的市场价格千变万化,给目标的拟订带来了很大的困难。因此,在制定目标时应充分考虑这些情况,使成本计划保持一定的应变适应能力。

4. 工程项目成本计划编制的方法

(1)目标利润法。目标利润法是指根据项目的合同价格扣除目标利润后得到目标成本的方法。在采用正确的投标策略和方法并以最理想的合同价中标以后,项目经理部从标价中减去预期利润、税金、应上缴的管理费等,之后的余额即为项目实施中所能支出的最大限额。

(2)技术进步法。技术进步法是以项目计划采取的技术组织措施和节约措施所能取得的经济效果作为项目成本的降低额,从而计算出项目目标成本的方法。即

$$项目目标成本 = 项目成本估算值 - 技术节约措施计划节约额(降低成本额) \qquad (5.1)$$

(3)按实计算法。按实计算法是以项目的实际资源消耗测算为基础,根据所需资源的实际价格,详细计算各项活动或各项成本组成的目标成本。计算公式如下:

$$人工费 = \sum(各类人员计划用工量 \times 实际工资标准) \qquad (5.2)$$

$$材料费 = \sum(各类材料的计划用量 \times 实际材料单价) \qquad (5.3)$$

$$施工机械使用费 = \sum(各类机械的计划台班量 \times 实际台班单价) \qquad (5.4)$$

在此基础上,由项目经理部的生产和财务管理人员结合施工技术和管理方案等计算措施费、项目经理部的管理费等,最后构成项目的目标成本。

(4)定率估算法(历史资料法)。定率估算法(历史资料法)是当项目非常庞大且复杂而需要分为几个部分时所采用的方法。具体步骤是:首先将项目分为若干个子项目,参照同类

项目的历史数据,采用算术平均法计算子项目目标成本的降低额和降低率,然后再汇总整个项目目标成本的降低额和降低率。

5.工程项目成本计划表

(1)直接费成本计划表。

直接费成本计划表综合反映了企业及其所属内部独立核算的施工单位,在计划期内的分项工程预算成本、计划成本构成情况以及其分项工程成本的降低额和降低率,以便确定建筑工程的计划成本水平和分析各项工程成本项目的降低情况。建筑安装直接工程费成本计划表见表5.1。

表5.1　建筑安装直接费成本计划表　　　　　　　　　　　单位:万元

成本项目	预算成本	计划成本	降低额	降低率/%
人工费	301	300	1	0.33
材料费	1 756.1	1 688	68.1	3.88
机械使用费	132.6	125.3	7.3	5.51
其他直接费	32.5	32.5	—	—
现场经费	100.2	96.6	3.6	3.59
工程成本合计	2 322.4	2 242.4	80	3.44

工程直接成本计划的编制通常采用以下两种方法:

①工程成本降低额计算法。其计算公式如下:

$$计划目标成本 = 工程预算成本 - 计划成本降低额 \tag{5.5}$$

采用这种方法时,要先确定降低成本指标和降低成本技术的组织措施,然后再编制成本计划。

②施工预算法。采用这种方法编制工程成本计划是以单位工程施工预算为依据,并辅以降低成本技术的组织措施,由此算出计划成本来。

(2)间接费计划。

间接费计划一般由"企业管理费"、"财务费用计划"和"其他费用计划"等组成。

5.2.3　工程项目成本计划的内容

1.施工项目成本计划的组成

施工项目的成本计划一般由施工项目降低直接成本计划和间接成本计划组成。如果项目设有附属生产单位(如加工厂、预制厂、机械动力站和汽车队等),则成本计划还应包括产品成本计划和作业成本计划。

(1)施工项目降低直接成本计划。

施工项目降低直接成本计划主要反映工程成本的预算价值、计划降低额和计划降低率。一般包括以下几方面的内容:

①总则。包括对施工项目的概述,项目管理机构及层次的介绍,有关工程的进度计划、外部环境特点,对合同中有关经济问题的责任,成本计划编制中所依据的其他文件及其他规格也应作出适当的介绍。

②目标及核算原则。包括施工项目降低成本计划及计划利润总额、投资和外汇总节约额（如有的话）、主要材料和能源节约额、货款和流动资金节约额等。核算原则是指参与项目的各单位在成本、利润结算中所采用的核算方式，如承包方式、费用分配方式、会计核算原则（权责发生制与收付实现制、结算款所用币制等），如有不同，应加以说明。

③降低成本计划总表或总控制方案。项目主要部分的分部成本计划，如施工部分，编写项目施工成本计划，按直接费、间接费、计划利润的合同中标数、计划支出数、计划降低额分别填入。如果有多家单位参与施工，则要分单位编制后再进行汇总。

④对施工项目成本计划中计划支出数估算过程的说明。要对材料、人工、机械费、运费等主要支出项目进行分解。以材料费为例，应说明钢材、木材、水泥、砂石、加工订货制品等主要材料和加工预制品的计划用量、价格，模板摊销列入成本的幅度，脚手架等租赁用品的计划付款额，材料采购发生的成本差异是否列入成本等，以便在实际施工中进行控制与考核。

⑤计划降低成本的来源分析。应反映项目管理过程计划所采取的增产节约、增收节支和各项措施及预期效果。以施工部分为例，应反映技术组织措施的主要项目及预期经济效果。可依据技术、劳资、机械、材料、能源、运输等各部门提出的节约措施进行整理和计算。

（2）间接成本计划。

间接成本计划主要反映施工现场管理费用的计划数、预算收入数及降低额。间接成本计划应根据工程项目的核算期，以项目总收入费用中的管理费为基础，制定各部门费用的收支计划，汇总后作为工程项目的管理费用计划。在间接成本计划中，收入与取费的口径应保持一致，支出与会计核算中管理费用的二级科目应保持一致。间接成本的计划收支总额，应与项目成本计划中管理费一栏的数额相符合。各部门应按照节约开支、压缩费用的原则，制订《管理费用归口包干指标落实办法》，以保证该计划的顺利实施。

2. 工程项目成本计划表

在成本计划编制完成以后，还需要通过各种成本计划表的形式将成本降低任务落实到整个项目的施工全过程中，并且在项目实施过程中实现对成本的控制。成本计划表通常由成本计划任务表、技术组织措施表和降低成本计划表三者组成，间接成本计划可采用施工现场管理费计划表来控制。

（1）项目成本计划任务表。

项目成本计划任务表是用来反映工程项目预算成本、计划成本、成本降低额及成本降低率的文件。成本降低额能否实现主要取决于企业采取的技术组织措施。因此，计划成本降低额这一栏要根据技术组织措施表和降低成本计划表中的内容进行填写。

（2）技术组织措施表。

技术组织措施表是提出各项节约措施和确定各项措施的经济效益的文件，也是预测项目计划期内施工工程成本各项直接费用计划降低额的依据，通常由项目经理部有关人员分别就应采取的技术组织措施预测其经济效益，最后汇总编制而成。编制技术组织措施表的目的，是为了在不断采用新工艺、新技术的基础上提高施工技术水平，改善施工工艺过程，推广工业化和机械化施工方法，以及通过采纳合理化建议而达到降低成本的目的。

（3）降低成本计划表。

降低成本计划表是指根据企业下达给该项目的降低成本任务和该项目经理部自己确定的降低成本指标而制定出项目成本降低计划，它是编制成本计划任务表的重要依据。降低成本计划表是由项目经理部有关业务和技术人员根据项目的总包和分包分工、项目中各有关部门提供的降低成本资料及技术组织措施计划编制而成的。在编制降低成本计划表时还应参照企业内外以往同类项目成本计划的实际执行情况。

(4)施工现场管理费计划表。

施工现场管理费计划表是指发生在施工现场这一级，针对工程的施工建设进行组织经营管理等支出的费用计划表。现场管理费是根据相应的计取基础乘以现场管理费费率来确定的，例如，土建工程的施工现场管理费等于直接费乘以现场管理费费率，安装工程的施工现场管理费等于人工费乘以现场管理费费率。

3. 工程项目成本计划的风险分析

(1)工程项目成本计划的风险因素。

在编制工程项目成本计划时，必须考虑一定的风险因素。原因是：目前，我国是以社会主义市场经济为经济体制改革的目标，以市场调节作为配置社会资源的主要方式，通过价格杠杆和竞争机制，使有限的资源能够配置到效益好的方面和企业中去，因此必然会促进企业之间的竞争、加大风险。

在成本计划编制中可能存在一些因素导致成本支出加大，甚至形成亏损，这些因素主要包括：

①由于技术上、工艺上的变更而造成施工方案的变化。

②交通、能源、环保方面的要求带来的变化。

③原材料价格变化、通货膨胀带来的连锁反应。

④工资及福利方面的变化。

⑤气候带来的自然灾害。

⑥可能发生的工程索赔和反索赔事件。

⑦国际国内可能发生的战争及骚乱事件。

⑧国际结算中的汇率风险等。

对于上述可能发生的各种风险因素，在成本计划中均应做出不同程度的考虑，一旦发生变化即能及时修正计划。

(2)成本计划中降低工程项目成本的可能途径。

降低工程项目成本的途径主要有以下几个方面：

①加强施工管理，提高施工组织水平。主要方法是正确选择施工方案，合理布置施工现场；采用先进的施工方法和施工工艺，不断提高工业化、现代化水平；组织均衡生产，搞好现场调度和协作配合；注意竣工收尾，加快工程进度，缩短工期。

②加强技术管理，提高工程质量。主要方法是研究推广新产品、新技术、新结构、新材料、新机器及其他技术革新措施，制定并贯彻降低成本的技术组织措施，提高经济效果，加强施工过程的技术质量检验制度，提高工程质量，避免返工损失。

③加强劳动工资管理，提高劳动生产率。主要方法是改善劳动组织，合理使用劳动力，减少窝工浪费；执行劳动定额，实行合理的工资和奖惩制度；加强技术教育和培训工作，提高工人的文化技术水平和操作熟练程度；加强劳动纪律，提高工作效率，压缩非生产用工和辅助用工，严格控制非生产人员的比例。

④加强机械设备管理，提高机械使用率。主要方法是正确选配和合理使用机械设备，搞

好机械设备的保养维修,提高机械的完好率、利用率和使用效率,从而加快施工进度、增加产量、降低机械使用费。

⑤加强材料管理,节约材料费用。主要方法是改进材料的采购、运输、收发、保管等方面的工作,减少各个环节的损耗,节约采购费用;合理堆置现场材料,组织分批进场,避免和减少二次搬运;严格材料进场验收和限额领料制度;制定并贯彻节约材料的技术措施,合理使用材料,尤其是建筑三大材(水泥、钢筋和木材),大搞节约代用、修旧利废和废料回收,综合利用一切资源。

⑥加强费用管理,节约施工管理费用。主要方法是精减管理机构,减少管理层次,压缩非生产人员,实行定额管理,制定费用分项分部门的定额指标,有计划地控制各项费用开支。

积极采用降低成本的新管理技术,如系统工程、工业工程、全面质量管理、价值工程等,其中价值工程是寻求降低成本途径卓有成效的方法。

4. 降低成本措施效果的计算

降低成本的技术组织措施项目确定以后,要计算其采用后预期的经济效果。这实际上也是降低成本目标保证程度的预测。

(1)由于劳动生产率的提高超过了平均工资的增长而使成本降低。

(2)由于材料、燃料消耗的降低而使成本降低,计算公式如下:

$$成本降低率 = 材料、燃料等消耗降低率 \times 材料成本占工程成本的比重 \qquad (5.6)$$

(3)由于多完成工程任务,使固定费用相对节约而使成本降低,计算公式如下:

$$成本降低率 = (1 - 1/生产增长率) \times 固定费用占工程成本的比重 \qquad (5.7)$$

(4)由于节约管理费而使成本降低,计算公式如下:

$$成本降低率 = 管理费节约率 \times 管理费占工程成本的比重 \qquad (5.8)$$

(5)由于减少废品、返工损失而使成本降低,计算公式如下:

$$成本降低率 = 废品返工损失降低率 \times 废品返工损失占工程成本的比重 \qquad (5.9)$$

机械使用费和其他直接费的节约额,也可根据要采取的措施计算出来。将以上各项成本降低率相加,即可测算出总的成本降低率。

5.3 工程项目成本控制

5.3.1 成本控制的原则

1. 开源与节流相结合原则

降低项目成本,需要增加收入和节约支出二者同时进行。因此,在成本控制中,也应坚持开源与节流原则。该原则是指对每一笔金额较大的成本费用,均要核查有无与其相对应的预算收入,是否支大于收,在经常性的分部分项工程成本核算和月度成本核算中,也要进行实际成本与预算收入的对比分析,以便从中找出成本节超的原因,纠正项目成本的不利偏差,从而提高项目成本的降低水平。

2. 全面控制原则

(1)成本的全员控制。

企业成本是一项综合性很强的指标,它涉及企业中各个部门、单位和班组的工作业绩,也与每个职工的切身利益相关。因此,企业成本的高低需要人人参与、共同关心。

(2)成本的全过程控制。

成本的全过程控制是指从一个具体项目的施工准备开始,经工程施工,到竣工交付使用后的保修期结束的各个阶段的每一项经济业务,都要纳入成本控制的轨道。

3. 目标管理原则

目标管理是贯彻执行计划的一种方法,它对计划的方针、任务、目的和措施等逐一进行分解,提出进一步的具体要求,并分别落实到执行计划的部门、单位乃至个人。

4. 节约原则

节约原则主要是指人力、财力、物力的节约。它是提高经济效益的核心,也是成本控制的一项最主要的基本原则。

5.3.2 施工成本控制的步骤

在项目施工成本计划确定以后,必须定期进行施工成本计划值与实际值的比较,当实际值偏离计划值时,应分析产生偏差的原因,采取适当的纠偏措施,以确保施工成本控制目标能够顺利实现。施工成本控制的具体步骤如下:

(1)比较。按照某种确定的方式将施工成本计划值与实际值逐项进行比较,从而发现施工成本是否已超支。

(2)分析。在比较的基础上,对比较的结果进行分析,以确定偏差的严重性及偏差产生的原因。该步骤是施工成本控制工作的核心,其主要目的是为了找出产生偏差的原因,从而采取有针对性的措施,减少或避免相同原因的再次发生或减少由此而造成的损失。

(3)预测。根据项目实施情况估算整个项目完成时的施工成本。预测的目的是为决策提供支持。

(4)纠偏。当工程项目的实际施工成本出现偏差时,应根据工程的具体情况以及偏差分析和预测的结果,采取适当的措施,以期达到使施工成本偏差尽可能小的目的。纠偏是施工成本控制中最具实质性的一步,只有通过纠偏,才能最终达到有效控制施工成本的目的。

(5)检查。是指对工程的进展进行跟踪和检查,以便能够及时了解工程进展状况以及纠偏措施的执行情况和效果,为今后的工作积累经验。

5.3.3 施工项目成本控制的实施

施工项目的成本控制,应随着项目建设的进程而逐渐展开,此外还应注意各个时期的特点和要求。

1. 施工前期的成本控制

(1)工程投标阶段。

①根据工程概况和招标文件,联系建筑市场和竞争对手的情况,进行成本预测,提出投标决策意见。

②中标以后,应根据项目的建设规模,组建与之相适应的项目经理部,同时以"标书"为依据确定项目的成本目标,并下达给项目经理部。

(2)施工准备阶段。

①根据设计图纸和有关技术资料,对施工方法、施工顺序、作业组织形式、机械设备选型、

技术组织措施等进行认真的研究分析,并运用价值工程原理,制定出科学先进、经济合理的施工方案。

②根据企业下达的成本目标,以分部分项工程的实物工程量为基础,联系劳动定额、材料消耗定额和技术组织措施的节约计划,在优化的施工方案的指导下,编制明细且具体的成本计划,并按照部门、施工队和班组的分工加以分解,作为部门、施工队和班组的责任成本落实下去,为今后的成本控制做好准备。

根据项目建设的时间和参加建设的人数,编制间接费用预算,并对上述预算进行明细分解,以项目经理部有关部门(或业务人员)责任成本的形式落实下去,为今后的成本控制和绩效考评提供依据。

2. 施工阶段的成本控制

(1)加强施工任务单和限额领料单的管理。施工任务单、限额领料单是项目管理中最基本也是最扎实的基础管理,它能综合控制工程项目的进度、质量、成本以及安全与文明施工。因此需要对施工任务单和限额领料及项目管理的任务分解、进度计划、成本计划、资源计划以及进度、成本、质量三大控制进行协调。实践证明,以施工项目结构分解 WBS 中的项目单元、工作包的说明表作为施工任务单,并将其中的计划资源量作为限额领料量的依据,是最为合适的了。

另外,还特别需要做好每一个分部分项工程完成后的验收(包括实际工程量的验收和工作内容、工程质量、文明施工的验收)以及实耗人工、实耗材料的数量核对工作,以保证施工任务单和限额领料单的结算资料绝对正确,为成本控制提供真实可靠的数据。

(2)将施工任务单和限额领料单的结算资料与施工预算进行核对,计算分部分项工程的成本差异,并分析差异产生的原因,从而采取有效的纠偏措施。

(3)做好月度成本原始资料的收集和整理工作,正确计算月度成本,分析月度预算成本与实际成本之间的差异。对于一般的成本差异要在充分注意不利差异的基础上,认真分析有利差异产生的原因,以避免对后续作业成本产生不利影响或因质量低劣而造成返工损失;对于盈亏比例异常的现象,则应特别重视,并在查明原因的基础上,采取果断措施,尽快加以纠正。

(4)在月度成本核算的基础上,实行责任成本核算。即指利用原有会计核算的资料,重新按责任部门或责任者归集成本费用,每月结算一次,并与责任成本进行对比,由责任部门综合考评。

(5)经常检查对外经济合同的履约情况,为顺利施工提供物质保证。如果遇到拖期或质量不符合要求的情况,则应根据合同的规定向对方索赔;对缺乏履约能力的单位,要采取断然措施,即终止合同,并另寻找可靠的合作单位,以免影响施工,造成经济损失。

(6)定期检查各责任部门和责任者的成本控制情况,检查成本控制责、权、利的落实情况(一般为每月一次)。如果发现有成本差异偏高或偏低的情况,则应会同责任部门或责任者分析产生差异的原因,并督促其采取相应的对策来纠正差异;如有因责、权、利不到位而影响成本控制工作的情况发生,则应针对责、权、利不到位的原因,调整有关各方之间的关系,落实权、利相结合的原则,使成本控制工作能够顺利进行。

3. 竣工验收阶段的成本控制

(1)精心安排,干净利落地完成工程竣工的扫尾工作。从实际情况来看,许多工程一到工程扫尾阶段,就把主要施工力量抽调到其他在建工程上,以致扫尾工作的拖延时间过长;机械、设备无法转移,而成本费用却照常发生,使在建阶段取得的经济效益逐渐流失。因此,一定要精心安排(因为扫尾阶段工作面较小,人多了反而会造成浪费),采取"快刀斩乱麻"的方法,把竣工扫尾的时间缩短到最低限度。

(2)重视竣工验收工作,顺利交付使用。在验收之前,要准备好验收所需要的各方面资料(包括竣工图)送交甲方备查;对验收中甲方提出的意见,应根据设计要求和合同内容认真进行处理,如有涉及费用的地方,则应请甲方签证,列入工程结算。

(3)及时办理工程结算。一般来说,工程结算造价应等于原施工图预算加上(或减去)增减账。但在施工过程中,有些按实结算的经济业务,是由财务部门直接支付的,项目预算员不掌握资料,所以往往在工程结算时会产生遗漏。因此,在办理工程结算之前,要求项目预算员和成本员进行一次全面的核对。

(4)在工程保修期间,应由项目经理指定保修工作的责任者,并责成保修责任者根据实际情况提出保修计划(包括费用计划),以此作为控制保修费用的依据。

5.3.4 施工项目成本控制方法

1. 一般的成本控制方法

成本控制的方法很多,而且具有一定的随机性。也就是说,在不同的情况下要采取与之相适应的控制手段和控制方法。一般常用的成本控制方法如下:

(1)以施工图预算控制成本支出。

在施工项目的成本控制中,可按照施工图进行预算,实行"以收定支",或称为"量入为出",这是最有效的方法之一,具体的处理方法如下:

①人工费的控制。假定预算定额规定的人工费单价为23.80元,合同规定的人工费补贴为20元/工日,将两者相加,人工费的预算收入即为43.80元/工日。在这种情况下,项目经理部与施工队签订劳务合同时,应将人工费单价定在40元以下(辅工还可再低一些),其余部分考虑用于定额外的人工费和关键工序的奖励费。如此安排,人工费就不会超支,而且还留有余地,以备关键工序的不时之需。

②材料费的控制。采用"量价分离"方法计算工程造价时,"三材"(水泥、钢材和木材)的价格应随行就市,实行高进高出;地方材料的预算价格=基准价×(1+材差系数)。在对材料成本进行控制的过程中,首先要以上述预算价格来控制地方材料的采购成本;而对于材料消耗数量的控制,则应通过"限额领料单"来落实。

由于材料市场价格变动频繁,往往会发生预算价格与市场价格严重背离而使采购成本失去控制的情况。因此,要求项目材料管理人员必须经常关注材料市场价格的变动;并积累系统、翔实的市场信息。如遇材料价格大幅度上涨,可向"定额管理"部门反映,同时争取甲方按实补贴。

③钢管脚手及钢模板等周转设备使用费的控制。施工图预算中的周转设备使用费等于耗用数乘以市场价格,而实际发生的周转设备使用费则等于使用数乘以企业内部的租赁单价或摊销率。由于两者的计量基础和计价方法各不相同,所以只能以周转设备预算收费的总量来控制实际发生的周转设备使用费的总量。

④施工机械使用费的控制。施工图预算中的机械使用费等于工程量乘以定额台班单价。

由于项目施工具有特殊性,实际的机械利用率不可能达到预算定额的取定水平;再加上预算定额所设定的施工机械原值和折旧率又有较大的滞后性,所以使施工图预算的机械使用费往往小于实际发生的机械使用费,从而形成了机械使用费超支。

由于上述种种原因,有些施工项目在取得甲方的谅解以后,于工程合同中明确规定了一定数额的机械费补贴。在这种情况下,就可以施工图预算的机械使用费和增加的机械费补贴来控制机械费支出。

⑤构件加工费和分包工程费的控制。在市场经济体制下,钢门窗、木制成品、混凝土构件、金属构件和成型钢筋的加工,以及打桩、土方、吊装、安装、装饰和其他专项工程(如屋面防水等)的分包,均需要通过经济合同来明确双方的权利和义务。在签订这些经济合同时,特别要坚持"以施工图预算控制合同金额"的原则,坚决不允许合同金额超过施工图预算。根据部分工程的历史资料综合测算,上述各种合同金额的总和约占全部工程造价的55%~70%。由此可以看出,将构件加工和分包工程的合同金额控制在施工图预算范围之内是十分重要的。如果能做到这一点,实现预期的成本目标,就有了相当大的把握。

(2)以施工预算控制人力资源和物质资源的消耗。

资源消耗数量的货币表现形式就是成本费用。因此,资源消耗的减少就等于成本费用的节约;同样,控制了资源消耗,也就等于是控制了成本费用。以施工预算控制资源消耗的实施步骤和方法如下:

①项目开工之前,应根据设计图纸计算工程量,并按照企业定额或上级统一规定的施工预算定额编制整个工程项目的施工预算,并以此作为指导和管理施工的依据。如果是边设计边施工的项目,则应编制分阶段的施工预算。

在施工过程中,如果遇到工程变更或改变施工方法,则应由预算员对施工预算作出统一调整和补充,其他人不得任意修改施工预算,或故意不执行施工预算。

施工预算对分部分项工程的划分,原则上应与施工工序相吻合,或直接使用施工作业计划的"分项工程工序名称",以便与生产班组的任务安排和施工任务单的签发取得一致。

②对生产班组的任务安排必须签发施工任务单和限额领料单,并向生产班组进行技术交底。两单的内容应与施工预算完全相符,严禁篡改施工预算,也不允许有定额不用而另行估工。

③在施工任务单和限额领料单的执行过程中,要求生产班组根据实际完成的工程量和实耗人工及材料做好原始记录,并以此作为施工任务单和限额领料单结算的依据。

④任务完成以后,根据回收的施工任务单和限额领料单进行结算,并按照结算内容支付报酬(包括奖金)。一般情况下,绝大多数生产班组都能按质按量提前完成生产任务。因此,施工任务单和限额领料单不仅可以控制资源消耗,还能促进班组全面完成施工任务。

为了保证施工任务单和限额领料单结算的正确性,要求对两单的执行情况进行认真的验收和核查。

为了便于任务完成后进行施工任务单和限额领料单与施工预算的逐项对比,要求在编制施工预算时对每一个分项工程的工序名称统一进行编号,在签发施工任务单和限额领料单时也要按照施工预算的统一编号对每一个分项工程的工序名称进行编号,以便对号检索对比,分析节超。由于施工任务单和限额领料单的数量较多,对比分析的工作量也很大,所以可应用计算机来代替人工操作(对分项工程的工序名称统一进行编号,可为应用计算机创造条件)。

(3)建立资源消耗台账,实行资源消耗的中间控制。

资源消耗台账,属于成本核算的辅助记录,此处仅以"材料消耗台账"为例来说明资源消耗台账在成本控制中的应用。

①材料消耗台账的格式和举例。从材料消耗台账的账面数字来看:第一、第二项分别为施工图预算数和施工预算数,也是整个项目用料的控制依据;第三项为第一个月的材料消耗数;第四、第五项为第二个月的材料消耗数和到第二个月为止的累计耗用数;第五项以下,以此类推,直到项目竣工为止。

②材料消耗情况的信息反馈。项目财务成本核算员应于每月初根据材料消耗台账的记录,填制"材料消耗情况信息表",并向项目经理和材料部门反馈。

③材料消耗的中间控制。由于材料成本是整个项目成本的重要环节,不仅所占比重大,而且有潜力可挖。如果材料成本出现亏损,必将会使整个成本陷入被动。因此,项目经理应对材料成本有足够的重视;至于材料部门,更是责无旁贷。按照上述要求,项目经理和材料部门收到"材料消耗情况信息表"以后,应做好以下两件事:

a.根据本月材料的消耗数量,联系本月实际完成的工程量,分析材料消耗水平和节超原因,制订材料节约使用的措施,分别落实到生产班组和有关人员。

b.根据尚可使用的数量,联系项目施工的形象进度,从总量上控制今后的材料消耗,而且还要保证有所节约。这是降低材料成本的重要环节,也是实现施工项目成本目标的关键。

(4)应用成本与进度同步跟踪的方法控制分部分项工程成本。

长久以来,计划工作都被认为是为安排施工进度和组织流水作业而服务的,其与成本控制的要求和管理方法截然不同。其实则不然,成本控制与计划管理、成本与进度之间有着必然的同步关系。即施工到哪一阶段,就应该发生相应的成本费用。如果成本与进度不对应,就要作为"不正常"现象进行分析,找出原因,并加以纠正。

为了便于在分部分项工程的施工中同时进行进度与费用的控制,掌握进度与费用的变化过程,可以按照横道图和网络图的特点分别进行处理。

①横道图计划的进度与成本的同步控制。在横道图计划中,表示作业进度的横线有两条,一条是计划线,一条是实际线,可用颜色或者单线和双线(或细线和粗线)进行区分。计划线上的"C",表示与计划进度相对应的计划成本;实际线下的"C",表示与实际进度相对应的实际成本。

从上述横道图可以掌握下列信息:

a.每道工序(即分项工程,下同)的进度与成本之间的同步关系,即施工到哪一阶段,就将发生相应的成本。

b.每道工序的计划施工时间与实际施工时间(从开始到结束)之比(提前或拖期),以及对下道工序的影响。

c.每道工序的计划成本与实际成本之比(节约或超支),以及完成某一时期责任成本的影响。

d.每道工序施工进度的提前或拖延对成本的影响程度。

e.整个施工阶段的进度和成本情况。

通过进度与成本同步跟踪的横道图,要求实现:以计划进度控制实际进度;以计划成本控制实际成本;随着每道工序进度的提前或拖延,对每个分项工程的成本实行动态控制,以保证项目成本目标的顺利实现。

②网络图计划的进度与成本的同步控制。这与横道图计划有异曲同工之处。所不同的是,网络计划在施工进度的安排上更加具有逻辑性,而且可随时进行优化和调整,因此对每道工序的成本控制也更为有效。

网络图的表示方法:代号为工序施工起止的节点(系指双代号网络),箭杆表示工序施工的过程,箭杆的下方为工序的计划施工时间,箭杆上方"C"后面的数字为工序的计划成本(以千元为单位);实际施工的时间和成本应在箭杆附近的方格中如实填写,这样就能从网络图中看到每道工序的计划进度与实际进度、计划成本与实际成本之间的对比情况,同时也可清楚地看出今后控制进度、控制成本的方向。

(5)建立项目月度财务收支计划制度,以用款计划控制成本费用支出。

①以月度施工作业计划为龙头,并以月度计划产值为当月财务收入计划,同时由项目各部门根据月度施工作业计划的具体内容编制本部门的用款计划。

②项目财务成本核算员应根据各部门的月度用款计划进行汇总,并按照用途的轻重缓急平衡调度,同时提出具体的实施意见,经项目经理审批后执行。

③在月度财务收支计划的执行过程中,项目财务成本核算员应根据各部门的实际用款数额做好记录,并于下月初反馈给相关部门,由各部门自行检查分析节超原因,吸取经验教训。对于节超幅度较大的部门,应以书面分析报告分送项目经理和财务部门,以便项目经理和财务部门能够及时采取针对性的措施。

建立项目月度财务收支计划制度具有以下优点:

a.根据月度施工作业计划编制财务收支计划,能够做到收支同步,避免因支大于收而形成资金紧张。

b.在实行月度财务收支计划的过程中,各部门既要按照施工生产的需要编制用款计划,又要在项目经理批准后认真贯彻执行,这样能够使得资金的使用(成本费用开支)更为合理。

c.用款计划经过财务部门的综合平衡,又经过项目经理的审批,可使一些不必要的费用开支得到严格的控制。

(6)建立项目成本审核签证制度,控制成本费用支出。

引进市场经济体制以后,需要建立以项目为成本中心的核算体系。也就是说,所有的经济业务,不论是对内或对外,都要与项目直接对口。在发生经济业务时,要先经有关项目管理人员审核,然后再经项目经理签证后支付。这是项目成本控制的最后一个环节,必须十分重视。其中,以有关项目管理人员的审核最为重要,因为他们熟悉自己分管的业务,具有一定的权威性。

审核成本费用的支出必须以有关规定和合同为依据,主要包括国家规定的成本开支范围、国家和地方规定的费用开支标准和财务制度、内部经济合同以及对外经济合同。

由于项目的经济业务比较繁忙,如果事无巨细都要经项目经理审批,难免会分散项目经理的精力,不利于项目管理的整体工作。因此,可从实际出发,在需要与可能的条件下,将不太重要、金额又小的经济业务授权给财务部门或业务主管部门代为处理。

(7)加强质量管理,控制质量成本。

质量成本是指项目为保证和提高产品质量而支出的一切费用,以及未达到质量标准而产生的一切损失费用之和。质量成本包括控制成本和故障成本两个主要方面。其中,控制成本属于质量保证费用,包括预防成本和鉴定成本两者,其与质量水平成正比关系,即工程质量越高,鉴定成本和预防成本就越大;故障成本属于损失性费用,包括内部故障成本和外部故障成本两者,其与质量水平成反比关系,即工程质量越高,故障成本就越低。

控制质量成本,首先要从质量成本核算开始,之后才是质量成本分析和质量成本控制。

①质量成本核算。是指将施工过程中发生的质量成本费用,按照预防成本、鉴定成本、内部故障成本和外部故障成本的明细科目进行归集,然后计算出各个时期各项质量成本的发生情况。

质量成本的明细科目可根据实际支付的具体内容来确定。

a.预防成本下应设置:质量管理工作费、质量情报费、质量培训费、质量技术宣传费、质量管理活动费等子目。

b.鉴定成本下应设置:材料检验试验费、工序监测和计量服务费、质量评审活动费等子目。

c.内部故障成本下应设置:返工损失、返修损失、停工损失、质量过剩损失、技术超前支出和事故分析处理等子目。

d.外部故障成本下应设置:保修费、赔偿费、诉讼费和因违反环境保护法而发生的罚款等。

进行质量成本核算的原始资料,主要来源于会计账簿和财务报表,或利用会计账簿和财务报表的资料整理加工而得到。但也有一部分资料需要依靠技术、技监等有关部门提供,如质量过剩损失和技术超前支出等。

②质量成本分析。是指根据质量成本核算的资料进行归纳、比较和分析,分析内容包括:质量成本总额的构成内容分析;质量成本总额的构成比例分析;质量成本各要素之间的比例关系分析;质量成本占预算成本的比例分析。这些分析内容,可反映在一张质量成本分析表中。

③质量成本控制。根据以上分析资料,对影响质量成本较大的关键因素,应采取有效措施,进行质量成本控制。

(8)坚持现场管理标准化,堵塞浪费漏洞。

现场管理标准化的范围很广,现场平面布置管理和现场安全生产管理稍有不慎,就会造成浪费和损失。比较突出而又需要特别关注的有以下两种情况:

①现场平面布置管理。是根据工程特点和场地条件,以配合施工为前提合理安排的,有一定的科学根据。但是,在施工过程中,往往会出现不执行现场平面布置,造成人力、物力浪费的情况,举例如下:

a.材料、构件不按规定地点堆放,造成二次搬运,不仅浪费人力,还会使材料和构件在搬运中遭受损失。

b.钢模和钢管脚手等周转设备,用后不进行整修也不堆放整齐,而是任意乱堆乱放,这样既影响了场容整洁,又容易造成损失,尤其是将周转设备放在路边,一旦车辆开过,轻则变形,重则报废。

c.任意开挖道路,又不采取措施,造成交通中断,影响物资运输。

d.排水系统不通畅,一遇下雨,现场积水严重,造成电器设备受潮容易触电,水泥受潮就会变质报废,至于用钢模、海底笆铺路的现象更是比比皆是。

由此可见,施工项目一定要强化现场平面布置的管理,堵塞一切可能发生的漏洞,争创"文明工地"。

②现场安全生产管理。现场安全生产管理的目的是为了保护施工现场的人身安全和设备安全,减少和避免不必要的损失。要达到这个目的,就必须强调按照规定的标准进行管理,不允许有任何细小的疏忽,否则将会造成难以估量的损失。为此,必须从现场标准化管理入手,切实做好预防工作,把可能发生的经济损失减少到最低限度。

(9)定期开展"三同步"检查,防止项目成本盈亏异常。

项目经济核算的"三同步"是指统计核算、业务核算、会计核算的"三同步"。统计核算即产值统计,业务核算即人力资源和物质资源的消耗统计,会计核算即成本会计核算。根据项目经济活动的规律,这三者之间存在着必然的同步关系。这种规律性的同步关系,具体表现为完成的产值、消耗的资源和发生的成本,三者应该同步。否则,项目成本就会出现盈亏异常的情况。

开展"三同步"检查的目的是为了查明不同步的原因,纠正项目成本盈亏异常的偏差。"三同步"的检查方法,可以从下列三个方面入手:

①时间上的同步。即产值统计、资源消耗统计和成本核算的时间应该统一(一般为上月的 26 日到本月的 25 日)。如果在时间上出现不统一,就不可能实现核算口径的同步。

②分部分项工程直接费的同步。也就是产值统计是否与施工任务单的实际工程量和形象进度相符;资源消耗统计是否与施工任务单的实耗人工和限额领料单的实耗材料相符;机械和周转材料的租费是否与施工任务单的施工时间相符。如果不符,应及时查明原因,予以纠正,直至同步。

③其他费用是否同步。需要通过将统计报表与财务付款逐项进行核对才能查明原因。

(10)应用成本控制的财务方法——成本分析表法来控制项目成本。

成本分析表是成本分析控制手段的一种,包括月度成本分析表和最终成本控制报告表。月度成本分析表又分为直接成本分析表和间接成本分析表两种。

①月度直接成本分析表。主要反映分部分项工程实际完成的实物量和与成本相对应的情况,以及与预算成本和计划成本相对比的实际偏差和目标偏差,为分析偏差产生的原因和针对偏差采取相应的措施提供依据。

②月度间接成本分析表。主要反映间接成本的发生情况,以及与预算成本和计划成本相对比的实际偏差和目标偏差,为分析偏差产生的原因和针对偏差采取相应的措施提供依据。此外,还要通过间接成本占产值的比例来分析其支用水平。

③最终成本控制报告表。主要是通过已完实物进度、已完产值和已完累计成本,联系尚需完成的实物进度、尚可上报的产值和将要发生的成本,进行最终成本预测,以检验实现成本目标的可能性;并可为项目成本控制提出新的要求。这种预测,工期短的项目应每季度进行一次,工期长的项目则可每半年进行一次。以上项目成本的控制方法,不可能也不必在一个工程项目中全部同时使用,可由各工程项目根据自己的具体情况和客观需要,选用其中有针对性的、简单实用的方法,这样便会取得事半功倍的效果。

在选用控制方法时,应充分考虑与各项施工管理工作相结合。

2.降低施工项目成本的途径和措施

降低施工项目成本的途径应为既开源又节流,也可以说是既增收又节支。只开源不节流或只节流不开源,都不可能达到降低成本的目的,至少不会达到理想的降低成本的效果。

前面已从节支角度论述了成本控制的方法,这里再从增收的角度论述降低成本的途径。

(1)认真会审图纸,积极提出修改意见。

在项目建设过程中,施工单位必须按图施工。但是,图纸是由设计单位按照用户要求和项目所在地的自然地理条件(如水文地质情况等)设计而成的,其中起着决定性作用的是设计人员的主观意识,很少考虑为施工单位提供方便,有时还可能给施工单位出些难题。因此,施工单位应在满足用户要求和保证工程质量的前提下,联系项目施工的主、客观条件,对设计图纸进行认真的会审,并提出积极的修改意见,在取得用户和设计单位一致同意以后,对设计图纸进行修改,同时办理增减账。

在会审图纸时,对于结构复杂、施工难度高的项目,更要加倍认真,并且要从方便施工,有利于加快工程进度和保证工程质量,又能降低资源消耗、增加工程收入等方面综合考虑,提出有科学根据的合理化建议,争取得到业主和设计单位的认可。

(2)加强合同预算管理,增创工程预算收入。

①深入研究招标文件、合同内容,正确编制施工图预算。在编制施工图预算时,要充分考虑可能发生的成本费用,一般包括合同规定的属于包干(闭口)性质的各项定额外补贴,并将其全部列入到施工图预算中,然后通过工程款结算向甲方取得补偿。亦即凡是政策允许的,要做到该收的点滴不漏,以保证项目的预算收入,这种方法称为"以文定收"。但有一个政策界限,不能将由于项目管理不善而造成的损失也列入到施工图预算中,更不允许违反政策向甲方高估冒算或乱收费。

②将合同规定的"开口"项目,作为增加预算收入的重要方面。一般来说,按照设计图纸和预算定额编制的施工图预算,必须受到预算定额的制约,很少有灵活伸缩的余地。而"开口"项目的取费则有比较大的潜力,是项目创收的关键。例如以下两种情况:

a.合同规定,待图纸出齐后,由甲、乙双方共同制定加快工程进度、保证工程质量的技术措施,费用按实结算。按照这一规定,项目经理和工程技术人员应联系工程特点,充分利用自己的技术优势,采用先进的新技术、新工艺和新材料,经甲方签证后实施,对这些措施的要求是:既能为施工提供方便,有利于加快施工进度,又能提高工程质量,还能增加预算收入。

b.合同规定,预算定额缺项的项目,可由乙方参照相近定额,经监理工程师复核后报甲方认可。在编制施工图预算时,这种情况常有发生,需要项目预算员参照相近定额进行换算。在定额换算的过程中,预算员可根据设计要求,充分发挥自己的业务技能,提出合理的换算依据,以此来摆脱原有定额偏低的约束。

③根据工程变更资料,及时办理增减账。由于设计、施工和甲方使用要求等种种原因,工程变更在项目施工过程中时有发生,这是不以人们的意志为转移的。随着工程的变更,必然会带来工程内容的增减和施工工序的改变,从而也一定会影响成本费用的支出。因此,项目承包方应就工程变更对既定施工方法、机械设备使用、材料供应、劳动力调配和工期目标等的影响程度,以及为实施变更内容所需要的各种资源进行合理估价。及时办理增减账手续,并通过工程款结算从甲方取得补偿。

(3)制定先进的、经济合理的施工方案。

施工方案主要包括四方面内容,即施工方法的确定、施工机具的选择、施工顺序的安排和流水施工的组织。如果施工方案不同,工期就会不同,所需机具也不相同,因而发生的费用也会不同。因此,正确选择施工方案是降低成本的关键。

制定施工方案要以合同工期和上级要求为依据,联系项目的规模、性质、复杂程度、现场条件、装备情况、人员素质等因素综合考虑。可以同时制定多个施工方案,倾听现场施工人员的意见,以便从中选择最合理、最经济的一个。

需要强调的是,施工项目的施工方案应同时具有先进性和可行性。如果只先进却不可行,就不能在施工中发挥有效的指导作用,也就不是最佳的施工方案了。

(4)落实技术组织措施。

落实技术组织措施是技术与经济相结合的道路,主要以技术优势来取得经济效益,是降低项目成本的又一个关键。一般情况下,项目应在开工之前根据工程情况制定技术组织措施计划,作为降低成本计划的内容之一列入到施工组织设计中。在编制月度施工作业计划的同时,也可按照作业计划的内容编制月度技术组织措施计划。

为了保证技术组织措施计划的落实,并取得预期的效果,应在项目经理的领导下明确分工:由工程技术人员确定措施,材料人员提供材料,现场管理人员和生产班组负责执行,财务成本核算员结算节约效果,最后由项目经理根据措施执行情况和节约效果对有关人员进行奖励,形成落实技术组织措施的一条龙。

需要强调的是,在结算技术组织措施执行效果时,除了要按照定额数据等进行理论计算以外,还要做好节约实物的验收,防止发生"理论上节约、实际上超用"的现象。

(5)组织均衡施工,加快施工进度。

凡是按时间计算的成本费用,如项目管理人员的工资和办公费、现场临时设施费和水电费以及施工机械和周转设备的租赁费等,在加快施工进度、缩短施工周期的情况下,都会有明显的节约。除此之外,还可从用户那里得到一笔相当可观的提前竣工奖。因此,加快施工进度也是降低项目成本的有效途径之一。

为了加快施工进度,将会增加一定的成本支出。例如在组织两班制进行施工的时候,需要增加夜间施工的照明费、夜点费和工效损失费;同时,还将增加模板的使用量和租赁费。

因此,在签订合同时,应根据用户和赶工要求,将赶工费列入到施工图预算中。如果事先并未明确,而由用户在施工中临时提出的赶工要求,则应请用户签证,费用按实结算。

5.3.5　价值工程在施工项目成本控制中的应用

1.价值工程的基本概念

价值工程又称价值分析,是一门技术与经济相结合的现代化管理科学。它通过对产品的功能分析,研究如何以最低的成本来实现产品的必要功能。因此,在应用价值工程时,既要研究技术,又要研究经济,即研究在提高功能的同时不增加成本,或在降低成本的同时不影响功能,把提高功能和降低成本统一在最佳方案之中。

在实际工作中,往往把提高质量作为技术部门的职责,而把降低成本作为财务部的职责。由于这两个部门的分工不同,业务要求也不相同,因而处理问题的观点和方法就会不同。例如技术部门为了提高质量往往不惜工本,而财务部门为了降低成本则又很少考虑保证质量的需要。通过价值工程的应用,可以使产量与质量、质量与成本的矛盾得到完美的统一。

由于价值工程是把技术与经济相结合的管理技术,需要多方面的业务知识和技术数据,也涉及了许多技术部门(如设计、施工、质量等)和经济部门(如预算、劳动、材料、财会等)。因此,在应用价值工程的过程中,必须按照系统工程的要求,把有关部门组织起来,通力合作,才能取得理想的效果。

2.价值工程的定义和基本原理

价值工程是以功能分析为核心,使产品或作业达到适当的价值,即用最低的成本来实现其必要功能的一项有组织的活动。根据价值工程的定义,可将其基本原理归纳为以下三个方面。

(1)价值、功能和成本的关系。

价值工程的目的在于以最低的成本使产品或作业具有适当的价值,也就是实现其应当具备的必要功能。因此,价值、功能和成本三者之间的关系为:价值 = 功能(或效用)/成本(或生产费用),用数学公式可表示为:$V = F/C$。这个公式带给我们两个方面的启示:一方面客观地反映了用户的心态,都想买到物美价廉的产品或作业,因而必须考虑功能和成本之间的关系,即价值系数的高低;另一方面,又提示产品的生产者和作业的提供者,可从下列途径提高产品或作业的价值:

①功能不变,成本降低。

②成本不变,功能提高。

③功能提高,成本降低。

④成本略有提高,功能大幅度提高。

⑤功能略有下降,成本大幅度下降。

(2)价值工程的核心——功能分析。

价值工程的核心是对产品或作业进行功能分析。也就是在项目设计时,要在对产品或作业进行结构分析的同时,还要对产品或作业的功能进行分析,从而确定必要功能和实现必要功能的最低成本方案(工程概算)。在项目施工时,在对工程结构、施工条件等进行分析的同时,还要对项目建设的施工方案及其功能进行分解,以确定实现施工方案及其功能的最低成本计划(施工预算)。

(3)价值工程是一项有组织的活动。

在应用价值工程时,必须有一个组织系统,把各专业人员(如施工技术、质量安全、施工管理、材料供应、财务成本等)组织起来,发挥集体力量,利用集体智慧来进行,方能达到预定的目标。组织的方法有多种,在项目建设中,建议将价值工程活动与质量管理活动结合起来进行。

3.价值工程在施工项目成本控制中的应用

由于价值工程扩大了成本控制的工作范围,所以从控制项目的寿命周期费用出发,应结合施工,研究工程设计的技术经济的合理性,探索有无改进的可能性。具体而言,就是应用价值工程,分析功能与成本之间的关系,以提高项目的价值系数;同时,通过价值分析来发现并消除工程设计中的不必要功能,可以达到降低成本、降低投资的目的。

乍看起来,这样的价值工程工作,对于施工项目而言并没有太多的益处,甚至还会因为降低投资而减少工程收入。如果遇到这种情况,可事先取得业主的谅解和认可,对投资节约额实行比例分成。一般情况下,只要不降低项目建设的必要功能,业主是愿意接受的。

（1）对工程设计进行价值分析的必要性。

①通过对工程设计进行分析的价值工程活动，能够更加明确业主单位的要求，更加熟悉设计要求、结构特点和项目所在地的自然地理条件，从而更利于施工方案的制定，更能游刃有余地组织和控制项目施工。

②通过价值工程活动，可以在保证质量的前提下，为用户节约投资，提高功能，降低寿命周期成本，从而赢得业主的信任。大大有利于甲乙双方关系的和谐与协作；同时，还能提高自身的社会知名度，增强市场的竞争能力。

③通过对工程设计进行分析的价值工程活动，对提高项目组织的素质，改善内部组织管理，降低不合理消耗等，也有着积极的直接影响。

（2）确定价值工程活动对象。

结合价值工程活动，制定技术先进、经济合理的施工方案，实现施工项目成本控制。

①通过价值工程活动，进行技术经济分析，确定最佳施工方法。

②结合施工方法，对使用材料进行比选，在满足功能要求的前提下，通过代用、改变配合比、使用添加剂等方法来降低材料消耗。

③结合施工方法，进行机械设备选型，确定最合适的机械设备的使用方案。例如，机械要选择功能相同、台班费最低或台班费相同、功能最高的机械；模板要联系结构特点，在组合钢模、大钢模、滑模中选择最为合适的一种。

④通过价值工程活动，结合项目的施工组织设计和所在地的自然地理条件，对降低材料的库存成本和运输成本进行分析，以确定最节约的材料采购方案和运输方案，以及最合理的材料储备。

5.4　工程项目成本核算

5.4.1　工程项目的成本项目

成本项目是指计入施工产品成本的、按经济用途进行分类的费用。它可以明确地把各项费用按其使用途径进行反映，这对考核、分析成本升降的原因有着重要的意义。生产费用按计入成本的方法又可分为直接成本和间接成本。按照一般涵义来说，直接成本是指为生产某种（类、批）产品而发生的费用，它可以根据原始凭证或原始凭证汇总表直接计入成本。间接成本是指为生产某种（类、批）产品而共同发生的费用，它不能根据原始凭证或原始凭证汇总表直接计入成本。这种分类方法，是以生产费用的直接计入或分配计入为标志划分的，它便于合理选择各项生产费用的分配方法，对正确及时地计算成本有着重要的作用。

但工程企业采用计入成本方法进行分类时，还应结合"建筑安装工程费用项目组成"的具体要求进行。现行财务制度规定，施工企业工程成本分为直接成本和间接成本。建筑安装工程费由直接工程费、间接费、计划利润和税金组成。其中，直接工程费又由直接费、其他直接费和现场经费组成。"制造成本法"意义下的间接成本与"造价组成法"下的间接费是不同的两个概念，间接成本与现场经费（包括现场管理费和临时设施费）相比较，除了后者包含临时设施费以外，两者属于同一概念。工程直接费虽在计算工程造价时可按定额和单位估价表直接列入，但在项目多的单位工程施工的情况下，实际发生时却有相当一部分费用需通过分配方法计入。间接成本一般按照一定标准分配计入成本核算对象。实行项目管理进行项目成本核算的单位,发生间接成本可以直接计入项目,但需分配计入单位工程。

1. 直接成本

直接成本是指施工过程中耗费的构成工程实体或有助于工程形成的各项支出,包括人工费、材料费、机械使用费和其他直接费。

(1)人工费。是指直接从事建筑安装工程施工的生产工人开支的各项费用,包括工资、奖金、工资性质的津贴、生产工人辅助工资、职工福利费、生产工人劳动保护费等。

(2)材料费。包括施工过程中耗用的构成工程实体的原材料、辅助材料、构配件、零件、半成品的费用和周转材料的摊销及租赁费用等。

①上述材料费中,如果使用的结构件较多,工厂化程度较高,则可单列"结构件"成本项目,核算施工过程中所耗用的构成工程实体的结构件及零件,如钢门窗、木门窗、铝门窗、混凝土制品、木制品、成型钢筋和金属制品等。

②为了反映周转材料的使用情况,说明工期与成本之间的关系,也可单列"周转材料费"项目。

(3)机械使用费。包括施工过程中使用自有施工机械所发生的机械使用费和租用外单位(含内部机械设备租赁市场)施工机械的租赁费,以及施工机械安装、拆卸和进出场费等。

(4)其他直接费。包括施工过程中发生的材料二次搬运费、临时设施摊销费、生产工具使用费、检验试验费、工程定位复测费、工程点交费、场地清理费等。

此外,建筑安装工程的费用项目组成还包括冬雨期施工增加费、夜间施工增加费、仪器仪表使用费、特殊工程培训费、特殊地区施工增加费等。

上述各项其他直接费,如本地现行预算定额中,如果分别列入了人工费、材料费、机械使用费项目的,企业也应分别在相应的成本项目中进行核算。

2. 间接成本

间接成本是指项目经理部为施工准备、组织和管理施工生产所发生的全部施工间接费支出。具体的费用项目及内容如下:

(1)工作人员薪金。是指现场项目管理人员的工资、资金、工资性质的津贴等。

(2)劳动保护费。是指现场管理人员的按照规定标准发放的劳动保护用品的闲置费及修理费、防暑降温费,以及在有碍身体健康环境中施工的保健费用等。

(3)职工福利费。是指按现场项目管理人员工资总额的14%提取的福利费。

(4)办公费。是指现场管理办公用的文具、纸张、账表、印刷、邮电、书报、会议、水、电、烧水和集体取暖用煤等费用。

(5)差旅交通费。是指职工因公出差期间的旅费、住宿补助费、市内交通费和误餐补助费、职工探亲路费、劳动力招募费、职工离退休及职工退职一次性路费、工伤人员就医路费、工地转移费以及现场管理使用的交通工具的油料、燃料、养路费及牌照费等。

(6)固定资产使用费。是指现场管理及试验部门使用的属于固定资产的设备、仪器等的折旧、大修理、维修费或租赁费等。

(7)工具用具使用费。是指现场管理使用的不属于固定资产的工具、器具、家具、交通工具和检验、试验、测绘、消防用具等的购置、维修和摊销费等。

(8)保险费。是指施工管理用财产,车辆保险及高空、井下、海上作业等特殊工种的安全保险等。

(9)工程保修费。是指工程施工交付使用后规定保修期内的修理费用。

(10)工程排污费。是指施工现场按照规定需要交纳的排污费用。

(11)其他费用。

按照项目管理的要求,凡是发生于项目的可控费用,均应下沉到项目核算,不受层次限制,以便落实项目管理经济责任,所以还应包括下列费用项目:

(1)工会经费。是指按现场管理人员工资总额的2%计提的工会经费。

(2)教育经费。是指按现场管理人员工资总额的1.5%提取使用的职工教育经费。

(3)业务活动经费。是指按"小额、合理、必需"原则使用的业务活动费。

(4)税金。是指应由项目负担的房产税、车船使用税、土地使用税、印花税等。

(5)劳保统筹费。是指按工资总额一定比例交纳的劳保统筹基金。

(6)利息支出。是指项目在银行开户的存贷款利息收支净额。

(7)其他财务费用。是指汇兑净损失、调剂外汇手续费、银行手续费用。

5.4.2 施工成本核算的方法

施工成本核算主要有会计核算、业务核算和统计核算三种方法。

1. 会计核算

会计核算主要是价值核算。会计是对一定单位的经济业务进行计量、记录、分析和检查,并且作出预测、参与决策、实行监督,旨在实现最优经济效益的一种管理活动。它通过设置账户,复式记账、填制和审核凭证、登记账簿、成本计算、财产清查和编制会计报表等一系列有组织有系统的方法,来记录企业的一切生产经营活动,然后以此作为依据提出一些用货币来反映的有关各种综合性经济指标的数据。会计要素的六个指标,即资产、负债、所有者权益、营业收入、成本和利润主要是通过会计来核算的。至于其他指标,也是可以在会计核算记录中有所反映的,但在反映的广度和深度上有很大的局限性,一般不用会计核算来反映,由于会计记录具有连续性、系统性、综合性等特点,所以它是施工成本分析的重要依据。

2. 业务核算

业务核算是各业务部门根据业务工作的需要而建立的核算制度,它包括原始记录和计算登记表两部分内容,如单位工程及分部分项工程进度登记,质量登记,工效、定额计算登记,物资消耗定额记录,测试记录等。业务核算的范围要广于会计、统计核算的范围,会计和统计核算一般是对已经发生的经济活动进行核算,而业务核算不但可对已经发生的经济活动进行核算,而且还可对尚未发生或正在发生的经济活动进行核算,看是否可以做,是否有经济效果等。其特点是,对个别的经济业务进行单项核算,仅记载单一事项,最多也只是略为整理或稍加归类,不求提供综合性、总括性指标。业务核算的范围不太固定,方法也很灵活,不像会计核算和统计核算那样有一套特定且系统的方法。例如,各种技术措施、新工艺等项目可以核算已经完成的项目是否达到原定的目的,取得预期的效果,也可以对准备采取措施的项目进行核算和审查,看是否有效果,值不值得采纳,随时都可以进行。业务核算的目的是为了迅速取得资料,在经济活动中及时采取措施加以调整。

3. 统计核算

统计核算是利用会计核算资料和业务核算资料,把企业生产经营活动客观现状的大量数据,按照统计方法进行系统的整理,表明其规律性。其计量尺度要宽于会计的,可以用货币计算,也可以用实物或劳动量计量。通过全面调查和抽样调查等特有的方法,统计核算不仅能提供绝对数指标,还能提供相对数和平均数指标,能够计算出当前的实际水平,确定变动速度,可以预测发展的趋势。统计除了主要研究大量的经济现象以外,也非常重视个别先进事例与典型事例的研究。有时,为了使研究对象更加具有典型性和代表性,还把一些偶然性的因素或次要的枝节问题予以剔除,为了对主要问题进行深入分析,不一定要求对企业的全部经济活动做出完整、全面、时序的反映。

5.4.3　工程项目成本核算的原则

　　为了发挥工程项目成本的管理职能,提高工程项目的管理水平,工程项目成本核算必须讲求质量,才能提供对决策有用的成本信息。要提高成本核算质量,除了要建立合理、可行的工程项目成本管理系统以外,还必须遵循成本核算的原则。概括起来一般有下列几项原则:

　　(1)确认原则。确认原则是指对各项经济业务中发生的成本,均须按照一定的标准和范围加以认定和记录。只要是为了经营目的而发生的或预期要发生的,并要求得以补偿的一切支出,都应作为成本来加以确认。正确的成本确认往往与一定的成本核算对象、范围和时期相联系,并必须按照一定的确认标准来进行。这种确认标准具有相对的稳定性,主要侧重定量,但也会随着经济条件和管理要求的发展而产生变化。在成本核算中,往往需要进行二次确认甚至是多次确认。如确认是否属于成本,是否属于特定核算对象的成本(如临时设施先算搭建成本,使用后再算摊销费)以及是否属于核算当期的成本等。

　　(2)分期核算原则。施工生产是川流不息的,企业(项目)为了取得一定时期的工程项目成本,就必须将施工生产活动划分为若干个时期,并分期计算各期的项目成本。成本核算的分期应与会计核算的分期相一致,以利于财务成果的确定。需要强调的是,成本的分期核算与项目成本计算期不能混为一谈。不管生产情况如何,成本核算工作包括费用的归集和分配等都必须按月进行。至于已完工程项目成本的结算,可以是定期的,按月结算;也可以是不定期的,等到工程竣工后一次结转。

　　(3)相关性原则。相关性原则,也称决策有用原则。成本核算要为企业(项目)成本管理目的服务,成本核算不只是简单的计算问题,要与管理融于一体,算为管用。因此,在成本核算方法、程序和标准的具体选择上,在成本核算对象和范围的确定上,应与施工生产的经营特点和成本管理要求的特性相结合,还要与企业(项目)一定时期的成本管理水平相适应。正确地核算出符合项目管理目标的成本数据和指标,真正使项目成本核算成为领导的参谋和助手。没有管理目标,成本核算是盲目和无益的,没有决策作用的成本信息是无价值的。

　　(4)一贯性原则。一贯性原则是指企业(项目)成本核算所采用的方法应前后一致。这样才能使企业各期成本核算资料口径统一、前后连贯、相互可比。成本核算办法的一贯性原则体现在很多方面,如耗用材料的计价方法、折旧的计提方法、施工间接费的分配方法和未完施工的计价方法等。坚持一贯性原则,并不是一成不变的,如确需进行变更,要有充分的理由对原成本核算方法进行改变的必要性作出解释,并说明这种改变对成本信息的影响。如果随意变动成本核算方法,而且不加以说明,则有对成本、利润指标、盈亏状况弄虚作假的嫌疑。

　　与一贯性原则不同的是,可比性原则要求企业(项目)尽可能使用统一的成本核算、会计处理方法和程序,以便进行横向比较。而一贯性原则则要求同一成本核算单位在不同时期内应尽可能采用相同的成本核算、会计处理方法和程序,以便于不同时期的纵向比较。

(5)实际成本核算原则。实际成本核算原则是指企业(项目)核算要采用实际成本计价,即必须根据计算期内实际产量(已完工程量)以及实际消耗和实际价格来计算实际成本。

(6)及时性原则。及时性原则是指企业(项目)成本的核算、结转和成本信息的提供应在要求的时期内完成。需要指出的是,成本核算及时性原则并不是越快越好,而是要求成本核算和成本信息的提供,以确保真实为前提,在规定时期内核算完成,在成本信息尚未失去时效的情况下适时提供,确保不影响企业(项目)其他环节会计核算工作顺利进行。

(7)配比原则。配比原则是指营业收入与其相对应的成本、费用应当相互配合。为了取得本期收入而发生的成本和费用,应与本期实现的收入在同一时期内确认入账,不得脱节,也不得提前或延后。以便能够正确地计算和考核项目经营成果。

(8)权责发生制原则。权责发生制原则是指凡是当期已经实现的收入和已经发生或应当负担的费用,不论款项是否收付,均应作为当期的收入或费用来进行处理;凡是不属于当期的收入和费用,即使款项已经在当期收付,均不应作为当期的收入和费用来进行处理。权责发生制原则主要从时间选择上确定了成本会计确认的基础,其核心是根据权责关系的实际发生和影响期间来确认企业的支出和收益。根据权责发生制进行收入与成本费用的核算,能够更加准确地反映出特定会计期间内真实的财务成本状况和经营成果。

(9)谨慎原则。谨慎原则是指在市场经济条件下,在成本、会计核算中应对企业(项目)可能发生的损失和费用作出合理的预计,以便增强抵御风险的能力。为此,《企业会计准则》中所规定的企业可以采用后进先出法、提取坏账准备法、加速折旧法等,就体现了谨慎原则的要求。

(10)划分收益性支出与资本性支出原则。划分收益性支出与资本性支出是指成本,会计核算应严格区分收益性支出与资本性支出之间的界限,以便能够正确地计算当期损益。所谓收益性支出是指该项支出的发生是为了取得本期收益,即仅仅与本期收益的取得有关,如支付工资、水电费支出等。所谓资本性支出是指不仅为取得本期收益而发生的支出,同时该项支出的发生有助于以后会计期间的支出,如购建固定资产支出等。

(11)重要性原则。重要性原则是指对于成本有着重大影响的业务内容,应作为核算的重点,力求精确,而对于那些不太重要且琐碎的经济业务内容,可适当地从简处理,不要事无巨细,均作详细核算。坚持重要性原则能够使成本核算在全面的基础上保证重点,有助于加强对经济活动和经营决策有重大影响和有重要意义的关键性问题的核算,从而达到事半功倍,简化核算,节约人力、财力、物力,提高工作效率的目的。

(12)明晰性原则。明晰性原则是指项目成本记录必须直观、清晰、简明、可控、便于理解和利用。使项目经理和项目管理人员了解成本信息的内涵,弄懂成本信息的内容,便于信息利用,有效地控制本项目的成本费用。

5.4.4　工程项目成本核算的内部条件

工程项目管理是带动施工企业整个管理体制改革的突破口。也就是说,就项目管理抓项目管理,往往会遇到许多难以克服的困难。因此,只有依靠整个企业的力量和智慧,通过深化改革,转变机制,使企业的运行机制适应项目管理,才有可能为项目管理创造一个良好的生存、发育和发展的内部条件。同时,施工项目管理的规范化和标准化也同样会为项目成本核算营造适宜的条件。应根据"算管结合,算为管用"的原则,来发挥施工项目成本核算的重要作用。

1. 企业管理体制的系统矩阵制改革

项目管理的开展客观上要求企业内部具有反应灵敏、综合协调的管理体制与之相适应。在系统矩阵式管理体制中,各职能部门机构应按照"强相关、满负荷、少而精、高效率"的原则进行设置,形成具有自我计划、实施、协调能力的新型机构。企业领导层,不再以分管若干部门为分工形式,而是以每人主管一个系统的新形式取而代之,每名成员在一定范围内具有较高的权威性、决策权和指挥权。企业领导成员分别主管的五大系统包括经营管理系统、生产监控系统、经济核算系统、技术管理系统和人事保障系统,由公司经理来负责各系统的总成协调。根据项目是工程承包合同履约实体的特点,企业按照"充分、适度、到位"的原则对项目经理授权,保证其能够履行项目管理的职责,并对最终产品和建设单位负责,且产出一定的经济效益。在对项目管理进行管理时,应不干预、不妨碍项目经理部的具体管理活动和管理过程,即"参与不干预,管理不代理",同时发挥好组织、协调、监督、指导和服务的职责。

2. 管理层与作业层分开的管理模式

管理层与作业层的分开,从根本上来说,是去除两者相互之间的行政性隶属关系,通过"外科手术"式的改革措施,形成两个相互独立、具备各自运行体系的利益主体。为此,两层分开的标志应界定在管理层与作业层各自建立和形成完整的经济核算体系上,以核算分开来保证建制分开、经济分开和业务分开。这种分离,可以防止实践中的形式主义。

两层分开以后,管理层将以组织实施项目为主要工作内容建立起针对施工项目成本核算和以效益承包核算为主体的核算体系。作业层将以组织指挥生产班组的施工作业为主要工作内容建立起针对劳务、机务、服务等核算为主体的核算体系。

实行项目管理与作业队伍管理分开核算、分别运行,从根本上保证了企业管理重心下沉到项目,管理职权到项目、管理责任下项目、核算单位在项目、实绩考核看项目。因此也非常有助于把项目经理部建成责、权、利能全面到位配套,真正名符其实代表企业直接对建设单位负责的履约主体和管理实体。

3. 企业内部市场的建设

项目管理的产生适应了社会主义市场经济发展的需要,没有市场的发育和完善,就不会有真正意义上的项目管理存在。项目管理一方面需要面向广阔的社会大市场,另一方面也必须依托于企业内部的市场机制。因此重视建设企业内部市场,是发展项目管理的重要前提。

（1）劳务市场。

企业内部的劳务市场是由外来劳务和自有劳务两种来源构成的双元化市场模式。外来劳务和自有劳务进入企业内部市场,除了需要进行资质审查以外,都要经过招标竞争、签署合同、过程管理、费用结算等环节管理。过程管理中应建立起以考核验收单（工期、质量、安全、场容管理）为主体的原始凭证流转制度。考核验收单应由项目经济员以单位工程为对象签发后交付施工,回收后考核、核实当月完成的实物量,并以此为依据来计算人工成本。

项目成本员应根据项目负责预算的经济员所提供的"包清工工程款月度汇总表"作为预提"结算"包清工成本的依据入账。对包清工合同中已经履行的部分,根据项目经济员提供的区分为外（内）包单位类别和单位工程类别的"包清工工程款结算成本汇总表"作为清算包清工成本的依据来按实调整成本支出。项目成本员必须对"清算表"中的应结数、已预提数及净结数进行复核,核对相符后方可入账。

（2）机械设备租赁市场。

企业内部的机械设备租赁及机械作业承包常规业务以内部市场指令性价格或指导性价格为依据，特殊情况应联系工程承包合同报价，由双方协商确定计价。对外设备租赁机械作业承包则完全按外部市场价格随行就市，以双方合同确定的单价作为结算依据。随着条件的不断成熟，应逐步放开价格，使内部价格与外部价格趋向统一。

机械设备租赁由项目经理部从本项目施工的实际需要出发，根据项目施工组织设计所确定的机械配置方案，分别与一级租赁市场或二级租赁市场进行接触，就所需设备与可供设备的情况进行摸底，然后对租赁设备的机种、数量、租赁费、租赁期、付款方法等内容开展合同洽谈，协商一致后签署租赁合同。租赁费按照租赁合同的有关条款由出租方向租用方每月结算收取，收取费用的原始凭证是现场机械操作人员每日记载，并经租用方指定专人逐日签证后的台班记录。为了有利于项目组织施工生产，内部市场的机械台班费中，带操作工的机械设备人工费中不包括奖金，操作工的奖金由项目经理部考核支付，同时明确不带操作工的机械设备，其租赁期间所发生的修理费均由项目经理部承担。

（3）材料市场。

内部材料市场以一级市场、一级管理为主导运行方式。内部材料市场的功能主要包括：根据与项目经理部之间的委托代办合同，组织各类建筑材料的采购、运输、供应；周转设备材料的租赁业务；钢材、水泥、木材委托代办供应，串换；商品混凝土的委托代办供应；低值易耗品、劳防用品、油燃料等其他材料的委托代办供应。

市场运行应重点把握合同签署、分期要料计划、内外市场信息的收集与发布、材料款和租赁费的结算等环节。三材"高进高出"差价包干代办，是内部材料市场的主要风险点。

5.5　工程项目成本分析

5.5.1　成本分析的内容

工程项目的成本分析是指根据统计核算、业务核算和会计核算所提供的资料，对项目成本的形成过程和影响成本升降的因素进行分析，以寻求进一步降低成本的途径，包括对项目成本中有利偏差的挖掘和不利偏差的纠正。此外，进行成本分析，可以通过报表反映的成本现象看清成本的实质，从而增强项目成本的透明度和可控性，为加强成本控制、实现项目成本目标创造条件。

成本分析的内容就是对项目成本变动因素的分析。影响项目成本变动的因素有两个：一是外部的属于市场经济的因素；二是内部的属于企业经营管理的因素。工程项目成本分析的重点应放在影响工程项目成本升降的内部因素上，即：材料、能源利用的效果；机械设备的利用效果；施工质量水平的高低；人工费用水平的合理性；其他影响施工项目成本变动的因素。

5.5.2　成本分析内容的原则要求

从成本分析的效果出发，施工项目成本分析的内容应该符合以下几项原则要求：

（1）要实事求是。在成本分析中，必然会涉及一些人和事，也必然会有表扬和批评。受表扬的当然高兴，受批评的却未必都能做到"闻过则喜"，因而常常会有一些不愉快的情况发生，甚至会影响成本分析的效果。因此,成本分析一定要有充分的事实依据,应采用"一分为二"的辩证方法,对事物进行实事求是的评价,并要尽量做到措辞恰当,能被绝大多数人所接受。

(2)要用数据说话。成本分析要充分利用统计核算、业务核算、会计核算和有关辅助记录(台账)的数据进行定量分析,尽量避免抽象的定性分析。因为定量分析对事物的评价更为精确,更令人信服。

(3)要注重时效。是指要及时进行成本分析,及时发现问题,及时解决问题。否则,就有可能贻误解决问题的最佳时机,甚至造成问题成堆,积重难返,发生难以挽回的损失。

(4)要为生产经营服务。成本分析不仅要揭露矛盾,而且还要分析矛盾产生的原因,并为克服矛盾献计献策,提出积极有效的解决矛盾的合理化建议。这样的成本分析,必然会深得人心,从而受到项目经理和有关项目管理人员的配合和支持,使施工项目的成本分析能够更为健康地开展下去。

5.5.3 工程项目成本分析

1. 工程项目成本分析的方法

成本分析的基本方法包括比较法、因素分析法、差额计算法、比率法等。

(1)比较法。

比较法又称指标对比分析法,是通过技术经济指标的对比,检查目标的完成情况,分析产生差异的原因,进而挖掘内部潜力的方法。这种方法的特点是通俗易懂、简单易行、便于掌握,因此得到了广泛的应用,但在应用时必须注意各技术经济指标的可比性。比较法的应用,通常有下列几种形式:

①将本期实际指标与目标指标进行对比。这种对比的目的是为了检查目标的完成情况,分析影响目标完成的积极因素和消极因素,以便能够及时地采取措施,从而保证成本目标的顺利实现。

②本期实际指标与上期实际指标进行对比。通过这种对比,可以看出各项技术经济指标的变动情况,反映项目管理水平的提高程度。

③本期实际指标与本行业平均水平、先进水平进行对比。通过这种对比,可以反映出本项目的技术管理和经济管理水平与行业的平均和先进水平之间的差距,进而采取措施赶超先进水平。在采用比较法时,可采取绝对数对比、增减差额对比或相对数对比等多种形式。

【例5.1】 某项目本年节约三材的目标为 100 000 元,实际节约 120 000 元,上年节约 90 000元,本企业先进水平节约 125 000 元。根据上述资料编制分析表。

【解】 该项目的实际指标与目标指标、上期指标、先进水平对比表见表 5.2。

表5.2 实际指标与目标指标、上期指标、先进水平对比表   单位:元

指标	本年目标数	上年实际数	企业先进水平	本年实际数	差异数		
					与目标比	与上年比	与先进比
三材节约额	100 000	90 000	125 000	120 000	+ 20 000	+ 30 000	− 5 000

(2)因素分析法。

因素分析法又称连环置换法或连环替代法,可用来分析各种因素对成本的影响程度。在

进行分析时,应先假定多因素中的一个因素发生了变化,而其他因素则不变,在前一个因素变动的基础上来分析第二个因素的变动,然后再逐个替代,并对其计算结果分别进行比较,以确定各个因素的变化对成本的影响程度。并以此为依据对企业的成本计划执行情况进行评价,提出进一步的改进措施。因素分析法的计算步骤如下:

①以各个因素的计划数为基础,计算出一个总数。

②逐项以各个因素的实际数替换计划数。

③每次替换后,实际数就保留下来,直到所有计划数都被替换成实际数为止。

④每次替换后,均应求出新的计算结果。

⑤最后将每次替换所得到的结果,与其相邻的前一个计算结果进行比较,其差额即为替换的那个因素对总差异的影响程度。

【例 5.2】　某承包企业承包一工程,计划砌砖工程量 1 500 m³,按照预算定额规定,每立方米耗用空心砖 410 块,每块空心砖计划价格为 0.13 元;实际砌砖工程量却达 1 700 m³,每立方米实耗空心砖 400 块,每块空心砖实际购入价为 0.18 元。试用因素分析法进行成本分析。

【解】　砌砖工程的空心砖成本计算公式为:

空心砖成本 = 砌砖工程量 × 每立方米空心砖消耗量 × 空心砖价格

采用因素分析法针对上述三个因素分别对空心砖成本的影响进行分析。技术过程和结果见表 5.3。

表 5.3　砌砖工程空心砖成本分析表

计算顺序	砌砖工程量/m³	每立方米空心砖消耗量	空心砖价格/元	空心砖成本/元	差异数/元	差异原因
计划书	1 500	410	0.13	79 950		
第一次替代	1 700	410	0.13	90 610	10 660	由于工程量增加
第二次替代	1 700	400	0.13	88 400	− 2 210	由于空心砖节约
第三次替代	1 700	400	0.18	122 400	34 000	由于价格提高
合计					42 450	

以上分析结果表明,实际空心砖成本比计划超出 42 450 元,主要原因是工程量的增加和空心砖价格的提高;另外,由于节约空心砖消耗,使空心砖成本节约了 2 210 元,这是一个好的现象,应当总结经验,继续发扬。

(3)差额计算法。

差额计算法是因素分析法的一种简化形式,它利用各个因素的目标值与实际值之间的差额来计算其对成本的影响程度。

【例 5.3】　以例 5.2 的成本分析资料为基础,利用差额计算法分析各因素对成本的影响程度。

【解】

工程量的增加对成本的影响额 = (1 700 − 1 500) × 410 × 0.13 = 10 660(元)

材料消耗量变动对成本的影响额 = 1 700 × (400 − 410) × 0.13 = − 2 210(元)

材料单价变动对成本的影响额 = 1 700 × 400 × (0.18 - 0.13) = 34 000(元)

各因素变动对材料费用的影响 = 10 660 - 2 210 + 34 000 = 42 450(元)

上述两种方法的计算结果相同,但采用差额计算法显然要比因素分析法简化。

(4)比率法。

比率法是指对两个以上指标的比例进行分析的方法。其基本特点是:先把对比分析的数值变成相对数,再观察其相互之间的关系。常用的比率法有以下几种:

①相关比率法。通过对两个性质不同而又相互关联的指标进行对比,求出比率,并以此来考察经营成果的好坏。例如,将成本指标与反映生产、销售等经营成果的产值、销售收入、利润指标进行对比,就可以反映出项目经济效益的好坏。

②构成比例法。构成比例法又称比重分析法或结构对比分析法,是通过计算某技术经济指标中各组成部分所占的总体比重来进行数量分析的方法。通过构成比率,可以考察项目成本的构成情况,将不同时期的成本构成比率进行对比,可以观察成本构成的变动情况,同时也可看出量、本、利之间的比例关系,从而为寻求降低成本的途径指明方向。

③动态比率法。动态比率法是将同类指标中不同时期的数值进行对比,求出比率,并以此来分析该指标的发展方向和发展速度的方法。动态比率的计算通常采用定基指数和环比指数两种方法。

假设某企业 2008 ~ 2012 年各年的单位成本见表 5.4。

表 5.4　某企业 2008 ~ 2012 年各年的单位成本　　　　　　　单位:万元

年度	2008	2009	2010	2011	2012
单位成本	500	570	650	720	800

现假设以 2008 年为基年,各年与 2008 年的比较见表 5.5。

表 5.5　各年与 2008 年的比较

年度	2008	2009	2010	2011	2012
单位成本比率	100%	114%	130%	144%	160%

从表 5.5 中可以看出工程成本在五年内逐年上升,每年上升的幅度约为上一年的 15% 左右,这样对工程成本变动趋势就有了进一步的认识,可预测今后成本上升的幅度。

2.综合成本分析的方法

综合成本是指涉及多种生产要素,并受多种因素影响的成本费用,如分部分项工程成本、月(季)度成本、年度成本等。由于这些成本都是随着项目施工的进展而逐步形成的,与生产经营有着密切的关系。所以,做好上述成本的分析工作,无疑会促进项目的生产经营管理,提高项目的经济效益。

(1)分部分项工程成本分析。

分部分项工程成本分析是施工项目成本分析的基础。分部分项工程成本分析的对象为主要的已完分部分项工程。分析方法具体为:进行预算成本、目标成本和实际成本的"三算"对比,分别计算实际成本与预算成本、实际成本与目标成本之间的偏差,并分析偏差产生的原因,为今后的分部分项工程成本寻求节约的途径。

分部分项工程成本分析的资料来源是:预算成本是以施工图和预算定额为依据编制的施工图预算成本,目标成本为分解到该分部分项工程上的计划成本,而实际成本则来自于施工任务单的实际工程量、实耗人工和限额领料单的实耗材料。

对分部分项工程进行成本分析,要做到从开工到竣工进行系统的成本分析。通过主要分部分项工程成本的系统分析,可以基本了解项目成本形成的全过程,为竣工成本分析和今后的项目成本管理提供宝贵的参考资料。

分部分项工程成本分析表的格式见表5.6。

表5.6　分部分项工程成本分析

单位工程:_____

分部分项工程名称:_____　　　工程量:_____　　施工班组:_____　　　施工日期:_____

工料名称	规格	单位	单价	预算成本		目标成本		实际成本		实际与预算比较		实际与目标比较	
				数量	金额	数量	金额	数量	金额	数量	金额	数量	金额
合计													
实际与预算比较% =实际成本合计/预算成本合计×100%													
实际与目标比较% =实际成本合计/目标成本合计×100%													
节超原因说明													

编制单位:　　　　　　　　编制人员:　　　　　　　　编制日期:

(2)月(季)度成本分析。

月(季)度成本分析是项目定期的、经常性的中间成本分析。通过月(季)度成本分析,能够及时地发现问题,以便按照成本目标指定的方向进行监督和控制,保证项目成本目标的顺利实现。

月(季)度成本分析以当月(季)的成本报表作为依据,其分析方法通常包括:

①通过实际成本与预算成本的对比,分析当月(季)的成本降低水平;通过累计实际成本与累计预算成本的对比,分析累计的成本降低水平,预测实现项目成本目标的前景。

②通过实际成本与目标成本的对比,分析目标成本的落实情况,以及目标管理中的问题和不足,进而采取措施,加强成本管理,保证成本目标能够落实。

③通过对各成本项目的成本分析,可以了解成本总量的构成比例和成本管理的薄弱环节。对超支幅度大的成本项目,应对超支原因进行深入分析,并采取相应的增收节支措施,防止今后再超支。

④通过主要技术经济指标的实际与目标对比,分析产量、工期、质量、"三材"节约率、机械利用率等对成本产生的影响。

⑤通过对技术组织措施执行效果的分析,寻求更加有效的节约途径。

⑥分析其他有利条件和不利条件对成本的影响。

（3）年度成本分析。

企业成本要求按年结算，不得将本年成本转入下一年度。而项目成本则以项目的寿命周期为结算期，要求从开工、竣工到保修期结束连续进行计算，最后结算出成本总量及其盈亏。由于项目的施工周期一般较长，除了进行月（季）度成本核算和分析之外，还要进行年度成本的核算与分析。这不仅是为了满足企业汇编年度成本报表的需要，同时也是项目成本管理的需要。因为通过年度成本的综合分析，可以总结一年来成本管理的成绩和不足，为今后的成本管理提供经验和教训。

年度成本分析以年度成本报表作为依据。年度成本分析的内容，除了月（季）度成本分析的六个方面以外，重点是针对下一年度的施工进展情况规划切实可行的成本管理措施，以保证施工项目成本目标的实现。

（4）竣工成本的综合分析。

凡是有几个单位工程且为单独进行成本核算的项目，其竣工成本分析应以各单位工程竣工成本分析的资料为基础，再加上项目经理部的经营效益（如资金调度、对外分包等所产生的效益）进行综合分析。如果施工项目只有一个成本核算对象（单位工程），则应以该成本核算对象的竣工成本资料作为成本分析的依据。单位工程竣工成本分析，应包括三方面内容，即竣工成本分析、主要资源节超对比分析和主要技术节约措施及经济效果分析。

通过以上分析，可以全面了解单位工程的成本构成和降低成本的来源，为今后同类工程的成本管理提供重要的参考价值。

参考文献

[1]　国家标准.《建设工程项目管理规范》(GB/T 50326—2006)[S].北京:中国建筑工业出版社,2006.

[2]　周子炯.建筑工程项目设计管理手册[M].北京:中国建筑工业出版社,2013.

[3]　李玉芬,冯宁.建筑工程项目管理[M].北京:机械工业出版社,2008.

[4]　田元福.建设工程项目管理[M].2版.北京:清华大学出版社,2010.

[5]　丛培经.工程项目管理[M].北京:中国建筑工业出版社,2006.

[6]　许程洁,张淑华.工程项目管理[M].武汉:武汉理工大学出版社,2012.

[7]　赵浩.建设工程索赔理论与实务[M].北京:中国电力出版社,2006.

[8]　赵玉霞.工程成本会计[M].北京:科学出版社,2009.

[9]　中华人民共和国财政部.企业会计准则[M].北京:经济科学出版社,2007.

[10]　仲景冰,王红兵.工程项目管理[M].2版.北京:北京大学出版社,2012.

[11]　周宁,谢晓霞.项目成本管理[M].北京:机械工业出版社,2010.